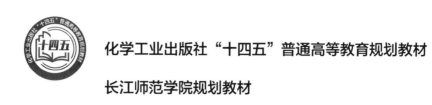

化学工业出版社"十四五"普通高等教育规划教材

长江师范学院规划教材

食品机械与设备

Food Machinery and Equipment

孙钟雷　高晓旭　李　宇　主编
谭属琼　姜魏梁　副主编

内 容 简 介

本教材根据食品科学与工程专业工程认证和国家一流专业建设要求，参考食品科学与工程教学指导委员会有关食品机械与设备的课程标准进行编写。在章节设计上，先回顾食品机械基础知识，然后按食品加工顺序展开食品机械主体内容，最后再融汇各个工序的食品机械形成系统生产线，进行工程知识的汇通总结；此外还融入食品智能机械与设备，加入食品机械创新设计方法和案例分析，注重学生创新能力培养，为高质量产出做好知识准备。

本教材以正文二维码链接机械设备工作动画，教师和学生还可登录化工教育网（www.cipedu.com.cn）注册后下载本教材课件、食品机械创新设计案例、食品机械结构图和食品生产线图纸等配套资源。

本教材适合作为普通高等院校食品科学与工程专业教材，尤其适合工科底子较弱、课程学时少的新晋本科院校食品科学与工程专业师生使用，也可作为高职高专院校、中等职业技术学校食品科学与工程专业教材及参考书。

图书在版编目（CIP）数据

食品机械与设备/孙钟雷，高晓旭，李宇主编. —北京：化学工业出版社，2024.7

化学工业出版社"十四五"普通高等教育规划教材

ISBN 978-7-122-45479-9

Ⅰ.①食… Ⅱ.①孙… ②高… ③李… Ⅲ.①食品加工设备-高等学校-教材 Ⅳ.①TS203

中国国家版本馆 CIP 数据核字（2024）第 080529 号

责任编辑：傅四周	文字编辑：朱雪蕊
责任校对：王鹏飞	装帧设计：韩 飞

出版发行：化学工业出版社
　　　　　（北京市东城区青年湖南街 13 号　邮政编码 100011）
印　　装：河北鑫兆源印刷有限公司
787mm×1092mm　1/16　印张 16½　字数 406 千字
2024 年 9 月北京第 1 版第 1 次印刷

购书咨询：010-64518888　　　　　售后服务：010-64518899
网　　址：http://www.cip.com.cn
凡购买本书，如有缺损质量问题，本社销售中心负责调换。

定　价：49.00 元　　　　　　　　　　　　版权所有　违者必究

前 言

党的二十大报告提出了"深化教育领域综合改革,加强教材建设和管理",同时又提出了"推进教育数字化",这为新时代教育发展指明了前进方向。《食品机械与设备》教材的编写就是在这一指导思想下进行的。

食品机械与设备是食品科学与工程专业核心课程,是工程领域的重点课程,是最能体现食品科学与工程专业工科属性的课程。它主要介绍了食品机械的原理、结构、工作过程、应用范围等知识和技能。它承接了工程制图和机械设计课程的机械知识,又体现了食品工艺学和食品工程原理课程的食品加工原理知识,还对后续的食品工厂设计课程有启发作用。

本教材在编写思想和理念上,根据食品科学与工程专业工程认证和国家一流专业建设要求,参考食品科学与工程专业教学指导委员会有关食品机械与设备的课程标准进行编写。本着以学生为中心、成果为导向,提高学生工程素质、创新能力的理念,本教材在章节设计上先回顾食品机械基础知识,然后按食品加工顺序展开食品机械主体内容,最后再融汇各个工序的食品机械形成系统生产线,进行工程知识的汇通总结;此外还融入食品工程最新前沿技术,加入食品机械创新设计方法和案例分析,注重学生创新能力培养,为高质量产出做准备。

本教材在内容上,结合现代食品工业生产实际进行编写。按食品生产加工顺序,从食品初加工到精深加工,再到食品贮藏包装,最后到食品工厂流水化生产线,逐个递进编排章节,比大多数按食品类别编写的教材全面系统,更接近实际生产。在食品机械具体内容上,教材中所涵盖的食品机械类型、装置结构均为最新最先进的,并且还有现代化工厂正在使用的机械设备,比传统教材中的典型设备更为新颖。而且本教材在通用食品机械的基础上,结合食品工程最新前沿技术,以及编著者最新科研成果,还体现"互联网+"智能信息时代发展,融入智能机械设备。为此增设了单独的食品智能机械设备章节,详细展现了食品智能机械的技术及案例。学生在使用本教材时既能掌握通用食品机械的核心内容,又能了解和把握食品机械的发展前沿。

此外,本教材按食品加工工序和食品机械知识体系编排章节,章节清晰、条理清楚,易学习、易理解。而且每一个机械设备按简介、原理、结构、应用四方面来编写相关内容,使学生复习、总结起来得心应手,思路清晰;每个机械一般配备结构原理图和实物图,还以二维码链接设备工作动画等相关数字化辅助资料,使学生学习起来简单易懂,不枯燥、不机械。

本教材适合作为普通高等院校食品科学与工程专业教材,尤其适合工科底子较弱、课程学时少的新晋本科院校食品科学与工程专业学生使用。也可作为高职高专院校、中等职业技术学校相关专业的教材及参考书。

本教材编写分工如下:长江师范学院现代农业与生物工程学院孙钟雷负责第一章、第三章编写,参与第六章编写;长江师范学院现代农业与生物工程学院高晓旭负责第四章编写;长江师范学院现代农业与生物工程学院李宇负责第二章编写;闽南科技学院生命科学与化学学院谭属琼负责第五章编写;长江师范学院机器人工程学院姜魏梁负责第六章、第七章编写。长江师范学院现代农业与生物工程学院孙钟雷负责统稿和机械结构图的绘制。同时感谢长江师范学院的各位老师和同学们的帮助。

由于笔者水平有限,书中难免有不妥之处,敬请读者批评指正。

编 者

2024 年 1 月

目　录

第一章　食品机械基础　1

第一节　通用机械知识　1
一、食品机械常用材料　1
二、常用机械零件　3
三、机械传动与构件　7

第二节　电工学基本知识　10
一、基本电路　10
二、电动机　11
三、常见电子器件　14

第三节　常用食品加工技术　17
一、常用食品加工单元操作　17
二、真空技术　20
三、微波技术　21
四、超声波技术　21

本章习题　22

第二章　食品初加工机械与设备　23

第一节　食品输送机械　23
一、液体输送机械　23
二、气体输送机械　29
三、固体输送机械　33

第二节　食品清洗机械　43
一、果蔬清洗机械　43
二、食品包装容器清洗机械　46
三、CIP系统　49

第三节　食品清理机械　51
一、筛分清理机械　52
二、比重清理机械　52
三、磁选清理机械　54

第四节　食品剥壳去皮机械　55
一、食品剥壳机械　56
二、食品去皮机械　62

第五节　食品分级机械　64

  一、形态分级机械 …………………………………………………………… 64
  二、光学分级机械 …………………………………………………………… 65
  三、仿生感官分级检测机械 ………………………………………………… 70
 本章习题 ………………………………………………………………………… 73

第三章　食品深加工机械与设备　75

 第一节　粉碎与切分机械 ……………………………………………………… 75
  一、干法粉碎机械 …………………………………………………………… 75
  二、湿法粉碎机械 …………………………………………………………… 82
  三、果蔬切割机械 …………………………………………………………… 88
  四、肉类绞切机械 …………………………………………………………… 92
 第二节　食品分离机械 ………………………………………………………… 93
  一、离心分离机械 …………………………………………………………… 94
  二、过滤分离机械 …………………………………………………………… 96
  三、压榨分离机械 …………………………………………………………… 100
  四、膜分离设备 ……………………………………………………………… 103
  五、超临界流体萃取设备 …………………………………………………… 105
 第三节　食品混合机械 ………………………………………………………… 106
  一、固体混合机械 …………………………………………………………… 106
  二、液体混合机械 …………………………………………………………… 109
  三、调和机械 ………………………………………………………………… 113
 第四节　食品浓缩机械 ………………………………………………………… 116
  一、常压浓缩机械 …………………………………………………………… 116
  二、真空浓缩机械 …………………………………………………………… 117
  三、冷冻浓缩设备 …………………………………………………………… 119
 第五节　食品干燥机械 ………………………………………………………… 122
  一、常压干燥机械 …………………………………………………………… 122
  二、真空干燥机械 …………………………………………………………… 133
  三、辐射干燥设备 …………………………………………………………… 137
 本章习题 ………………………………………………………………………… 140

第四章　食品贮藏包装机械与设备　142

 第一节　食品杀菌机械 ………………………………………………………… 142
  一、直接加热杀菌机械 ……………………………………………………… 142
  二、间接加热杀菌机械 ……………………………………………………… 145
  三、欧姆杀菌机械与设备 …………………………………………………… 149
  四、超高压杀菌技术 ………………………………………………………… 150
  五、高压脉冲电场杀菌技术 ………………………………………………… 151
 第二节　食品冷藏机械与设备 ………………………………………………… 154

一、蒸汽压缩式制冷机 …………………………………………………………… 154
    二、食品冷冻设备 …………………………………………………………………… 157
    三、食品气调保藏设备 …………………………………………………………… 159
    四、食品解冻设备 …………………………………………………………………… 161
    五、冷饮食品机械 …………………………………………………………………… 164
  第三节 食品包装机械与设备 ………………………………………………………… 165
    一、液体灌装机械 …………………………………………………………………… 166
    二、常压充填包装机械 …………………………………………………………… 168
    三、真空包装机械 …………………………………………………………………… 173
    四、无菌包装机械 …………………………………………………………………… 175
  本章习题 ……………………………………………………………………………………… 176

第五章 食品加工典型生产线 178

  第一节 饮料产品加工生产线 ………………………………………………………… 178
    一、纯净水（矿泉水）生产线 ………………………………………………… 178
    二、果蔬汁生产线 …………………………………………………………………… 180
    三、茶饮料生产线 …………………………………………………………………… 181
    四、功能饮料生产线 ………………………………………………………………… 183
    五、植物蛋白饮料生产线 ………………………………………………………… 185
  第二节 果蔬产品加工生产线 ………………………………………………………… 186
    一、水果罐头生产线 ………………………………………………………………… 186
    二、果蔬脆片生产线 ………………………………………………………………… 187
    三、果酱生产线 ………………………………………………………………………… 189
    四、果酒生产线 ………………………………………………………………………… 191
    五、果脯生产线 ………………………………………………………………………… 192
  第三节 面食制品加工生产线 ………………………………………………………… 194
    一、饼干生产线 ………………………………………………………………………… 194
    二、面包生产线 ………………………………………………………………………… 196
    三、方便面生产线 …………………………………………………………………… 197
  第四节 乳制品加工生产线 …………………………………………………………… 200
    一、液态奶（纯牛奶）生产线 ………………………………………………… 200
    二、奶粉生产线 ………………………………………………………………………… 201
    三、冰淇淋生产线 …………………………………………………………………… 203
  第五节 肉制品加工生产线 …………………………………………………………… 205
    一、肉脯（干）生产线 …………………………………………………………… 205
    二、火腿肠（香肠）生产线 …………………………………………………… 206
  本章习题 ……………………………………………………………………………………… 208

第六章 食品智能机械及设备 209

  第一节 食品智能制造技术 …………………………………………………………… 209

一、智能制造技术 …… 210
　　二、智能控制技术 …… 213
　　三、智能检测技术 …… 216
　　四、智能节能环保技术 …… 218
　　五、"互联网+"食品生产技术 …… 221
　第二节　食品智能机械案例 …… 223
　　一、仿生智能酱腌菜坛 …… 223
　　二、多传感器融合的花椒品质检测仪 …… 228
　　三、榨菜节能热泵干燥机 …… 230
　本章习题 …… 234

第七章　食品机械的创新设计案例分析　235

　第一节　食品机械的创新设计方法 …… 235
　　一、创新设计基本概念 …… 235
　　二、基于TRIZ理论的创新思维 …… 237
　　三、常用的创新方法 …… 240
　第二节　创新设计案例分析 …… 244
　　一、果蔬防褐变切片机 …… 244
　　二、基于超声波的卤蛋装置 …… 247
　　三、仿生食品脆性检测仪 …… 250
　本章习题 …… 253

参考文献　254

第一章
食品机械基础

学习目的与要求

① 了解食品机械的常用材料、基本零部件、基本构件。
② 了解电工学的基本知识以及电工学在食品机械中的应用。
③ 熟知食品加工中常用的单元操作,了解其与食品机械的结合。

第一节 通用机械知识

一、食品机械常用材料

为了保证食品机械的机械性能以及食品生产的安全,食品机械在制造的过程中以金属材料为主,辅以其他材料,由多种材料组成。本节简要介绍食品机械中常用的材料。

1. 铁

铁是最常见的金属材料,它具有铁灰色、密度高、质量轻、机械强度高、化学性质稳定、可以延伸加工、易焊接、耐磨损、耐腐蚀等优点,因此有着广泛的用途。

铁分生铁、熟铁、钢、铸铁等。生铁是含碳量大于2%的碳合金,它质硬而脆,缺乏韧性,几乎没有塑性变形能力;铸铁是含碳量在2.11%以上的铁碳合金,以生铁为原料,在重熔后直接浇铸成铸件,食品机械中的底座等零件经常采用铸铁铸造;熟铁是用生铁精炼而成的纯度较高的铁,含碳量在0.2%以下,熟铁软、塑性好、容易变形,强度和硬度均较低,用途不广;钢是对含碳量介于0.02%~2.11%之间的铁合金的统称,钢不仅有良好塑性,而且钢制品具有强度高、韧性好、耐高温、耐腐蚀、易加工、抗冲击、易提炼等优良理化应用性能,因此被广泛利用。

2. 不锈钢

不锈钢根据GB/T 20878—2007中定义是以不锈、耐蚀性为主要特性,且铬含量至少为10.5%,碳含量最大不超过1.2%的钢。不锈钢对空气、蒸汽、水等弱腐蚀介质具有耐蚀性，而将耐化学腐蚀介质（酸、碱、盐等化学侵蚀）腐蚀的钢种称为耐酸钢。不锈钢可按成分分为铬不锈钢、铬镍不锈钢和铬锰氮不锈钢等，还有用于压力容器的专用不锈钢。

食品加工是生成食品的过程，其中食品机械的材料对食品的质量、安全和口感等影响巨大。不锈钢具有不生锈、耐腐蚀、耐热、耐磨、表面光滑不易附着细菌和其他微生物、强度较大、机械加工性能好等特性，广泛用于食品机械领域。目前，国内外建立了食品级不锈钢的标准。食品级不锈钢是指符合 GB 4806.9—2016 的不锈钢，主要有两种：AISI304 食品级不锈钢和 AISI316 食品级不锈钢。食品级不锈钢广泛应用于食品加工中的设备、管道、容器等方面，其具有良好的耐腐蚀性、强度高、易于清洗等特点，能够在食品加工中保障食品质量和卫生安全。同时，食品级不锈钢适用于生产各种酸性、碱性和中性食品，可以满足不同复杂环境的使用要求。

3. 铜

铜也是广泛使用的一种金属材料，可分为黄铜、青铜以及白铜。黄铜按化学成分不同可分为普通黄铜和特殊黄铜，白铜也可以分为普通白铜和特殊白铜。铜具有良好的导电、导热性能，有较高的塑性和耐腐蚀性，但强度、硬度低，不能通过热处理强化。铜可进行软钎焊，还可以作机构抛光，电镀其他各种金属；铜还具有抑菌性，铜离子的浓度超过 0.02mg/L 时，即可抑制细菌的生长，因此铜常用作生活管道、炊具、餐具等的原材料。

4. 合金

合金是由两种或两种以上的金属或金属与非金属经一定方法所合成的具有金属特性的物质。一般熔合成均匀液体，凝固而得。根据组成元素的数目，可分为二元合金、三元合金和多元合金。常见的合金有铁合金、铜合金、镁合金、铝合金、锌合金、镍合金、钛合金等。

食品机械中主要的有色金属材料是铝合金、铜合金等。铝合金具有耐腐蚀性和良好的导热性能、低温性能、加工性能以及密度小等优点。但有机酸等腐蚀性物质在一定条件下可造成对铝合金的腐蚀。食品机械中铝合金的腐蚀，一方面影响机械的使用寿命，另一方面因腐蚀物进入食品而有损人们的健康。铝合金在食品机械中的应用主要有以下几个方面：①减轻质量，铝合金是一种轻质材料，使用它可以减轻机器的质量，从而降低机器运行的能耗，减少能源消耗；②良好的导热性能，铝合金的导热系数比钢铁高很多，使用铝合金可以更快地将温度传递到食品中，提高生产效率；③适合在低温下使用，铝合金在低温下表现出良好的性能，适合在低温环境下生产和加工食品；④容易加工，铝合金可以被轻易地加工、切割，使用它可以满足一些精确度较高的要求。

5. 橡胶

橡胶是一种高分子化合物，它以碳、氢、氧三种元素为主要组分，通常是由多个结构单元组成的聚合物。橡胶具有一定的弹性和可塑性，可以在一定条件下拉伸和回弹。橡胶分为天然橡胶与合成橡胶两种。天然橡胶是从橡胶树、橡胶草等植物中提取胶质后加工制成的；合成橡胶则由各种单体经聚合反应而得。

橡胶制品广泛应用于工业或生活的各个方面。它们具有优异的耐磨性、耐高温性、耐化学性和耐腐蚀性，食品级橡胶制品能够有效地保护食品的质量和卫生安全。食品级橡胶制品是指用于接触食品的橡胶制品，其材料符合相关的标准，如 GB 4806.1—2016《食品安全国家标准 食品接触材料及制品通用安全要求》、美国食品药品监督管理局（FDA）标准等。食品级橡胶可以被用于制作食品机械的密封件、传动带、输送带等。例如，橡胶密封圈可以被用于保持食品加工机械的密封性，从而确保食品质量，也可用来包装食品，食品级橡胶被广泛地应用于食品包装行业。

6. 尼龙

尼龙是由聚酰胺（由酰胺链连接的重复单元）组成的合成聚合物家族的统称。尼龙是一种丝状热塑性塑料，通常由石油制成，可以熔融加工成纤维、薄膜或片状材料。尼龙是一类重要的纤维材料，根据不同的分类标准，尼龙可以分为多种类型。常见的尼龙分类有尼龙6、尼龙66、尼龙610、尼龙612等。尼龙具有机械强度高、软化点高、耐磨、耐热、耐油、耐酸、耐碱、电绝缘性好、无毒、无味等特点。

尼龙在食品生产中应用广泛：①食品包装，由于尼龙对油脂和化学物质稳定，常用于制作食品包装袋，如薯片袋、茶包袋和咖啡包装袋等；②烹饪器具，尼龙材料能够承受高温和机械刮擦，是理想的烹饪器具材料；尼龙炒勺、油刷等用品已经出现在市场上；③食品加工，尼龙过滤网、转子和输送带等工业用品适用于食品加工环节，可以使生产加工过程更加高效、安全和卫生；④食品机械，食品加工机械一般采用不锈钢结构，尼龙构件可以用于机械的附件、轴承、齿轮、密封和防护件等。

7. 树脂

树脂通常是指受热后有软化或熔融范围，软化时在外力作用下有流动倾向，常温下是固态、半固态，有时也可以是液态的有机聚合物。广义上的定义，可以作为塑料制品加工原料的任何高分子都称为树脂。树脂可分为四类：C5脂肪族、C9芳香族、双环戊二烯环氧树脂以及聚苯乙烯（SM）、甲基苯乙烯的低聚物（AMS）等纯产品。树脂原料可以被划分成不同的脂族树脂（C5）、脂环族树脂（DCPD）、芳族树脂（C9）、脂肪族/芳香族共聚物树脂（C5/C9）和氢化石油树脂，如氢化C5石油树脂、C9加氢石油树脂。

树脂可耐180℃高温，完全满足家庭日常使用需求，且不会释放双酚A等物质。可适用于微波炉环境，还可耐受高温蒸汽灭菌，适用于消毒柜、洗碗机等。此外食品级别环氧树脂产品，具有接触食品后不会产生对人体健康有害的化学物质的特点，可以用于制作食品加工设备，如搅拌机、烤箱等；还可以用于食品包装材料、食品容器等的制造。

二、常用机械零件

食品机械由若干个零件组成，也包括通用机械零件，常见的有以下几类：第一类是连接件，包括螺纹紧固件、各种键和销等；第二类是传动件，包括齿轮、链轮、皮带轮、蜗轮蜗杆等；第三类是轴系零件，包括轴、轴承、联轴器、离合器等；第四类是其他零件，包括弹簧等。

1. 连接件

连接机器零件的元件称为连接件。常用的连接件有螺纹紧固件、各种键和销等。

（1）螺纹紧固件

螺纹紧固件是一种有内螺纹或外螺纹的机械零件，一般会作为紧固件使用，方便多个组件的组合。最常见的螺纹紧固件是螺栓、螺钉、螺母以及垫片等的组合。螺纹紧固件结构如图 1-1 所示，实物图如图 1-2 所示。

螺纹连接是一种广泛使用的可拆卸的固定连接，具有结构简单、连接可靠、装拆方便等优点，广泛应用于食品机械的各个器件的连接。

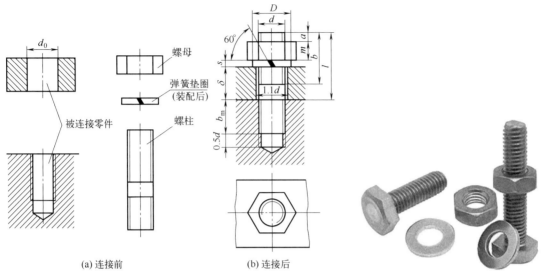

图 1-1　螺纹紧固件结构　　　　　图 1-2　螺纹紧固件实物

（2）键连接

键连接在机械设备中主要用于连接轴和轴上的零件（如齿轮、皮带轮等）以传递扭矩，有的键也具有导向的作用。如图 1-3 所示。常用键有普通平键、半圆键和钩头楔键等。键用于连接轴和轴上零件，进行周向固定以传递转矩，如齿轮、带轮、联轴器与轴的连接，键连接可以分为松键连接、紧键连接和花键连接三大类。

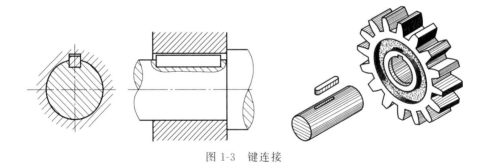

图 1-3　键连接

（3）销连接

销是标准件，可用来作为定位零件，用以确定零件间的相互位置；也可起连接作用，以传递横向力或转矩；或作为安全装置中的过载切断零件。销连接是指在两个连接件上配置出销孔，然后用销将它们装配在一起形成的连接件。

常用的销有圆柱销、圆锥销和开口销等，如图 1-4 所示。在机械工程中，销连接可以用于连接两个或多个机械零件，例如连接一个轮轴和一个齿轮，或连接一个摆臂和一个驱动杆。销连接允许这些部件相对旋转或移动，同时保持它们的相对位置和方向不变，从而实现机械系统的正常运转。

2. 传动件

传动件是指在机械装置中传递动力和运动的元件，其作用是将动力源的动力和运动方式转换成适合机械装置要求的动力和运动方式。常见的传动件有齿轮、链轮、皮带轮、蜗轮蜗杆等。

（1）齿轮

齿轮是指轮缘上有齿，能连续啮合传递运动和动力的机械元件。齿轮形式种类很多，常见的齿轮形式有：(a) 直齿圆柱齿轮；(b) 斜齿圆柱齿轮；(c) 人字齿圆柱齿轮；(d) 螺旋齿轮；(e) 内齿轮；(f) 直齿圆锥齿轮；(g) 斜齿圆锥齿轮；(h) 曲齿圆锥齿轮；(i) 准双曲面锥齿轮。如图1-5所示。齿轮是机械中广泛应用的重要元件之一。齿轮有传递动力、改变运动方向、改变转动速度的作用，常常被应用在许多食品机械设备中，如搅拌机、胶体磨、粉碎机等。

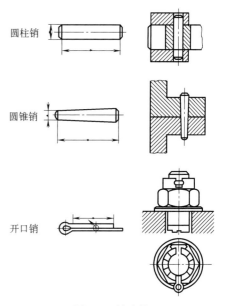

图1-4　销连接

（2）链轮

链轮是一种带嵌齿式扣链齿的轮子，用以与节链环或缆索上节距准确的块体相啮合。链轮可分为整体式、孔板式、组装式，小直径的链轮可制成整体式（a）；中等尺寸的链轮可制成孔板式（b）；大直径的链轮可制成组装式（c）。如图1-6所示。链轮被广泛应用于化工、农业、食品等行业的机械传动，在食品机械中也有应用，例如食品自动分拣线、饮料灌装线、连续干燥机、连续冷冻机等。

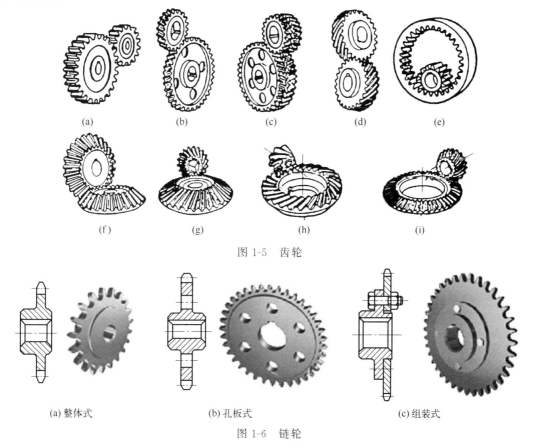

图1-5　齿轮

(a) 整体式　　(b) 孔板式　　(c) 组装式

图1-6　链轮

（3）皮带轮

用于安装各种皮带的轮，叫皮带轮。它可以通过皮带或者齿轮来传递动力和运动。按照几何形状分类，皮带轮可分为：(a) 平面皮带轮，(b) V 形皮带轮，(c) 齿形皮带轮。如图 1-7 所示。皮带轮被广泛应用于减速机、输送带、打包机、冷冻机等。

（4）蜗轮蜗杆

蜗轮蜗杆机构属于特殊的齿轮机构。蜗轮蜗杆常用来传递两交错轴之间的运动和动力。蜗轮与蜗杆在其中间平面内相当于齿轮与齿条，蜗杆又与螺杆形状相似。

蜗轮蜗杆的传动方向是单向的，即蜗杆只能作为主动件，蜗轮只能作从动件。

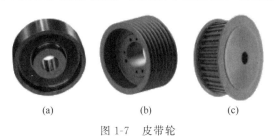

图 1-7　皮带轮

蜗杆的头数为主动轮齿数，一般蜗杆头数较少（常用头数为 1），因此，蜗轮蜗杆机构的传动比较大。根据蜗杆形状的不同，蜗杆类型可以分为：圆柱蜗杆、环面蜗杆和圆锥蜗杆。如图 1-8 所示。蜗轮蜗杆被广泛应用于机械设备，如包装机械、搅拌机、和面机等。

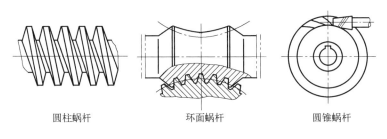

图 1-8　蜗轮蜗杆

3. 轴系零件

轴系零件是最常见的典型零件之一，它主要用来支撑传动零部件，传递扭矩和承受载荷，主要包括轴、轴承、联轴器等。

（1）轴

轴是穿在轴承中间或齿轮中间的圆柱形物件，是用于支撑转动零件并与之一起回转以传递运动、扭矩或弯矩的机械零件。根据轴的结构形状可分为曲轴、直轴、实心轴、空心轴、刚性轴、挠性轴（软轴），如图 1-9 所示。轴是机械驱动系统中的重要部件，它的主要作用是传递转矩、传递动力和支撑机械元件。

图 1-9　轴

（2）轴承

轴承是一种旋转机械元件，它由两个套圈、一个滚动体和一组保持架组成。套圈固定在机械设备中，而滚动体在套圈内部滚动。轴承的主要功能是支撑机械设备的运转，同时还能够传递运动和动力，并且起到了减小摩擦和磨损的作用。轴承可分为滑动轴承、关节轴承、滚动轴承、深沟球轴承、角接触球轴承、调心球轴承、推力球轴承、推力滚子轴承、外球面球轴承、法兰轴承等，如图1-10所示。

（3）联轴器

联轴器是指连接两轴或轴与回转件，在传递运动和动力过程中一同回转，在正常情况下不脱开的一种装置。有时也作为一种安全装置用来防止被连接机件承受过大的载荷，起到过载保护的作用。联轴器的可移性具有补偿两回转构件相对位移的能力，起到缓冲减振作用，并保证传递转矩大；联轴器在转速低、轴刚性大、载荷平稳、两轴严格对中、无冲击等场合下应用广泛。联轴器主要分为刚性联轴器和弹性联轴器两大类，如图1-11所示。

图 1-10　轴承　　　　　　　　　　　图 1-11　联轴器

4. 其他零件

弹簧是一种利用弹性来工作的机械零件。弹簧利用本身的弹性，在受载后产生较大变形，卸载后，变形消失而弹簧将恢复原状。弹簧可以控制机构的运动和构件的位置，如制动器、离合器中的弹簧；可以减振和缓冲，如减振弹簧以及各种缓冲器用的弹簧；还可以储存及输出能量，如振动输送机的主振弹簧等。

弹簧按载荷特性不同，可分为压缩弹簧、拉伸弹簧、扭转弹簧等；按外形不同，可分为螺旋弹簧、碟形弹簧、环形弹簧、板弹簧和盘簧等；按材料的不同，还可以分为金属弹簧和非金属弹簧等。

螺旋弹簧是最常用的金属弹簧，它是用弹簧钢丝按螺旋线圈绕制而成的，由于制造简便，应用广泛。螺旋弹簧按受载情况的不同，分为压缩弹簧（a）、拉伸弹簧（b）和扭转弹簧（c）等，如图1-12所示。

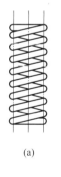 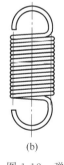 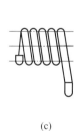

(a)　　　　　(b)　　　　　(c)

图 1-12　弹簧

三、机械传动与构件

1. 齿轮传动

齿轮传动是指由齿轮副传递运动和动力的装置，它是现代各种设备中应用最广泛的一种机械传动方式。齿轮传动是由主动齿轮、从动齿轮和机架组成的。按照齿轮传动原理主要可分为平行轴间的圆柱齿轮传动，相交轴间的圆锥齿轮传动，交错轴间的螺旋齿轮传动，以及蜗轮蜗杆传动四类。

如两个齿轮啮合时齿轮的主轴相互平行，称作平行轴齿轮传动，也叫圆柱齿轮传动。平行轴间的圆柱齿轮传动又分为直齿、斜齿、内齿、齿轮齿条、人字齿等圆柱齿轮传动，如图1-13 所示。

直齿轮传动　　　斜齿轮传动　　　人字齿轮传动　　　齿轮齿条传动　　　内齿轮传动

图 1-13　平行轴齿轮传动

如两个齿轮啮合时齿轮的主轴不平行，叫作相交轴齿轮传动，也叫锥齿轮传动。相交轴间的圆锥齿轮传动也分为直齿、斜齿、曲线齿锥齿轮传动等，如图1-14 所示。

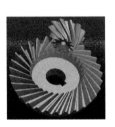

直齿锥齿轮传动　　　斜齿锥齿轮传动　　　曲线齿锥齿轮传动

图 1-14　锥齿轮传动

如两个齿轮啮合时齿轮的主轴空间异面交错，叫交错轴齿轮传动，可分为交错轴斜齿轮传动、准双曲面齿轮传动、蜗杆传动等，如图1-15 所示。

交错轴斜齿轮传动　　　准双曲面齿轮传动　　　蜗杆传动

图 1-15　交错轴齿轮传动

齿轮传动精度高、适用范围宽、效率高、结构紧凑、工作可靠、寿命长，还可以实现平行轴、相交轴、交错轴等空间任意两轴间的传动，这也是带传动、链传动做不到的。在食品机械如齿轮泵、绞肉机、面条机、打蛋机等中广泛应用。

2. 凸轮传动

凸轮传动是由凸轮的回转运动或往复运动推动从动件作规定往复移动或摆动的机构。凸轮传动由凸轮、从动件、机架三部分组成。凸轮机构主要作用是使从动杆按照工作要求完成各种复杂的运动，包括直线运动、摆动、等速运动和不等速运动。

按凸轮形状和运动可分为盘形回转凸轮、平板移动凸轮、圆柱凸轮；按从动件的形式可分为尖底从动件、滚子从动件、平底从动件、曲底从动件；按从动轮的运动形式可分为直动从动轮、摆动从动轮；按凸轮与从动件维持接触方式可分为力锁合、形锁合。主要凸轮传动如图1-16所示。

盘形回转凸轮　　　　平板移动凸轮　　　　圆柱凸轮

图1-16　凸轮传动

凸轮传动结构简单、紧凑、设计方便，可实现从动件任意预期运动，最适用于要求从动件作间歇运动的场合。在食品机械中，例如凸轮泵，它可以将低、中、高黏度的食品物料（如巧克力、果酱、酱油等）输送到下游的加工设备中。

3. 带传动

带传动是利用张紧在带轮上的柔性带进行运动或动力传递的一种机械传动。根据传动原理的不同，有靠带与带轮间的摩擦力传动的摩擦型带传动，也有靠带与带轮上的齿相互啮合传动的同步带传动。带传动通常是由主动轮1、从动轮2和张紧在两轮上的环形带3所组成。如图1-17所示。

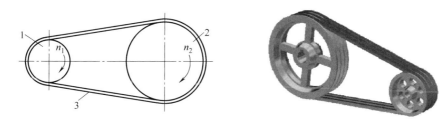

图1-17　带传动

1—主动轮；2—从动轮；3—环形带

根据用途不同，带传动可分为一般工业用传动带、汽车用传动带、农业机械用传动带和家用电器用传动带。摩擦型传动带根据其截面形状的不同又分平带、V带和特殊带（多楔带、圆带）等。带传动具有结构简单、传动平稳、能缓冲吸振，可以在大的轴间距和多轴间传递动力，且其具有造价低廉、不需润滑、维护容易等特点，在食品机械传动中广泛应用，如滚动真空包装机、带式输送机等。

4. 链传动

链传动是通过链条将具有特殊齿形主动链轮的运动和动力传递到具有特殊齿形的从动链轮的一种传动。链传动是由装在平行轴上的主、从动链轮和绕在链轮上的环形链条所组成的，以链作中间挠性件，靠链与链轮轮齿的啮合来传递动力。如图1-18所示。

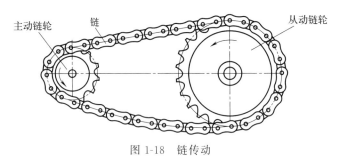

图 1-18 链传动

链传动与带传动相比，没有弹性滑动和打滑，能保持准确的平均传动比；需要的张紧力小，作用在轴上的压力也小，可减少轴承的摩擦损失；能在温度较高、有污渍等恶劣环境条件下工作。链传动与齿轮传动相比，链传动的制造和安装精度要求较低；中心距较大时其传动结构简单。在食品机械中广泛应用，例如巴氏杀菌机、蔬菜清洗机等。

第二节 电工学基本知识

随着食品工业的现代化、自动化和智能化的发展，食品机械与设备也越来越自动、智能，这离不开电工学的相关理论和应用，因此，本节简要回顾基本的电工学原理和食品机械中常用的相关元器件。

一、基本电路

电流所经过的路径叫作电路，通常由电源、负载和中间环节三部分组成。电路是电流的通路，是为了某种需要由电工设备或电路元件按一定方式组合而成的。

1. 直流电

直流电是指方向固定不变的电流，是由电荷（通常是电子）的单向流动或者移动产生的。直流电又分为稳定直流电和脉动直流电。稳定直流电是指方向固定不变并且大小也不变的直流电。脉动直流电是指方向固定不变，但大小随时间变化的直流电。直流电所通过的电路称直流电路，是由直流电源和电阻构成的闭合导电回路。如图 1-19 所示。

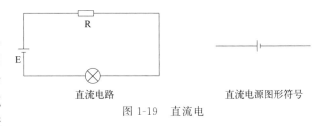

图 1-19 直流电

2. 交流电

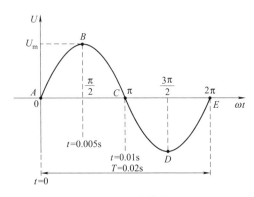

图 1-20 正弦交流电

交流电一般指大小和方向随时间作周期性变化的电压或电流。交流电类型很多，其中最常见（最基本）的形式是正弦交流电。如图 1-20 所示。

交流电在单位时间内周期性变化的次数称作频率，单位是赫兹（Hz），与周期成倒数关系。日常生活中的交流电的频率一般为 50Hz 或 60Hz，而无线电技术中涉及的交流电频率一般较大，达到千赫兹（kHz）甚至百万赫兹（MHz）的度量。

3. 单相电和三相电

单相电是指一根相线（俗称火线）和一根零线构成的电能输送形式，一般指家用电。以L表示相线（就是我们称的火线，用电笔测量氖泡会亮），以N表示零线（正常情况下电笔测量不亮），两者之间的电压是220V。

三相电由三根火线组成，每一相交流电正弦波相位相差120°，相与相之间的电压（线电压）为380V。三相电有三角形接法和Y形接法，三角形接法的负载引线为三条火线和一条地线，三条火线之间的电压为380V，任一火线对地线的电压为220V；Y形接法的负载引线为三条火线、一条零线和一条地线，三条火线之间的电压为380V，任一火线对零线或对地线的电压为220V。如图1-21所示。三相电一般用于企业和工厂等，如电机、泵类等大型设备的供电。

日常生活中所用的单相交流电，实际上是由三相交流电的一相提供的，由单相发电机发出的单相交流电源现在已经很少采用。三相交流电与单相交流电相比有很多优点，它在发电、输配电以及电能转换成机械能等方面都有明显的优越性。

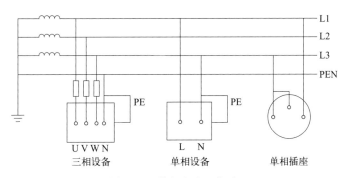

图1-21 单相电和三相电
PEN—工作与保护共用的零线；PE—保护接地线

二、电动机

电动机，简称电机，俗称马达，它是把电能转换成机械能的一种设备。它是利用通电线圈（也就是定子绕组）产生旋转磁场并作用于转子（如鼠笼式闭合铝框）形成磁电动力旋转扭矩。电动机是绝大多数食品机械的动力来源，是食品机械结构的重要组成部分，属于动力机构。本节简要介绍电动机的种类、结构原理以及应用。

1. **电动机的分类**

电动机应用领域广，种类繁多，按工作电源种类可划分为直流电动机和交流电动机。直流电动机按结构及工作原理又可划分为无刷直流电动机和有刷直流电动机；交流电动机还可分为同步电动机和异步电动机。详细分类如图1-22所示。常见电动机实物图如图1-23所示。

2. **直流电动机**

直流电动机是依靠直流工作电压运行的电动机，广泛应用于收录机、录像机、影碟机、电动剃须刀、电子表、电动玩具等。

（1）无刷直流电动机

无刷直流电动机由永磁体转子、多极定子绕组、位置传感器等组成。它是采用半导体开

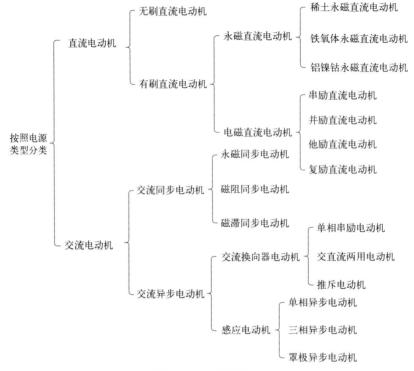

图 1-22　电动机分类

图 1-23　常见电动机实物图

关器件来实现电子换向的，即用电子开关器件代替传统的接触式换向器和电刷。它具有可靠性高、无换向火花、机械噪声低等优点，广泛应用于高档录音机、录像机、电子仪器及自动化办公设备中。

（2）永磁直流电动机

永磁直流电动机由定子磁极、转子、电刷、外壳等组成，定子磁极采用永磁体（永久磁钢）、有铁氧体、铝镍钴、钕铁硼等材料。按其结构形式可分为圆筒型和瓦块型等几种。录放机中使用的电动机多数为圆筒型磁体，而电动工具及汽车用电器中使用的电动机多数为瓦块型磁体。

（3）电磁直流电动机

电磁直流电动机由定子磁极、转子（电枢）、换向器（俗称整流子）、电刷、机壳、轴承等构成，电磁直流电动机的定子磁极（主磁极）由铁芯和励磁绕组构成。根据其励磁（旧标准称为激磁）方式的不同又可分为串励直流电动机、并励直流电动机、他励直流电动机和复励直流电动机。因励磁方式不同，定子磁极磁通（由定子磁极的励磁线圈通电后产生）的规律也不同。

3. 交流同步电动机

交流同步电动机是一种恒速驱动电动机，其转子转速与电源频率保持恒定的比例关系，被广泛应用于电子仪器仪表、现代办公设备、纺织机械等。

（1）永磁同步电动机

永磁同步电动机属于异步启动永磁同步电动机，其磁场系统由一个或多个永磁体组成，通常是在用铸铝或铜条焊接而成的笼型转子的内部，按所需的极数装镶有永磁体的磁极。定子结构与异步电动机类似。当定子绕组接通电源后，电动机以异步电动机原理启动运转，加速运转至同步转速时，由转子永磁磁场和定子磁场产生的同步电磁转矩（由转子永磁磁场产生的电磁转矩与定子磁场产生的磁阻转矩合成）将转子牵入同步，电动机进入同步运行。

（2）磁阻同步电动机

磁阻同步电动机也称反应式同步电动机，是利用转子交轴和直轴磁阻不等而产生磁阻转矩的同步电动机，其定子与异步电动机的定子结构类似，只是转子结构不同。磁阻同步电动机也分为单相电容运转式、单相电容起动式、单相双值电容式等多种类型。

（3）磁滞同步电动机

磁滞同步电动机是利用磁滞材料产生磁滞转矩而工作的同步电动机。它分为内转子式磁滞同步电动机、外转子式磁滞同步电动机和单相罩极式磁滞同步电动机。内转子式磁滞同步电动机的转子结构为隐极式，外观为光滑的圆柱体，转子上无绕组，但铁心外圆上有用磁滞材料制成的环状有效层。定子绕组接通电源后，产生的旋转磁场使磁滞转子产生异步转矩而启动旋转，随后自行牵入同步运转状态。在电动机异步运行时，定子旋转磁场以转差频率反复地磁化转子；在同步运行时，转子上的磁滞材料被磁化而出现了永磁磁极，从而产生同步转矩。

4. 交流异步电动机

交流异步电动机的转速（转子转速）小于旋转磁场的转速，因此称为异步电机。交流异步电动机是利用交流电运行的电动机，广泛应用于电风扇、电冰箱、洗衣机、空调器、电吹风、吸尘器、油烟机、洗碗机、电动缝纫机、食品加工机等家用电器及各种电动工具、小型机电设备中。

（1）单相异步电动机

单相异步电动机由定子、转子、轴承、机壳、端盖等构成。定子由机座和带绕组的铁心组成。铁心由硅钢片冲槽叠压而成，槽内嵌装两套空间互隔90°电角度的主绕组（也称运行绕组）和辅绕组（也称起动绕组）。主绕组接交流电源，辅绕组串接离心开关S或启动电容、运行电容等之后，再接入电源。转子为笼型铸铝转子，它是将铁心叠压后用铝铸入铁心的槽中，并一起铸出端环，使转子导条短路成鼠笼型。单相异步电动机又分为单相电阻起动异步电动机、单相电容起动异步电动机、单相电容运转异步电动机和单相双值电容异步电动机。

（2）三相异步电动机

三相异步电动机的结构与单相异步电动机相似，其定子铁心槽中嵌装三相绕组（有单层链式、单层同心式和单层交叉式三种结构）。定子绕组接入三相交流电源后，绕组电流产生的旋转磁场，在转子导体中产生感应电流，转子在感应电流和气隙旋转磁场的相互作用下，又产生电磁转矩（即异步转矩），使电动机旋转。

（3）罩极异步电动机

罩极异步电动机是单向交流电动机中最简单的一种，通常采用笼型斜槽铸铝转子。它根据定子外形结构的不同,又分为凸极式罩极电动机和隐极式罩极电动机。

三、常见电子器件

1. 电磁阀

电磁阀是用电磁控制的工业设备,是用来控制流体的自动化基础元件,属于执行器,并不限于液压、气动。可用在食品工业控制系统中调整流体的方向、流量、速度和其他的参数。电磁阀可以配合不同的电路来实现预期的控制,而控制的精度和灵活性都能够保证。电磁阀有很多种,不同的电磁阀在控制系统的不同位置发挥作用,最常用的是单向阀、安全阀、方向控制阀、速度调节阀等。

以常见的直动式电磁阀为例说明其工作原理:直动式电磁阀有常闭型和常开型两种。常闭型断电时呈关闭状态,当线圈通电时产生电磁力,使动铁芯克服弹簧力,同静铁芯吸合直接开启阀,介质呈通路;当线圈断电时电磁力消失,动铁芯在弹簧力的作用下复位,直接关闭阀口,介质不通。结构简单,动作可靠,在零压差和微真空下正常工作。常开型正好相反。电磁阀工作原理图如图1-24所示,电磁阀实物如图1-25所示。

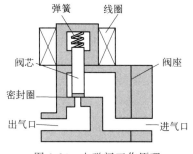

图 1-24 电磁阀工作原理

图 1-25 常见电磁阀

2. 变压器

变压器是一种利用电磁感应原理制成的,可以传输、改变电能或信号的功能部件,主要用来提升或降低交流电压、变换阻抗等。变压器是将两组或两组以上的线圈绕制在同一个线圈骨架上或绕在同一铁芯上制成的。通常,与电源相连的线圈称为初级绕组,其余的线圈称为次级绕组。变压器的分类方式很多,根据电源相数的不同,可分为单相变压器和三相变压器。变压器的结构如图1-26所示,实物如图1-27所示。

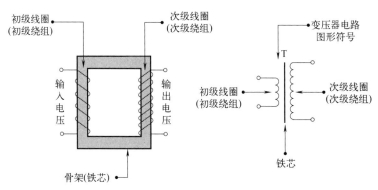

图 1-26 变压器的结构

变压器的应用十分广泛，如在供配电线路、电气设备及电子设备中可传输交流电，起到电压变换、电流变化、阻抗变换或隔离等作用。以单相变压器为例：单相变压器可将供电高压变成单相低压供各种设备使用，如可将交流 6600V 高压经单相变压器变为交流 220V 低压，为照明灯或其他设备供电。

3. 保险元器件

保险元器件是电子元器件的基础，起到保护线路及元器件的作用。保险元器件主要分为：温度开关、温度保险丝、电流保险丝、保险丝座、自恢复熔断器、其他保险元器件等。常见保险元器件如图 1-28 所示。

图 1-27　常见变压器

4. 传感器

传感器是指这样一类元件：它能够感受诸如力、温度、光、声、化学成分等信息，并能把它们按照一定的规律转换为便于传送和处理的另一个物理量（通常是电压、电流等电学量），或转换为电路的通断。它把非电学量转换为电学量，可以方便地进行测量、传输、处理和控制等。它具有微型化、数字化、智能化、多功能化、系统化、网络化的特点。

图 1-28　常见保险元器件

传感器一般由敏感元件、转换元件、转换电路和辅助电源四部分组成，它的工作原理是传感器通过敏感元件感受的通常是非电学量，而它利用转换元件输出的通常是电学量，如电压、电流、电荷量等。敏感元件直接感受被测量，并输出与被测量有确定关系的物理量信号；转换元件将敏感元件输出的物理量信号转换为电信号；转换电路负责对转换元件输出的电信号进行放大调制；转换元件和转换电路一般还需要辅助电源供电。

以压阻式压力传感器为例说明传感器工作原理：压阻式传感元件也可以以类似的桥接形式排列。图 1-29（压阻式压力传感器）说明了桥式压力传感器的传感元件是如何连接到柔性膜片上的，因此电阻会根据膜片偏转的大小而变化。压力传感器的整体线性度取决于膜片在规定测量范围内的稳定性，以及应变片或压阻元件的线性度。压阻式压力传感器元件根据膜片反射的大小测量电阻变化。

传感器的分类：按照其用途可分为压力传感器、位置传感器、液面传感器、能耗传感器、速度传感器、加速度传感器、射线辐射传感器、热敏传感器、雷达传感器等。按照其原理可分为：振动传感器、湿敏传感器、磁敏传感器、气敏传感器、真空度传感器、生物传感器等。按照其测量目的可分为：物理型传感器、化学型传感器、生物型传感器。

5. 晶体管

晶体管是一种固体半导体器件（包括二极管、三极管、场效应管、晶闸管等，有时特指双极型器件），具有检波、整流、放大、开关、稳压、信号调制等多种功能。晶体管作为一种可变电流开关，能够基于输入电压控制输出电流，与普通机械开关不同，晶体管利用电信号来控制自身的开合，所以开关速度可以非常快，实验室中的切换速度可达 100GHz 以上。晶体管分为 NPN 型和 PNP 型两类。如图 1-30 所示。

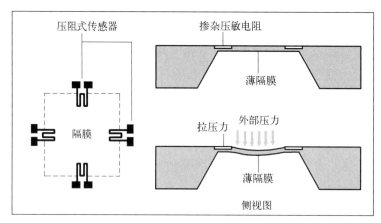

图 1-29　压阻式压力传感器

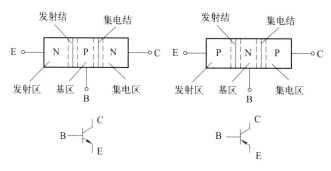

图 1-30　晶体管的结构

6. 集成电路

集成电路是一种将多个电子元件和器件集成在一起形成的微小芯片，它是现代电子技术中的重要组成部分。集成电路的出现使得电子设备更加小型化、高效化和可靠化，推动了信息技术的飞速发展。

集成电路由一定数量的晶体管、电阻、电容和其他电子元件组成，它们被封装在一个微小的硅片上。这种微小的封装方式使得集成电路具有体积小、质量轻的特点，并且能够承载和处理大量的信息。通过集成电路，各种电子元件可以在非常小的空间内相互连接，形成复杂的电路功能。集成电路的种类繁多，包括数字集成电路、模拟集成电路和混合集成电路等。

数字集成电路是集成电路的一种，它主要用于处理和传输数字信号。数字集成电路由大量的晶体管组成，可以实现逻辑运算、计算和存储等功能。在数字集成电路中，信号以二进制的形式进行传输，通过高低电平的变化来表示不同的信息。数字集成电路广泛应用于计算机、通信设备、数字电视和数字音频等领域。如图 1-31 所示。

7. 单片机

单片机又称单片微控制器，它不是完成某一个逻辑功能的芯片，而是把一个计算机系统集成到一个芯片上，相当于一个微型的计算机。和计算机相比，单片机只缺少了输入/输出（I/O）设备。概括

图 1-31　数字集成电路

地讲：一块芯片就成了一台计算机。它的体积小、质量轻、价格便宜，为学习、应用和开发提供了便利条件。在单片机中主要包含中央处理器（CPU）、只读存储器（ROM）和随机存储器（RAM）等，多样化数据采集与控制系统能够让单片机完成各项复杂的运算，无论是对运算符号进行控制，还是对系统下达运算指令都能通过单片机完成。单片机结构如图1-32所示。常见51单片机实物如图1-33所示。

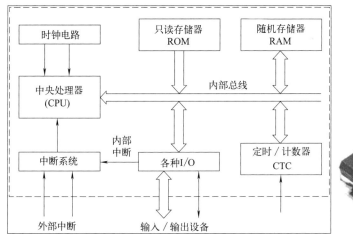

图1-32 单片机结构框图

图1-33 51单片机

第三节 常用食品加工技术

食品机械与设备是指食品加工生产中所用到的机械与设备。它与食品的加工工艺以及加工原理有密切的关系，食品机械与设备课程的先修课程也是食品工艺学和食品工程原理，因此，本节简要回顾常用的食品加工技术，这对食品机械与设备的深入学习会有很大帮助。

一、常用食品加工单元操作

食品的加工是由若干个单元操作组成的，按照食品常用的加工工序和三传理论，可分为动量传递、热量传递、质量传递相关的单元操作。

1. 动量传递相关单元操作

在食品生产过程中涉及动量传递的单元操作有：流体输送、混合、过滤、沉降、离心分离等。流体是气体和液体的统称，在食品连续生产过程中，将流体半成品从一道工序送至另一道工序，从而实现流体的输送。在食品生产过程中所使用的流体机械主要有离心泵、螺杆泵、鼓风机、通风机、压缩机等，这些机械在饮料、酒类、奶制品等生产中都有应用。

（1）混合

混合是利用机械力或流体动力方法使两种或两种以上不同物质相互分散、混杂以达到一定的均匀度的单元操作。在食品生产过程中用于混合的设备，根据其混合方式不同分为搅拌设备（发酵罐、酶解罐、沉淀罐），混合设备（卧式螺带混合机、V型混合机等），调和设备（双臂捏合机、双轴卧式和面机等），均质设备（高压均质机、胶体磨等）。

（2）过滤

过滤是利用布、网等多孔介质，在外力作用下，使固-液或固-气分散系中的流体通过介质孔道，固体颗粒被介质截留，从而实现固体颗粒与流体分离的单元操作。在食品加工过程中常用的过滤设备有：板框压滤机、叶滤机、真空转鼓过滤机等。过滤设备主要用于饮料、酒类、淀粉混合物等的澄清或去除杂质。

（3）沉降

沉降是利用固体颗粒或液滴与流体间的密度差，使悬浮在流体中的固体颗粒或液滴借助于场外作用力产生定向运动，从而实现分散相与连续相分离的单元操作。在食品加工生产中，常用的沉降设备为重力沉降器，其中按操作方式可分为间歇式、半连续式和连续式沉降器。

（4）离心分离

离心分离的实质是在离心力场中实现的沉降和过滤操作，是利用离心惯性力实现物料分散系中固-液或液-液两相以及液-液-固三相间的分离。在食品工业生产中常见悬浮液的液-固分离或乳浊液的液-液分离，根据操作原理不同，离心机可分为沉降式离心机、过滤式离心机、分离式离心机。

（5）粉碎

粉碎是利用机械力将物料破碎为大小符合要求的小块、颗粒或粉尘的单元操作。在食品粉碎作业中，根据作业物料含水量的不同，区分为干法粉碎和湿法粉碎。其中常见的干法粉碎设备为锤片式粉碎机、圆锥粉碎机、球磨机、气流粉碎机等；湿法粉碎设备为搅拌磨、行星磨、双锥磨、胶体磨等。

（6）筛分

筛分是通过筛分器将大小不同的固体颗粒分成两种或多种粒级的过程。在食品加工生产过程中根据产品的规格和质量要求，常见的分选机械有振动筛分机、圆筒筛、摆动筛等。

2. 热量传递相关单元操作

热量传递是一种复杂的现象，是因为温度差的存在，而使能量由一处传到另一处的过程。根据传热机理的不同，常把它分成三种基本方式，即传导、对流及热辐射。食品工程中一些重要的单元操作，如蒸发、干燥、结晶、冷冻浓缩、制冷、热杀菌都是以热量传递过程作为理论基础的。

（1）蒸发

蒸发是指将含有不挥发溶质的溶液加热沸腾，使其中的挥发性溶剂部分气化并被排除，从而将溶液浓缩的过程。蒸发单元操作的主要设备是蒸发器，食品工业中使用的蒸发器按照溶液在蒸发器中的流动情况，可分为循环型和非循环型两类，常见的主要有中央循环管蒸发器、悬筐式蒸发器、外加热式蒸发器、长管式蒸发器、板式蒸发器。

（2）干燥

干燥是利用热量使湿物料中水分被汽化除去，从而获得固体产品的操作。食品干燥设备根据加热方式，分为接触干燥设备（转鼓干燥机、带式干燥机等），对流干燥设备（流化床干燥机、喷雾干燥机、隧道式干燥机等），辐射干燥设备（微波干燥机、红外线干燥机等），低温或低压干燥设备（真空干燥机、冷冻干燥机）。

（3）结晶

结晶是从液态或气态原料中析出晶体物质，是一种属于热质传热过程的单元操作。在食品工业中常用的结晶方法有冷却结晶、蒸发结晶、真空结晶,而在生产过程中所使用到的结晶器根据转鼓主轴位置可分为立式搅拌结晶罐、卧式结晶罐、真空冷却结晶器等。

(4) 冷冻浓缩

冷冻浓缩是将溶液中的一部分水以冰的形式析出,并将其从液相中分离出去而使溶液浓缩的单元操作。冷冻浓缩主要包括料液冷却结晶和冰晶与浓缩液分离两步,因而冷冻浓缩设备也主要由冷却结晶设备和冰晶悬浮液分离设备两部分组成,其中用于冰与浓缩液分离的设备有压榨机、过滤式离心机、洗涤塔等。

(5) 制冷

制冷是指从低温物体吸热并将其转移到环境介质中的过程,使物体降温并保持比环境介质温度更低的低温条件。在食品工业生产过程中应用最广泛的机械制冷包括压缩式制冷、吸收式制冷和蒸汽喷射式制冷。

(6) 热杀菌

热杀菌是利用热水、水蒸气等作为加热源对食品进行直接或间接加热的单元操作。食品热杀菌有巴氏杀菌、高温短时杀菌、超高温瞬时杀菌,在生产过程中根据加热效果分为直接加热杀菌设备和间接加热杀菌设备。常见的热杀菌设备有蒸汽喷射器、超高温瞬时灭菌机、板式杀菌设备、立式杀菌锅等。

3. 质量传递相关单元操作

质量传递是由浓度差而产生的扩散作用形成相内和相间的物质传递过程,遵循质量传递原理的单元操作有:吸收、吸附、离子交换、超临界流体萃取、膜分离等。

(1) 吸收

吸收是在液体和气体接触过程中,气体中的组分溶解于液体的传质操作。吸收设备可分为表面吸收器、鼓泡式吸收器、喷洒式吸收器。

(2) 吸附

吸附是利用多孔性固体与流体相接触,流体相中的一种或几种组分向多孔固体表面选择性传质,积累于固体表面的过程。在生产过程中常用的吸附设备为固体床活性炭吸附设备、移动床吸附设备、流动床吸附设备。

(3) 离子交换

离子交换是一种特殊的吸附过程,它利用离子交换剂吸附溶液中的一种离子同时放出另一种相同电荷的离子的特点,是交换剂和溶液之间进行的同电荷离子相互交换过程。离子交换在食品生产中主要应用于制糖、制味精、酒的精制、水处理等,常见的离子交换器为固定床和连续床两类,固定床离子交换器根据交换器内树脂的种类可分为单床、双床和混床。

(4) 超临界流体萃取

超临界流体萃取是利用固体或液体物料中的特定成分,能选择性地溶解于超临界流体的特性来进行混合物萃取分离的技术。与传统溶剂萃取法相比,其优势在于没有溶剂消耗和残留,避免了萃取物在高温下的热劣化,保护生物活性物质。超临界流体萃取的主要设备为溶剂压缩机、萃取器、温度及压力控制系统、分离器。

(5) 膜分离

膜分离是利用天然或人工合成的具有一定选择透过性的分离膜以其两侧存在的能量差或化学势差为推动力,对双组分或多组分体系进行分离、纯化或富集的一类单元操作。膜分离设备主要应用于乳品、果汁及其他饮料加工和啤酒无菌过滤等方面,其中膜片是膜分离设备的核心，目前膜分离设备主要有板式、管式、中空纤维式、折叠筒式和螺旋卷式膜过滤器。

二、真空技术

真空是指给定的空间内，低于一个大气压的气体状态。食品工业中的真空环境，一般是指一个低压的、减压的、负压的环境，而不是绝对的真空环境。真空可以造成低氧环境，它可以减轻物料的氧化作用，防止物料褐变，有利于产品贮藏；真空还可以降低液体的沸点、升华点，使液体易于蒸发，湿分易于去除；真空还可以增大压力差，使界面上下压差增大，作为推动力。因此，真空技术在食品加工中广泛应用，主要涉及真空包装贮藏、真空浓缩、真空干燥、真空过滤、真空吸料等。

为了达到真空环境，可以采用机械抽气、蒸汽喷射、吸气剂吸附等产生真空。食品工业中主要采用机械抽真空的方式，主要设备有往复式真空泵、水环式真空泵、旋片式真空泵等。

1. 真空技术在食品贮藏保鲜中的应用

真空贮藏又称减压贮藏或低气压贮藏等，是在普通冷藏或气调贮藏的基础上进一步发展起来的一种特殊的气调贮藏方法，其是通过降低贮藏环境压力，并维持一定低温及相对湿度的保鲜技术。在食品工业中通过真空减压保鲜贮藏库实现水果、蔬菜的保鲜贮藏。

2. 真空技术在包装方面的应用

真空包装是将食品装入包装袋后，抽出包装袋内的空气，达到预定真空度后，完成封口的包装方法。真空包装机常被用于食品行业，因为经过真空包装以后，食品能够抗氧化，从而达到长期保存的目的。抽真空时只需按下真空盖即自动按程序完成抽真空、封口、印字、冷却、排气的过程。经过包装后的产品可防止氧化、霉变、虫蛀、受潮，可延长产品的储存期限。近年来在食品行业，真空包装应用非常普遍，如各种熟制品（鸡腿、火腿、香肠、烤鱼片、牛肉干等），腌制品（各种酱菜）以及豆制品、果脯等各种各样需要保鲜的食品。

3. 真空技术在食品浓缩方面的应用

真空浓缩是在减压条件下，在较低的温度下使料液中的水分迅速挥发的浓缩方法。该方法降低了水的沸点，提高了温度差，能在短时间内进行蒸发，能保持物料的营养成分和色香味，尤其是热敏物料，效果更为明显，它是最重要的和使用最广泛的浓缩方法。真空浓缩设备按加热器的结构形式分为盘管式、中央循环套式、升膜式、降膜式、刮板式浓缩设备等。

4. 真空技术在食品冷冻干燥方面的应用

真空冷冻干燥技术，也称冷冻干燥，简称冻干。它是将物料冷冻到其共晶点以下，使物料中的水分冻结成冰，然后在较高真空条件下将冰升华为蒸汽再进行排出的一种干燥方法。食品冷冻干燥设备的形式主要分为间歇式和连续式两类。真空冷冻干燥技术近年来广泛应用在水果、蔬菜、肉类、速食食品、速溶饮料、中药材保健品、海鲜水产品等食品领域。真空冷冻干燥技术是在低压下干燥，能灭菌或抑制某些细菌的活力，防止氧化变质；可以最大限度地保留食品原有成分、味道、色泽和芳香；产生的多孔结构制品具有很理想的速溶性和快速复水性；升华时溶于水的溶解物质就地析出，避免表面硬化现象。

5. 真空技术在食品物料输送方面的应用

真空吸料是一种依靠在系统内建立起一定的真空度，并在压差作用下，将被输送液料从一处送至几处或几处送至一处的流体输送设备。对于果酱、番茄酱等或带有固体块、粒的料液尤为适宜。使用真空吸料装置可解决没有特殊泵时的物料输送问题。近几年来，有些罐头食品厂的流水作业线上采用此装置。

三、微波技术

微波是指频率在300MHz～300GHz之间的电磁波。微波具有穿透、反射、吸收三个特性，例如：对于玻璃、塑料和瓷器，微波几乎是穿越而不被吸收；对于水和食物等就会吸收微波而使自身发热，而且是使食品整体都被加热，加热速度比对流加热更快。

微波加热机理是当介电物质吸收微波时，微波向介电物质释放能量，亦即微波能转化成热能，使物质升高温度，主要有离子极化和偶极旋转两个机理。离子极化：当对含有离子的食品溶液施加微波电场时，因离子自身的电荷，离子会加速运动，导致离子之间的碰撞，把动能转变为热能。离子浓度高，离子之间就会产生更多碰撞，温度也会升得更高。偶极旋转：食品含有极性分子，最多的是水分子。这些分子本来是随机排列的。在微波场中，偶极分子会由其极性而不断取向，产生频繁旋转。如此，导致其相周围介质的摩擦而生热，使食品温度升高。微波技术在食品工业中可以用来进行食品的加热、干燥、杀菌、解冻等。

1. 微波在食品干燥方面的应用

在微波的作用下，食品中的极性分子能够吸收一定的微波能，从而产生一定的热量，最后使食品达到迅速加热的效果，从而被干燥。微波干燥设备按照结构形式分为箱式、隧道式、平板式、曲波式和直波导式等，其中箱式、隧道式、平板式较为常见。

2. 微波在食品杀菌保鲜方面的应用

微波杀菌是微波热效应和生物效应共同作用的结果。在一定强度微波场的作用下，食品中的虫类和菌体会因分子极化现象，吸收微波能升温，从而使其蛋白质变性，失去生物活性；微波对细菌膜断面的电位分布影响细胞膜周围电子和离子浓度，从而改变细胞膜的通透性能，细菌因此营养不良，不能正常新陈代谢，生长发育受阻而死亡。微波杀菌装置有管式微波高温杀菌机等。

3. 微波在冷冻食品软化与解冻方面的应用

微波解冻能够有效地避免由传统解冻方法所造成的解冻周期长、食品品质的劣化、汁液损失以及过长的解冻时间引起食品产生化学反应等。在食品加工过程中常用的微波解冻设备为隧道式微波解冻设备、连续式微波解冻设备。

四、超声波技术

超声波是一种机械波，频率超过人类听觉的极限，即频率在20kHz及以上的声波。其中根据能量水平不同，可以将超声波大致分为低密度超声波和高密度超声波，而低密度超声波主要用于研究食品物料内部结构、理化特性的检测技术，高密度超声波主要作为辅助强化能量用于食品生产。

1. 超声波在原料萃取方面的应用

超声波萃取是利用超声波辐射压强产生的强烈空化效应、搅动效应、击碎和搅拌作用等多级效应，增大物质分子运动频率和加速度，增加溶剂穿透力，从而加速目标成分进入溶剂，促进提取的进行。超声波技术主要用以辅助提升萃取率，常见的设备有超声波辅助管式逆流萃取设备、分体式超声辅助萃取设备。

2. 超声波在原料清洗方面的应用

超声波清洗是利用超声波在液体中的空化、加速度及直进流效应对液体和污物直接、间接的作用，使污物层被分散、乳化、剥离而达到清洗的目的。超声清洗机主要由超声波清洗槽和超声波发生器两部分组成。

3. 超声波在食品均质方面的应用

超声波均质是利用超声波在液体中的分散效应，使液体产生空化的作用，从而使液体中的固体颗粒或细胞组织破碎。超声波均质机按超声波发生器的形式分为机械式、磁控式和压电晶体式等，其中使用较多的是机械式超声波均质机。

本章习题

1. 简述制造食品机械采用的材料。
2. 简述不锈钢在食品机械中的应用。
3. 非金属材料在食品机械中有哪些应用？
4. 简述连接件的种类及特点。
5. 简述键连接的方式。
6. 食品机械中的机械传动有哪些形式？
7. 简述带传动的方式。
8. 简述电动机的种类。
9. 简述食品机械中常用的电子器件。
10. 叙述与传热相关的单元操作。
11. 叙述真空技术在食品机械中的应用。
12. 叙述超声波技术在食品机械中的应用。

第二章

食品初加工机械与设备

学习目的与要求

① 掌握食品输送、清洗、清理、剥壳去皮和分级机械的工作原理和设计思路。
② 熟悉食品输送、清洗、清理、剥壳去皮和分级机械的结构。
③ 了解食品输送、清洗、清理、剥壳去皮和分级机械的操作过程及使用范围。

在加工食品时，可以农产品、水产品、林产品等为原料，按照一定的工艺流程和操作原理制作而成。这些原料在深加工之前都需要进行预处理，才能提高加工效率，保证产品的质量。这些预处理初加工方法主要包括清洗污物、清理除杂、剥壳去皮、分级分选等，此外随着食品工业的自动化发展，还需要将这些物料进行输送，实现稳定的连续化生产。本章介绍食品初加工机械与设备，主要包括输送机械、清洗机械、清理机械、剥壳去皮机械、分级机械。

第一节 食品输送机械

在食品生产过程中存在着大量的物料如食品原料、辅料、半成品和成品等需要自动化输送，从而提高生产效率，减轻体力劳动。从输送物料的种类上，可以分为液体物料、固体物料，以及辅助输送的气体，如空气、氮气、二氧化碳等。输送的方式上可实现由近到远，由低到高，由单机到生产线，从而完成食品生产工序的要求，实现自动化生产。

一、液体输送机械

液体类的食品物料，例如水、酒类、饮料类、液态奶类、油类、浆液等需要进行输送，从而实现自动化生产。为液体物料输送提供能量的机械称为液体输送机械，主要包括泵类以及真空吸料装置。

1. 离心泵

离心泵是依靠高速离心旋转的叶轮把能量连续传递给料液而完成输送的一种泵。在食品工业中广泛使用，如奶泵、饮料泵、水泵等。

(1) 工作原理

离心泵的工作原理是离心排出，负压吸入。在离心泵工作前，需要在泵壳内灌满待输送的液体。电动机启动后泵轴带动叶轮旋转，叶片间的液体随叶轮一起旋转。在离心力作用下，液体沿着叶片间通道从叶轮中心进口处被甩到叶轮外围，以高速流入泵壳，液体流到蜗形通道后，由于截面逐渐扩大，大部分动能转变为静压能，于是液体以较高的压力，从排出口进入排出管，输送到所需的场所。这就是离心排出。

当叶轮中心的液体被甩出后，泵壳的吸入口处就形成了一定的负压，此时外面的大气压力迫使液体经底阀和吸入管进入泵内，填补了液体排出后的空间。这样，只要叶轮不停旋转，液体就源源不断地被吸入与排出，完成输送的任务。这就是负压吸入。离心泵的结构示意如图 2-1 所示。

离心泵若在工作前未充满液体，则泵壳内存在空气。由于空气密度很小，所产生的离心力也很小。此时，在吸入口处所形成的真空不足以将液体吸到泵内，虽启动离心泵，但不能输送液体，此现象称为"气缚"。为便于泵内充满液体，在吸入管底部安装带吸滤网的底阀，底阀为止回阀，滤网是为了防止固体物质进入泵内，损坏叶轮叶片或妨碍泵的正常操作。

图 2-1 离心泵结构示意

1—排出管；2—叶轮；3—泵壳；
4—吸入管；5—底阀

(2) 主要结构

离心泵的主要构件有叶轮、泵壳和轴封装置。食品厂最常使用的是离心式饮料泵，因其泵壳内所有构件都是用不锈钢制作的，通常称之为卫生泵，在饮料厂常用于输送原浆、料液等。离心式饮料泵结构如图 2-2 所示，离心式饮料泵实物图如图 2-3 所示。

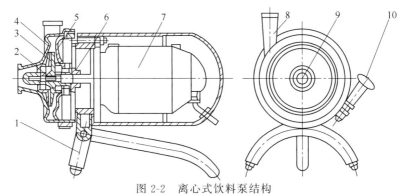

图 2-2 离心式饮料泵结构

1—支架；2—主轴；3—叶轮；4—前泵腔；5—后泵腔；6—密封装置；7—电动机；8—出料管；
9—进料管；10—泵体锁紧装置

a. 叶轮

从离心泵的工作原理可知，叶轮是离心泵的最重要部件。按结构可分为三种，见图 2-4。闭式叶轮：叶片两侧都有盖板，这种叶轮效率较高，应用最广，但只适用于输送清洁液体。半闭式叶轮：叶轮吸入口一侧没有前盖板，而另一侧有后盖板，它也适用于输送悬浮液。开式叶轮：叶轮两侧都没有盖板，制造简单，清洗方便；叶轮和壳体不能很好密合，部分液体会流回吸液侧，因而效率较低；开式叶轮适用于输送含杂质的悬浮液。

图 2-3　离心式饮料泵实物

闭式叶轮

半闭式叶轮

开式叶轮

图 2-4　离心泵叶轮形态

b. 泵壳

离心泵的外壳多做成蜗壳形，其内有一个截面逐渐扩大的蜗形通道。叶轮在泵壳内顺着蜗形通道向逐渐扩大的方向旋转。由于通道逐渐扩大，叶轮四周抛出的液体可逐渐降低流速，减少能量损失，从而使部分动能有效地转化为静压能。有的离心泵为了减少液体进入蜗壳时的碰撞，在叶轮与泵壳之间安装一固定的引导轮。引导轮具有很多逐渐转向的孔道，使高速液体流过时能均匀而缓慢地将动能转化为静压能，使能量损失降到最低程度。

c. 轴封装置

泵轴与泵壳之间的密封又称轴封。作用是防止高压液体从泵壳内沿轴的四周流出，或者外界空气以相反方向流入泵壳内。轴封装置有填料密封装置和机械密封装置两种形式。

（3）简单应用

离心泵是食品加工中应用比较广泛的流体输送设备。离心泵构造简单，便于拆卸、清理、冲洗和消毒，机械效率较高。适用于输送水、乳品、糖蜜和油脂等，也可用来输送带有固体悬浮物的料液。

2. 螺杆泵

螺杆泵是一种新型的内啮合同转式容积泵，是利用一根或数根螺杆的相互啮合空间容积变化来输送液体的。螺杆泵具有效率高、自吸能力强、适用范围广等优点，各种难以输送的介质都可用螺杆泵来输送。螺杆泵有单螺杆泵、双螺杆泵和多螺杆泵等几种，按螺杆的轴向安装位置可分为卧式和立式两种。

（1）工作原理

螺杆与橡皮套相配合形成一个个互不相通的封闭腔。当螺杆转动时，封闭腔沿轴向由吸入端向排出端方向运动，封闭腔在排出端消失，同时在吸入端形成新的封闭腔。螺杆作行星运动使封闭腔不断形成，并向前运动以至消失，即可将料液向前推进，从而产生抽吸料液的作用。

（2）主要结构

螺杆泵的主要部件是转子（螺杆）和定子（螺腔）。转子是一根单头螺旋的钢转子；定子通常是一个由弹性材料制造的、具有双头螺旋孔的定子。转子在定子内转动。泵内的转子是呈圆形断面的螺杆，定子通常是泵体内具有双头螺纹的橡皮衬套，螺杆的螺距为橡皮套的内螺纹螺距的一半。螺杆在橡皮套内作行星运动，通过平行销联轴节（或偏心联轴器）与电动机相连进行转动。单螺杆泵的结构图如图2-5所示，实物图如图2-6所示。

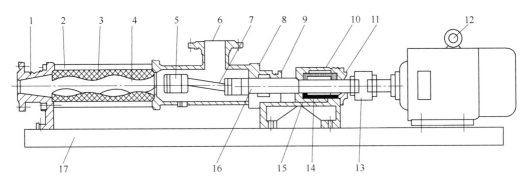

图 2-5 单螺杆泵的结构

1—出料口；2—拉杆；3—螺腔；4—螺杆；5—万向节总成；6—进料口；7—连接轴；8—填料座；9—填料压盖；10—轴承座；11—轴承盖；12—电动机；13—联轴器；14—轴套；15—轴承；16—传动轴；17—底座

图 2-6 单螺杆泵

（3）简单应用

螺杆泵不能空转，开泵前应灌满液体。为满足不同流量的要求，可通过调速装置来改变螺杆转速，以符合生产需要。泵的合理转速为 750～1500r/min。转速过高，易引起橡皮衬套发热而损坏，过低会影响生产能力。对填料坯密封装置应定期检查调整。每班工作结束后，应对泵进行清洗，对轴承要定期进行润滑。

目前食品加工中多采用单螺杆卧式泵，主要用于高黏度液体及带有固体物料的浆体，如淀粉浆、番茄酱、酱油、蜂蜜、巧克力混合料、牛奶、奶油、奶酪、肉浆及未稀释的啤酒醪液等。

3. 齿轮泵

齿轮泵是一种回转式容积泵，主要用来输送黏稠料液，如糖浆、油类等。齿轮泵的种类比较多，按齿轮形状可分为正齿轮泵、斜齿轮泵、人字齿轮泵等；按齿轮的啮合方式分为外啮合和内啮合两种，外啮合齿轮泵应用较多。

（1）工作原理

以外啮合齿轮泵为例。在泵体中装有一对回转齿轮，一个主动齿轮，一个从动齿轮，主动齿轮由电动机带动旋转，从动齿轮与主动齿轮相啮合而转动。啮合区将工作空间分割成吸入腔和排出腔。当一对齿轮转动时，啮合的齿轮在吸入腔逐渐分开，使吸入腔的容积逐渐增大，压力降低，形成部分真空。液体在大气压作用下，经吸料管进入吸入腔，直至充满各个齿间。随着齿轮的转动，液体分两路进入齿间，沿泵体的内壁被齿轮挤压送到排出腔。在排出腔里齿轮容积减少，液体压力增大，由排出腔压至出料管。随着主动齿轮、从动齿轮的不断旋转，泵便能不断吸入和排出液体。

（2）主要结构

外啮合齿轮泵主要由主动齿轮、从动齿轮、泵体及泵盖等组成。齿轮靠两端面来密封，主动齿轮与从动齿轮均由两端轴承支撑。泵体、泵盖和齿轮的各个齿间槽形成密闭的工作空间。一般食品加工用齿轮泵采用耐腐蚀材料如尼龙、不锈钢等制成。齿轮泵结构简单、工作可靠，但所输送的液体必须具有润滑性，否则轮齿极易磨损，甚至发生咬合现象。其次，齿轮泵效率低，震动强和噪声大。为了避免液体流损，齿轮与泵体及齿轮侧面与泵体壁的间隙很小，通常径向间隙为 0.1～0.15mm，端面间隙为 0.04～0.10mm。齿轮泵的结构图如图 2-7 所示，实物图如图 2-8 所示。

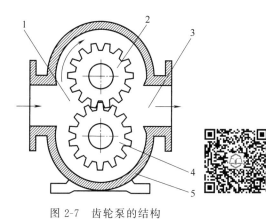

图 2-7　齿轮泵的结构　　　　　　　图 2-8　齿轮泵

1—吸入腔；2—主动轮；3—排出腔；4—从动轮；5—泵壳

4. 真空吸料装置

真空吸料装置是一种简易的流体输送装置，可以将流体作短距离的输送以及一定高度的提升。如果食品加工厂中有真空系统的，就可以直接利用这些设备作真空吸料之用，不需添加其它设备。

（1）工作原理

真空泵将密闭输入罐中的空气抽去，造成一定的真空度。这时由于输入罐与相连的料液槽之间产生了一定的压力差，物料由料液槽经管道送到输入罐中。物料从输入罐中排出的方法有间歇式和连续式两种，间歇式排料方式因破坏输入罐中的真空度而较少采用，一般多采用连续式排料的方式。连续式排料装置的排料阀门是旋转叶片式阀门，要求旋转阀门出料能力与管道吸进输入罐中的流量相同。输入罐上有一阀门，用来调节输入罐中的真空度及罐内的液位高度。真空泵与分离器相连，分离器再与输入罐相连。因从输入罐抽出的空气有时还带有液体，需先在分离器中分离后再进入真空泵中抽走。

（2）主要结构

真空吸料装置主要由料液槽、输入罐、真空泵、分离器等主要部分构成。其中真空泵为该装置的主要部分，为真空吸料装置提供真空度，使物料输入进输入罐。真空吸料装置的结构示意图如图 2-9 所示，实物图如图 2-10 所示。

（3）简单应用

该装置的组成较简单，是由管道、罐体容器和真空泵所组成的。对于果酱、番茄酱或带

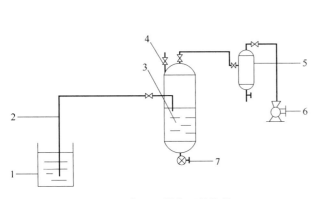

图 2-9　真空吸料装置的结构　　　　　　图 2-10　真空吸料装置

1—料液槽；2—管道；3—输入罐；4—调节阀；5—分离器；
6—真空泵；7—旋片阀

有固体块粒的料液尤为适宜。如果用泵来输送此类物料，由于此类物料黏度较大或具有一定的腐蚀性，普通的离心泵等是不能使用的，须选用特殊的泵，所以使用真空吸料装置可解决没有特殊泵时物料的输送问题。但它的缺点是输送距离短和提升高度小、效率低。实际生产中，有些罐头食品加工厂也常采用此法进行物料的垂直输送。

5. 蠕动泵

蠕动泵是一种小量精确的液体输送泵，主要适用于液体定量分配，可以实现高精度的流量传输控制。蠕动泵具有运行噪声小、操作简便、性能稳定、断电数据保存、可定时等特点，可广泛应用于环境保护、医药、食品、化工等领域，以及院校的实验室和其它相关行业。

（1）工作原理

蠕动泵的滚轮通过对泵的弹性输送软管交替进行挤压和释放来输送流体，就像用两根手指夹挤软管一样，随着手指的移动，管内形成负压，液体随之流动。蠕动泵在滚轮之间的一段泵管形成"枕"形流体。"枕"形流体的体积取决于泵管的内径和转子的几何特征，流量取决于泵头的转速与"枕"的尺寸。对液量分装精度要求高时，使用液量分配模式更加方便；对产量要求高时，使用时间分配模式更加方便；需要将一定液体分装为若干份液体时，使用复制分配模式。

（2）主要结构

蠕动泵由驱动器、泵头和软管三部分组成。软管要具有一定弹性，即软管径向受压后能迅速恢复形状，要具有一定的耐磨性，具有一定承受压力的能力，不渗漏（气密性好），吸附性低，耐温性好，不易老化，不溶胀，抗腐蚀，析出物少等。泵头在选择单、多通道输送流体时，需考虑是否易于更换软管，是否易于固定软管。滚轮选择六滚轮结构相对流量稍大，十滚轮结构流体脉动幅度较小。驱动器需考虑是否需要进行流量控制，是否需要液量分配，流量范围大小如何，整体构造是否合理、操作是否便捷，流量精度、液量精度是否达到要求。蠕动泵的结构示意图如图 2-11 所示，实物图如图 2-12 所示。

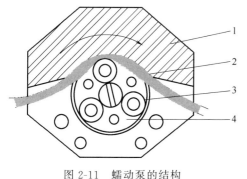

图 2-11 蠕动泵的结构　　　　　　　　　　　图 2-12 蠕动泵
1—压盖；2—硅胶软管；3—滚柱；4—滚轮

二、气体输送机械

在食品生产加工过程中，经常需要对密闭容器进行抽真空操作或者在管道中鼓风输送气流，完成这些功能的机械就是气体输送机械，主要包括真空泵类和风机。

1. 旋片真空泵

旋片真空泵，简称旋片泵，它是一种油封式机械真空泵，属于低真空泵。它可以单独使用，也可以作为其它高真空泵或超高真空泵的前级泵。旋片泵可以抽除密封容器中的干燥气体，若附有气镇装置，还可以抽除含有少量可凝性蒸汽的气体。但它不适于抽除含氧过高的、对金属有腐蚀性的、对泵油会起化学反应的以及含有颗粒尘埃的气体。

（1）工作原理

在旋片泵的腔内偏心地安装一个转子，转子外圆与泵腔内表面相切（二者有很小的间隙），转子槽内装有带弹簧的两个旋片。旋转时，靠离心力和弹簧的张力使旋片顶端与泵腔的内壁保持接触，转子旋转带动旋片沿泵腔内壁滑动。两个旋片把转子、泵腔和两个端盖所围成的月牙形空间分隔成 A、B、C 三部分，当转子按箭头方向旋转时，与吸气口相通的空间 A 的容积是逐渐增大的，处于吸气过程。而与排气口相通的空间 C 的容积是逐渐缩小的，处于排气过程。居中的空间 B 的容积也是逐渐减小的，处于压缩过程。由于空间 A 的容积逐渐增大（即膨胀），气体压强降低，泵的入口处外部气体压强大于空间 A 内的压强，因此将气体吸入。当空间 A 与吸气口隔绝时，即转至空间 B 的位置，气体开始被压缩，容积逐渐缩小，最后与排气口相通。当被压缩气体超过排气压强时，排气阀被压缩气体推开，气体穿过油箱内的油层排至大气中。可结合图 2-13 了解旋片泵工作原理。旋片泵多为中小型泵。旋片泵有单级和双级两种。所谓双级，就是在结构上将两个单级泵串联起来。一般多做成双级的，以获得较高的真空度。双级旋片式真空泵在冰箱中普遍使用。

（2）主要结构

旋片泵主要由泵体、转子、旋片、端盖、弹簧等组成。转子在电动机及传动系统的带动下，绕自身中心轴作顺时针旋转；转子装配在泵体腔壁的正上方，与泵体紧密接触，转子上的两个旋片横嵌在转子圆柱体的直径上，它们中间有一根弹簧，使旋片在旋转过程中始终紧贴在泵体的腔壁上，在旋片旋转的过程中，旋片把泵体和转子之间分隔成两个腔室；当旋片随着转子一起旋转时，靠近进气口的腔室容积逐渐增大，经进气管吸入过滤后的气体，而在另一腔室中，旋片对已吸入的气体进行压缩，使气体顶开排气阀，通过油气分离室后，从排气孔排入大气中。转子不断转动,过程重复进行,就不断地进行抽气、压缩、排气操作,最终实现抽真空目的。为避免漏气,排气阀以下部分全浸没在真空油内,油量多少可以通过油标观察。旋片泵主要结构图如图2-13所示,实物图如图2-14所示。

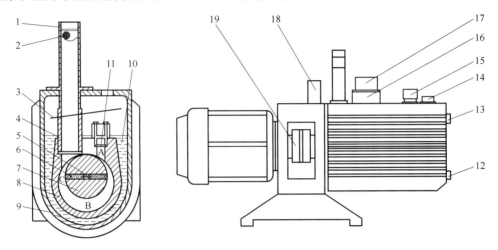

图 2-13 旋片泵的结构

1—进气嘴;2—滤网;3—挡油板;4—密封圈;5—旋片弹簧;6—旋片;7—转子;8—泵体;9—油箱;10—真空泵油;
11—排气阀片;12—放油螺塞;13—油标;14—加油螺塞;15—气镇阀;16—减雾器;
17—排气嘴;18—手柄;19—软接器

图 2-14 旋片泵

2. 循环水真空泵

循环水真空泵是一种利用循环水作为工作流体,通过叶轮使水快速旋转形成内部真空的粗真空泵,它所能获得的极限真空度为2000～4000Pa,串联大气喷射器可达270～670Pa。它既具有循环水的功能,还可以抽真空。它广泛用于抽滤、蒸发、蒸馏、结晶、减压、升华等操作,是各大院校、医药化工行业、食品加工行业等实验室的理想设备。

(1) 工作原理

循环水真空泵可以实现循环水功能和抽真空功能。循环水功能比较简单,主要是通过泵体将水箱内的水抽出,然后通过回流管再回流到水箱。循环水真空泵的主要功能是抽真空。循环水真空泵抽真空的工作原理是离心排出,射流卷吸。在循环水真空泵工作前要向水箱中加水,使泵体和射流管没入水中。工作时电动机带动泵体叶轮高速离心运动,把水箱内的水吸入排水管,实现离心排出;高速水流经过排水管流入射流管形成射流,由于射流周围会产生负压,实现射流卷吸作用;此时射流管和进气管道相连,就可以把密闭容器内的空气源源不断地抽进来,实现真空效果;抽进来的气体经过水箱排出,射流经过消声器又回到水箱中,如此反复。工作原理图如图2-15所示。

(2) 主要结构

循环水真空泵主要由电动机、传动轴、水箱、泵体、叶轮、射流管、消声器、排水管等组成。主要结构为电动机、水箱、泵体、叶轮、射流管。从外观上可以看到真空表、抽气头、指示灯、保险、电源开关、箱盖、电机防护罩、水箱等。电动机在电机防护罩内,安置在水箱上，泵体主要是由离心泵和排水管组成，泵体、射流管、消声器浸没在水箱里。循环水真空泵实物如图 2-16 所示。

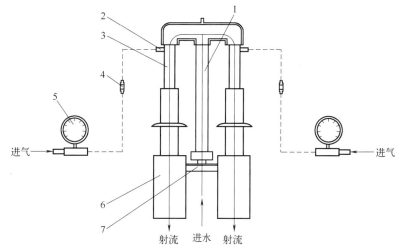

图 2-15 循环水真空泵工作原理

1—排水管；2—进气管；3—射流管；4—逆止阀；5—真空表；6—消声器；7—离心泵体

3. 风机

风机是把机械能传给空气形成压力差而产生气流的机械，经常在气力输送系统中作气源设备。风机的风量和风压大小直接影响气力输送装置的工作性能，风机运行所需的动力大小关系着气力输送装置的生产成本。

（1）工作原理

风机主要有离心式通风机、罗茨风机等，其中离心式通风机使用最广

图 2-16 循环水真空泵

泛。离心式通风机的工作原理是利用离心力的作用，增大空气的压力和速度后被输送出去。当风机工作时，叶轮在蜗壳形机壳内高速旋转，充满在叶片之间的空气使在离心力的作用下沿着叶片之间的流道被推向叶轮的外缘，使空气受到压缩，压力逐渐增加，并集中到蜗壳形机壳中。这是一个将原动机的机械功传递给叶轮内的空气使空气静压力（势能）和动压力（功能）增高的过程。这些高速流动的空气，进一步提高了空气的静压力，最后由机壳出口压出。与此同时，叶轮中心部分由于空气变得稀薄而形成了比大气压力小的负压，外界空气在内外压差的作用下被吸入进风口，经叶轮中心而去填补叶片流道内被排出的空气。由于叶轮旋转是连续的，空气也被不断地吸入和压出，这样就完成了输送气体的任务。

（2）主要结构

离心式通风机主要由叶轮、机壳、进风口、出风口、支架、电机、皮带轮、联轴器、消声器、传动件等组成。叶轮是对空气做功的部件，由呈双曲线型的前盘、呈平板状的后盘和夹在两者之间的轮毂以及固定在轮毂上的叶片组成。进风口有单吸和双吸两种，在相同的条件下双吸风机叶轮宽度是单吸风机的两倍。离心式通风机主要结构如图 2-17 所示，实物图如图 2-18 所示。

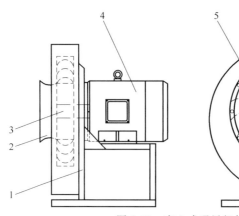
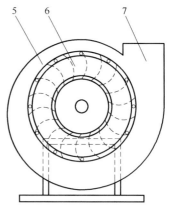

图 2-17 离心式通风机结构

1—机架；2—进风口；3—轴承（传动部件）；4—电动机；5—机壳；6—叶轮；7—出风口

（3）简单应用

在食品加工业中，离心风机主要用于食品蒸发结晶（真空浓缩）、冷冻干燥、真空干燥、真空过滤、真空脱气、真空包装（真空成型）、消毒、物料输送、气力输送等。

4. 气力输送设备

气力输送就是运用气源使管道内形成一定速度的气流，将散粒物料沿一定的管道从一处输送到另一处的物料输送方法。气力输送的形式较多，根据物料流动状态，气力输送装置可分为悬浮输送和推动输送两大类。目前多采用的是使散粒物料呈悬浮状态的输送形式。悬浮输送又可分吸送式、压送式、混合式三种。气力输送主要用于干燥的颗粒状、散粒体物料的输送，例如谷物、油料、颗粒调味料等。在食品行业中应用于大米厂或面粉厂的清理车间中，对粮粒起到一定的表面清理作用，并可除去部分瘪麦、瘪谷、麦皮、谷壳等轻杂质，以及绝大部分泥灰、砂；在米厂的砻碾部分，还可进一步分离谷壳和糠粞。

图 2-18 离心式通风机

（1）吸送式气力输送机

吸送式气力输送又称为真空输送，根据系统的真空度，可分为低真空和高真空两种。吸送式气力输送机的气源设备装在系统的末端，当风机运转后整个系统形成负压，管道内外存在压差，空气被吸入输料管。与此同时，物料也被空气带入管道，被输送到分离器，在分离器中物料与空气分离，被分离出来的物料由分离器底部的旋转卸料器卸出，空气被送到除尘器净化，净化后的空气经风机排入大气。

吸送式输送机主要由吸嘴、输料管、分离器、除尘器、风机（如离心式风机、空压机等）、消声器等设备和部件组成。吸送式输送机结构示意如图 2-19 所示。

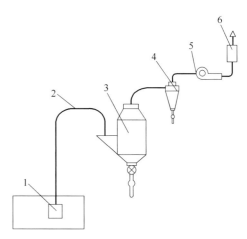

图 2-19 吸送式输送机结构示意

1—吸嘴；2—输料管；3—分离器；4—除尘器；5—风机；6—消声器

（2）压送式气力输送机

当输送管路内气体压力高于大气压时，称为压送式气力输送。风机安装在起始端，压送式气力输送机工作时，风机将被压缩的空气输入供料器内，使物料与气体充分混合，混合的气料经输送管道进入分离器。在分离器内，物料和气体分离，物料由分离器底部卸出，而气体经除尘器处理后排入大气。而且由于该装置便于装设分岔管道，故可同时把物料输送至几处，大大提高了生产效率。

压送式输送机由风机、加速室、旋转供料器、料柱、抽气室、输送管道、消声器、换向阀、分离器、除尘器组成。主要构造有供料器、输送管道系统、分离器、除尘器和风机五部分。其中的输送管道系统、分离器、除尘器是本机最关键的部分。压送式输送机结构示意如图 2-20 所示。

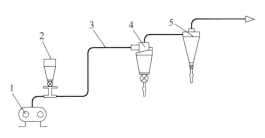

图 2-20 压送式输送机结构示意
1—风机；2—供料器；3—输送管道；
4—分离器；5—除尘器

（3）混合式气力输送机

混合式气力输送机由吸送式部分和压送式部分组成。首先通过吸嘴将物料由料堆吸入输料管，然后送到分离器中，而分离出来的物料又被送入压送系统的输料管中继续进行输送。此种形式综合了吸送式和压送式的优点，既可以从几处吸取物料，又可以把物料同时输送到几处，且输送的距离可较长。混合式输送机的结构包括吸送和压送两部分，主要由吸嘴、分离器、输料管道、卸料器、除尘器和风机等组成。混合式输送机结构示意如图 2-21 所示。

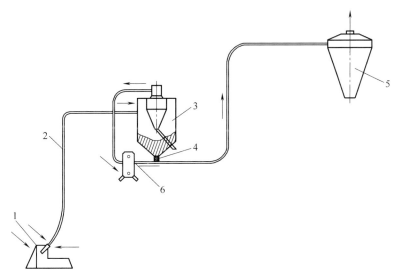

图 2-21 混合式输送机结构示意
1—吸嘴；2—输料管道；3—分离器；4—卸料器；5—除尘器；6—风机

三、固体输送机械

在食品加工中经常需要对粉状、颗粒状、块状物料及整件物品进行连续化输送，这类机械就是固体输送机械，主要包括带式输送机、斗式输送机等。

1. 带式输送机

带式输送机是一种利用连续而具有挠性的输送带来输送物料的输送设备,是食品加工中应用广泛的连续输送机械。它常用于块状、颗粒状物料及整件物品的水平或小角度输送,输送中还可对物料进行分选、检查、清洗、包装等操作。

(1) 工作原理

带式输送机是用一根闭合环形输送带作牵引及承载构件,将其绕过并张紧于前、后两滚筒上,依靠输送带与驱动滚筒间的摩擦力使输送带产生连续运动,依靠输送带与物料间的摩擦力使物料随输送带一起运行,从而完成输送物料的任务。

工作时,驱动装置带动驱动滚筒旋转,借助驱动滚筒外表面和环形输送带内表面之间的摩擦力作用使环形输送带向前运动,当启动正常后,将待输送物料从装料斗加载至环形输送带上,并随带向前运送至工作卸载装置的位置时完成卸料。当需要改变输送方向时,卸载装置即将物料卸至另一方向的输送带上继续输送,如不需要改变输送方向,则无须使用卸载装置,物料直接从环形输送带右端卸出。

(2) 主要结构

带式输送机主要由输送带、驱动装置、张紧装置、机架和托辊等组成。带式输送机主要结构如图2-22所示,实物图如图2-23所示。

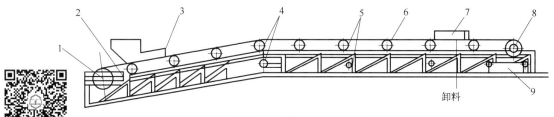

图2-22 带式输送机结构

1—张紧滚筒;2—张紧装置;3—装料斗;4—改向滚筒;5—支撑托辊;6—环形输送带;
7—卸料装置;8—驱动滚筒;9—驱动装置

图2-23 带式输送机

a. 输送带

在带式输送机中,输送带既是承载件又是牵引件,它主要用来承放物料和传递牵引力。它是带式输送机中成本最高(约占输送机造价的40%),又是最易磨损的部件。因此,所选输送带要求强度高、延伸率小、挠性好、本身质量轻、吸水性小、耐磨、耐腐蚀,同时还必须满足食品卫生要求。常用的输送带有橡胶带、塑料带、锦纶带、帆布带、板式带、钢丝网带等,其中用得最多的是普通型橡胶带。

橡胶带是用2~10层棉织物、麻织物或化纤织物作为带芯(常称衬布),挂胶后叠成胶布层,再经加热加压、硫化黏合而成的。带芯主要承受纵向拉力,使带具有足够的机械强度以传递动力。带外上下两面附有覆盖胶作为保护层,称为覆盖层,其作用是连接带芯,防止带受到冲击,防止物料对带芯的摩擦,保护带芯免受潮湿而腐烂,避免外部介质的侵蚀等。橡胶带如图2-24所示。

钢丝带一般由钢条穿接在两条平行的牵引链上。链条通过电动机带动的齿轮驱动。钢丝带的机械强度大，不易伸长，不易损伤，耐高温，因而常用于烘烤设备中。食品生坯可直接放置在钢丝带之上，节省了烤盘，简化了操作，又因钢丝带较薄，在炉内吸热量较小，节约了能源，而且便于清洗。但由于钢丝带的刚度大，故与橡胶带相比，需要采用直径较大的滚筒。钢丝带容易跑

图 2-24　橡胶带

偏，其调偏装置结构复杂，且由于其对冲击负荷很敏感，故要求所有的支撑及导向装置安装准确。油炸食品炉中的物料输送、水果洗涤设备中的水果输送等常采用钢丝带。钢丝带也常用于食品烘烤设备中，由于网丝带的网孔能透气，故烘烤时食品生坯底部的水分容易蒸发，其外形不会因蒸发而变得不规则或发生油滩、洼底、粘带及打滑等现象。但因长期烘烤，网带上积累的面屑炭黑不易清洗，致使制品底部粘上黑斑而影响食品质量。此时，可对网丝带涂镀防粘材料来解决。钢丝带如图 2-25 所示。

塑料带具有耐磨、耐酸碱、耐油、耐腐蚀、易冲洗以及适用于温度变化大的场合等特点。目前在食品工业中普遍采用的工程塑料主要有聚丙烯、聚乙烯和乙缩醛等，它们基本上覆盖了 90% 输送带的应用领域。塑料带如图 2-26 所示。

图 2-25　钢丝带

图 2-26　塑料带

帆布带主要应用在焙烤食品成型前面片和坯料的输送环节。在压面片叠层、压片、辊压和成型等输送过程中都使用帆布带进行物料输送。帆布带具有抗拉强度大、柔软性好、能经受多次折叠而不疲劳的特点。目前配套的国产饼干机的帆布宽度有 500mm、600mm、800mm、1000mm 和 1200mm 等几种。帆布的缝接通常采用棉线和人造纤维缝合，也有少数采用皮带扣进行连接。帆布带如图 2-27 所示。

板式带即链板式输送带。它与带式传动装置的不同之处是，在带式传送装置中，用来传送物料的牵引件为各式输送带，输送带同时又作为被传送物料的承载构件；而在链板式传送装置中，用来传送物料的牵引件为板式关节链，而被传送物料的承载构件则为托板下固定的导板，也就是说，链板是在导板上滑行的。在食品工业中，这种输送带常用来输送装料前后的包装容器，如玻璃瓶、金属罐等。链板式传送装置与带式传送装置相比较，结构紧凑，作用在轴上的载荷较小，承载能力大，效率高，并能在高温、潮湿等条件差的场合下工作。链板与驱动链轮间没有打滑，因而能保证链板具有稳定的平均速度。但链板的自重较大，制造成本较高，对安装精度的要求也较高。板式带如图 2-28 所示。

b. 驱动装置

驱动装置由一个或若干个驱动滚筒、减速器、联轴器等组成。驱动滚筒是传递动力的主要部件，除板式带的驱动滚筒为表面有齿的滚筒外，其他输送带的驱动滚筒通常为直径较大、表面光滑的空心滚筒。滚筒通常用钢板焊接而成，为了增加滚筒和带之间的摩擦力，常在滚筒表面包上木材、皮革或橡胶。滚筒的宽度比输送带宽100~200mm，呈鼓形结构，即中部直径稍大，用于自动纠正输送带的跑偏。驱动滚筒如图2-29所示。

图2-27 帆布带

图2-28 板式带

图2-29 驱动滚筒

c. 张紧装置

在带式输送机中，输送带张紧的目的是使输送带紧边平坦，提高其承载能力，保持物料运行平稳。带式输送机中的张紧装置，一方面要在安装时张紧输送带，另一方面要求能够补偿因输送带伸长而产生的松弛现象，使输送带与驱动滚筒之间保持足够的摩擦力，避免打滑，维持输送机正常运行。

d. 机架和托辊

食品工业中使用的带式输送机多为轻型输送机，其机架一般用槽钢、圆钢等型钢与钢板焊接而成。可移式输送机在机架底部安装滚轮，便于移动。托辊分上托辊（承载段托辊）和下托辊（空载段托辊）两类，上托辊又有单辊和多辊组合式。通常平行托辊用于输送成件固体物品，槽辊用于输送散状物料。下托辊一般均采用平行托辊。对于较长的胶带输送机，为了防止胶带跑偏，其上托辊应每隔若干组设置一个调整托辊，即将两侧支撑辊柱沿运动方向往前倾斜2°~3°安装，使输送带受朝向中间的分力，从而保持中央位置，但输送带磨损较快。还可以在托辊两侧安装挡板，能做少量的横向摆动，可以防止胶带因跑偏而脱出。也可以安装矫正的辊，中间粗、两侧细、呈鼓形的辊子可以实现矫正功能。托辊总长应比带宽大10~20cm，托辊间距和直径根据托辊在输送机中的作用不同而有所不同。上托辊的间距与输送带种类、带宽和输送量有关。

输送散状物料时，若输送量大，线载荷大，则间距应小；反之，间距大些，一般取1~2m或更大。此外，为了保证加料段运行平稳，应使加料段的托辊排布紧密些，间距一般不大于25~50cm。当运送的物料为成件物品，特别是较重（大于20kg）物品时，间距应小于物品在运输方向上长度的1/2，以保证物品有两个或两个以上的托辊支承。下托辊的间距可以较大，约为2.5~3m，也可以取上托辊间距的2倍。

托辊用铸铁制造，但较常见的是用两端加了凸缘的无缝钢管制造。托辊轴承有滚珠轴承和含油轴承两种。端部设有密封装置及添加润滑剂的沟槽等结构。

e. 装载和卸载装置

装载装置亦称喂料器，它的作用是保证均匀地供给输送机定量的物料，使物料在输送带上均匀分布，通常使用料斗进行装载。卸料分为中途卸料和末端抛射卸料两种方式，其中末端抛射卸料只用于松散的物料。中途卸料常用"犁式"卸料挡板，成件物品采用单侧挡板，颗粒状物料卸料可以采用双侧卸料挡板。卸料挡板倾斜角度为30°～45°。它的构造简单、成本低，但是输送带磨损严重。

（3）简单应用

带式输送机常用于在水平方向或倾斜角度不大（<25°）的方向上对物料进行传送，也可兼作选择检查、清洗或预处理、装填、成品包装入库等工段的操作台。它适合于输送密度为 $0.5×10^3$～$2.5×10^3$ kg/m³ 的块状、颗粒状、粉状物料，也可输送成箱的包装食品。

带式输送机具有工作速度范围广（输送速度为0.02～4.00m/s）、适应性广、输送距离长、运输量大、生产效率高、输送中不损伤物料、能耗低、工作连续平稳、结构简单、使用方便、维护检修容易、无噪声、输送路线布置灵活、能够在全机身中任何地方进行装料和卸料等特点。其主要缺点是倾斜角度不宜太大，不密闭，轻质粉状物料在输送过程中易飞扬等。带式输送机的带速视其用途和工艺要求而定，用作输送时一般取0.8～2.5m/s，用作检查性运送时取0.05～0.1m/s，在特殊情况下可按要求选用。

2. 斗式输送机

在传送带上安装有料斗的输送机就称作斗式输送机，它可以解决带式输送机不能大倾角输送的问题。在食品连续化生产中，有时需要在不同的高度装运物料，如将物料由一个工序提升到在不同高度上的下一工序，也就是说需将物料沿垂直方向或接近于垂直方向进行输送，此时常采用斗式提升（输送）机。

（1）工作原理

斗式提升机按输送物料的方向不同可分为倾斜式和垂直式。倾斜斗式提升机工作时，物料从入料口进入，在张紧装置和传动装置的作用下，带动料斗斜向上移动，到顶端后从出料口倒出物料。垂直斗式提升机工作时，被输送物料由入料口均匀进料，在驱动滚筒的带动下和张紧滚筒的张紧作用下，固定在牵引带上的料斗装满物料后随牵引带一起垂直上升，当上升至顶部驱动滚筒的上方时，料斗开始翻转，在离心力或重力的作用下，物料从出料口卸出，完成输送任务后进入下道工序。

斗式输送机装料方式可分为挖取式和撒入式。挖取式是指料斗被牵引件带动经过底部物料堆时，挖取物料。这种方式在食品工厂中采用较多，主要用于输送粉状、粒状、小块状等散状物料。料斗上移速度一般为0.8～2m/s，料斗布置疏散。撒入式是指物料从加料口均匀加入，直接流入到料斗里，这种方式主要用于大块和磨损性大的物料的提升场合，输送速度一般不超过1m/s，料斗布置密集。

斗式输送机卸料方式可分为离心式、重力式和离心重力式三种形式。离心式是指当料斗上升至高处时，由直线运动变为旋转运动，料斗内的物料因受到离心力的作用而被甩出，从而达到卸料的目的。一般在1～2m/s的高速。料斗与料斗之间要保持一定的距离，一般应为料斗高度的1倍以上，否则甩出的物料会落在前一个料斗的背部，而不能顺利进入卸料口。适用于粒度小、磨损性小的干燥松散物料，且要求提升速度较快的场合。重力式适用于低速0.5～0.8m/s运送物料的场合，靠物料的重力使物料落下而达到卸料的目的。斗与斗之间紧密相连，适用于提升大块状、相对密度大、磨损性大和易碎的物料。离心重力式是靠重力和离心力同时作用实现卸料的，适用于提升速度0.6～0.8m/s运送物料的场合，以及流动性不良的散状、纤维状物料或潮湿物料的输送。

(2) 主要结构

斗式输送机主要由料斗、传动装置、顶部和底部滚筒（或链轮）、胶带（或牵引链条）、张紧装置和机壳等组成。倾斜斗式输送机的结构如图 2-30 所示，实物如图 2-31 所示。垂直斗式输送机的结构如图 2-32 所示，实物如图 2-33 所示。

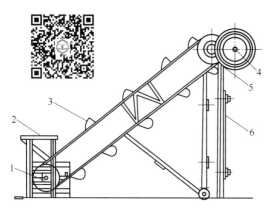

图 2-30　倾斜斗式输送机结构

1—张紧装置；2—入料口；3—料斗；4—传动装置；
5—出料口；6—支架

图 2-31　倾斜斗式输送机

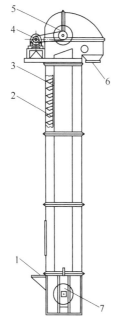

图 2-32　垂直斗式输送机结构

1—入料口；2—料斗；3—牵引带；4—传动装置；
5—驱动滚筒；6—出料口；7—张紧滚筒

图 2-33　垂直斗式输送机

a. 料斗

料斗是斗式输送机的盛料构件，根据运送物料的性质和提升机的结构特点，料斗可分为三种不同的形式，即圆柱形底的深斗和浅斗及尖角形斗。深斗的斗口呈 65° 倾斜，斗的深度较大，用于干燥、流动性好的粒状物料的输送。浅圆底斗的斗口呈 45° 倾斜，深度小，它适用于运送潮湿、流动性差的粉末和粒状物料,由于倾斜度较大和斗浅,物料容易从斗中倒出。尖角形斗与上述两种斗不同之处是斗的侧壁延伸到底板外,使之成为挡边。卸料的时候,物料可沿一个斗的挡边和底板所形成的槽进行卸料,它适用于黏性大和沉重的块状物的运送,斗间一般没有间隔。料斗的形式如图 2-34 所示。

b. 牵引构件

斗式输送机的牵引构件有胶带和链条两种。采用胶带时料斗用螺钉和弹性垫片固接在带子上,带宽比料斗宽 35～40mm,牵引动力依靠胶带与上部机头内的驱动滚筒之间的摩擦力传递。采用链条时,依靠啮合传动进行动力传递,常用的链条是板片或衬套链条。胶带主要在高速轻载提升的时候使用,适合于体积和相对密度小的粉末、小颗粒等物料输送,链条则可在低速重载提升的时候使用。

c. 机筒

机筒是斗式提升机机壳的中间部分,为两根矩形截面的筒,多使用厚度为 2～4mm 的钢板制成,在筒的纵向和端面配以角钢,以加强机筒的刚度,同时端面角钢的凸缘又可作为连接机筒法兰。也有使用圆形截面的机筒,这种机筒使用钢管制作,它的刚度好,但需配用半圆形的料斗。机筒每节长 2～2.5m,使用时根据使用长度用多节相连,连接时法兰间应加衬垫,再用螺栓紧固,以保证机筒的密封性能。低速工作的斗式提升机,牵引构件的上、下行分支可以合用一个面积较大的机筒,以简化整机结构。但高速工作的斗式输送机不能使用上述方法,因为机筒中的粉尘容易在单体机筒的涡状气流中长期悬浮,导致粉尘爆炸。有少数斗式提升机的机筒用木板或砖块砂浆制成,以降低整机造价。

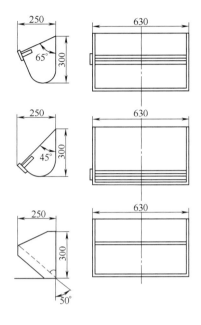

图 2-34 料斗
图中长度单位为毫米

d. 机座

机座是斗式提升机机壳的下部,由机座外壳、底轮、张紧装置及进料斗组成。底轮的大小与头轮基本相同,当斗式提升机提升高度较大或生产率较高时,为了减少料斗的装料阻力,底轮的直径可适当减小到头轮直径的 1/2～2/3。

(3) 简单应用

斗式提升机主要用于在不同高度间升运物料,适合将松散的粉粒状物料由较低位置提升到较高位置上。如酿造食品厂输送豆粕和散装粉料,罐头食品厂把蘑菇从料槽升送到预煮机,在番茄、柑橙制品生产线上也常采用。斗式提升机的主要优点是占地面积小,提升高度大(一般为 7～10m,最大可达 50m),生产率范围较大(3～160m³/h),有良好的密封性能,但对过载较敏感,必须连续均匀地进料。

3. **螺旋输送机**

螺旋输送机是一种不带挠性牵引件的连续输送机械,主要用于各种干燥松散的粉状、粒状、小块状物料的输送,如面粉、谷物等的输送。在输送过程中,还可对物料进行搅拌、混合、加热和冷却等工艺。但不宜输送易变质的、黏性大的、易结块的或大块的物料。

(1) 工作原理

螺旋输送机是依靠螺旋推动物料进行输送的，按工作主轴的方向可以分为水平螺旋输送机和垂直螺旋输送机。

水平螺旋输送机又称"搅龙"，它是利用旋转的螺旋将被输送的物料在固定的机壳内推移而进行输送的。物料由于重力和对槽壁的摩擦力作用，在运动中不随螺旋一起旋转，而是以滑动形式沿着物料槽移动。

垂直螺旋输送机是依靠较高转速的螺旋向上输送物料，其工作原理为物料在垂直螺旋叶片较高转速的带动下得到很大的离心惯性力，这种力克服了叶片对物料的摩擦力将物料推向螺旋四周并压向机壳，对机壳形成较大的压力，反之，机壳对物料产生较大的摩擦力，足以克服物料因本身重力在螺旋面上所产生的下滑分力。同时，在螺旋叶片的推动下，物料克服了对机壳摩擦力作螺旋形轨迹上升而达到提升的目的。

(2) 主要结构

以水平螺旋输送机为例，说明螺旋输送机的结构。水平螺旋输送机是由一根装有螺旋叶片的转轴和料槽组成的。转轴通过轴承安装在料槽两端轴承座上，一端的轴头与驱动装置相联系，机身如较长再加中间轴承。料槽顶面和槽底分别开进料口、卸料口。主要结构为螺旋、轴和轴承、料槽。水平螺旋输送机的结构如图 2-35 所示，实物如图 2-36 所示。

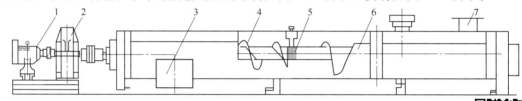

图 2-35　水平螺旋输送机的结构

1—电动机；2—减速器；3—卸料口；4—螺旋叶片；5—中间轴承；6—料槽；7—进料口

图 2-36　水平螺旋输送机

a. 螺旋

螺旋可以是单线的也可以是多线的，螺旋可以右旋或左旋。螺旋叶片形状根据输送物料的不同有实体式、带式、叶片式。当运送干燥的颗粒或粉状物料时，宜采用实体式螺旋，这是最常用的形式；当输送块状或黏滞性物料时，宜采用带式螺旋；当输送韧性和可压缩性物料时，宜采用叶片式螺旋。螺旋叶片大多是由厚 4～8mm 的薄钢板冲压而成的，然后互相焊接或铆接到轴上。带式螺旋是利用径向杆柱把螺旋带固定在轴上。在一根螺旋转轴上，也可以一半是右旋的，另一半是左旋的，这样可将物料同时从中间输送到两端或从两端输送到中间，根据需要进行。螺旋的结构如图 2-37 所示。

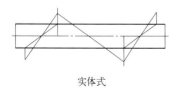
实体式

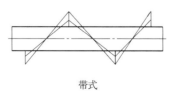
带式

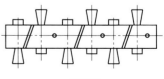
叶片式

图 2-37　螺旋的结构

b. 轴和轴承

轴是实心的或空心的,它一般由长 2～4m 的各节段装配而成,通常采用钢管制成的空心轴,在强度相同情况下,质量小,互相连接方便。轴的各个节段的连接,可以利用轴的节段插入空心轴的衬套内,以螺钉固定连接起来,在大型螺旋输送机上,常采用一段两端带法兰的短轴与螺旋轴的末端相连接。这种连接方法装卸容易,但径向尺寸较大。轴承可分为头部轴承和中间轴承。头部应装有止推轴承,以承受由于运送物料的阻力所产生的轴向力。当轴较长时,应在每一中间节段内装一吊轴承,用于支撑螺旋轴,吊轴承一般采用对开式滑动轴承。

c. 料槽

料槽是由 3～8mm 厚的薄钢板制成带有垂直侧边的 U 形槽,为了便于连接和增加刚性,在料槽的纵向边缘及各节段的横向接口处都焊有角钢。每隔 2～3m 设一个支架。槽上面有可拆卸的盖子。料槽的内直径要稍大于螺旋直径,使两者之间有一间隙。螺旋和料槽制造装配愈精确,间隙就愈小。这对减少磨损和动力消耗很重要。一般间隙为 6.0～9.5mm。

4. 振动输送机

振动输送机是一种利用振动技术,对松散态颗粒物料进行中、短距离输送的输送机械。振动输送具有输送量大、能耗低、工作可靠、结构简单、外形尺寸小、便于维修等优点。

(1) 工作原理

振动输送机工作时,由激振器驱动主振弹簧支承的工作槽体。主振弹簧通常倾斜安装,斜置倾角也称为振动角。激振力作用于工作槽体时,工作槽体在主振弹簧的约束下做定向强迫振动。处在工作槽体上的物体,受到槽体振动的作用被断续地输送前进。当槽体向前振动时,依靠物料与槽体间的摩擦力,槽体把运动能量传递给物料,使物料得到加速运动,此时物料的运动方向与槽体的振动运动方向相同。此后,当槽体按激振运动规律向后振动时,物料因受惯性作用,仍将继续向前运动,槽体则从物料下面往后运动。由于运动中阻力的作用,物料越过一段槽体又落回槽体上,当槽体再次向前振动时,物料又因受到加速运动而被向前输送,如此重复循环,实现物料的输送。

(2) 主要结构

振动输送机的结构主要包括槽体、激振器、主振弹簧、导向杆、隔振弹簧、平衡底架、进料装置、卸料装置等部分,振动输送机的结构如图 2-38 所示,实物如图 2-39 所示。

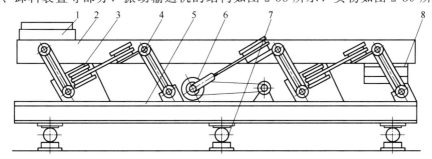

图 2-38 振动输送机的结构

1—进料装置;2—槽体;3—主振弹簧;4—导向杆;5—平衡底架;6—驱动装置;7—隔振弹簧;8—卸料装置

a. 激振器

是振动输送机的动力源装置,用以产生使输送机的工作体实现振动的激振力,常用的激

图 2-39 振动输送机

振器有曲柄连杆激振器、偏心惯性激振器和电磁激振器三种类型。其激振力的大小直接影响着输送槽的振幅大小。

（ⅰ）曲柄连杆激振器：电动机经皮带或齿轮等传动装置驱动曲柄连杆机构运转，使其产生激振力。连杆把运动和动力传给工作体，使工作体以固定的频率和振幅作定向强迫振动，进行物料输送。整个装置安装在一个质量较大的底座上，以承受振动过程中的惯性力。底座的质量一般为振动构件质量的 3～4 倍。

（ⅱ）偏心惯性激振器：偏心惯性激振器是利用偏心块在旋转时所产生的离心惯性力作为激振力，激振力的幅值可通过调整偏心块的质量、偏心距和旋转角速度等参数进行调节。这种类型的激振器能产生较大的激振力，本身尺寸又不太大，结构简单便于制造，但装配偏心块的轴和轴承在工作时会承受较大的动载荷。

（ⅲ）电磁激振器：电磁激振器主要由电磁铁和衔铁等组成。电磁铁（带铁心的电磁线圈）通过支座安装在座体上，衔铁固定在工作体下面，工作体由主振弹簧支承于座体上。衔铁与电磁铁铁心柱表面间保持平行，即保持等距的工作间隙。当电磁激振电磁线圈中通入正弦交变电流时，电磁铁所产生的按正弦平方规律变化的脉动吸力作用于衔铁，从而使工作体产生定向强迫振动。当通入的电流是 50Hz 交流电时，电磁铁将以 100Hz 的激振频率迫使振动系统振动。激振力的幅值与供电方式、线圈匝数、电压等参数有关。

b. 主振弹簧与隔振弹簧

主振弹簧与隔振弹簧是振动输送机系统中的弹性元件。主振弹簧的作用是使振动输送机有适宜的近共振的工作点（频率比），使系统的动能和位能互相转化，以便更有效地利用振动能量；隔振弹簧的作用是支承槽体，使槽体沿着某一倾斜方向实现所要求的振动，并能减小传给基础或结构架的动载荷。弹性元件还包括传递激振力的连杆弹簧。也有不使用弹性元件的振动输送设备。

c. 导向杆

导向杆的作用是使槽体与底架沿垂直于导向杆中心线作相对振动，并通过隔振弹簧支撑着槽体的质量。导向杆通过橡胶铰链与槽体和底架连接。

d. 进料装置与卸料装置

进料装置与卸料装置是控制物料流量的构件，通常与槽体采用软连接的方式。

e. 输送槽与平衡底架

输送槽（承载体、槽体）和平衡底架（底架）是振动输送机系统中的两个主要部件。槽体输送物料，底架主要平衡槽体的惯性力，并减小传给基础的动载荷。座体上固定安装有激振器、主振弹簧等构件。底座常用铸铁制造，质量大小根据振动系统设计计算决定。

（3）简单应用

目前，振动输送机在食品、粮食、饲料等生产行业获得广泛应用。振动输送机主要用来输送块状、粒状或粉状物料，与其他输送设备相比，用途更广；可以制成封闭的槽体输送物料，改善工作环境；但在无其他措施的条件下，不宜输送黏性大的或过于潮湿的物料。

第二节 食品清洗机械

食品原料尤其是水果蔬菜往往含有泥沙、毛发、农药等污物或杂质,需要进行清洗处理才能进一步加工,还有一些包装容器如玻璃瓶、陶瓷罐等需要洗刷干净才能回收利用,这一步就需要用到食品清洗机械。清洗机械是指利用毛刷、水、清洗液在高压状态或超声波效应下对物料的表面或内部清除污物和杂质的机械,主要包括水果清洗机、蔬菜清洗机、洗瓶机、刷瓶机等。此外,还有一类机械可对食品加工机械设备进行清洗,去除机械管道内的残留食品物料或者污物,实现食品机械的清理,这一类机械也属于食品清洗机械。

一、果蔬清洗机械

果蔬清洗机械主要对块状水果、球状水果,根茎类蔬菜、叶片类蔬菜、菌类、野菜等进行去污、除杂、清洗。主要通过浸泡、鼓风、翻动、辊刷、喷淋等方法来实现。

1. 鼓风式清洗机

(1) 工作原理

鼓风式清洗机也称气泡式清洗机、翻浪式清洗机和冲浪式清洗机。其清洗原理是利用鼓风机把空气送进洗槽中,使清洗原料的水剧烈翻动,物料在空气对水的剧烈搅拌下进行清洗。利用空气进行搅拌,既可加速污物从原料上洗脱,又能使原料在强烈的翻动下不受到刚性冲击,不会破皮,即不破坏其完整性,因而最适合果蔬原料的清洗。

(2) 主要结构

鼓风式清洗机的结构,主要由洗槽、喷水装置、鼓风机、清洗装置、输送装置、传动装置、机架等部分组成。

洗槽主要是由不锈钢材料制作而成的长方形槽体,用于容纳清洗液体,浸泡待清洗物料。喷水装置由喷淋管、管道、水泵等组成,可实现物料的喷淋清洗。鼓风清洗装置主要由鼓风机、送风管道、吹泡管等组成,可以将空气鼓入洗槽内。输送装置分为水平、倾斜和水平三个输送阶段,一段为位于水下部分的水平输送,用于原料的鼓风清洗;倾斜段用于原料的淋洗;另一水平段为将已清洗好的果蔬原料送至出料口及对原料进行挑选。输送机的主动链轮由电动机经多级皮带带动,主动链轮和从动链轮之间链条运动方向通过压轮改变。输送装置的形式根据不同原料而有差别,两边都采用链条,链条之间可采用刮板、滚筒或金属网承载原料。鼓风式清洗机的结构如图2-40所示,实物如图2-41所示。

(3) 简单应用

鼓风式清洗机在食品生产领域主要用于清洗果蔬,适用于清洗的果蔬包括但不限于苹果、梨、桃、草莓、葡萄、辣椒、白菜等。这些果蔬通常表皮有着不同程度的泥沙、杂质、农药残留等,需要进行高效的清洗处理才能确保食品的安全卫

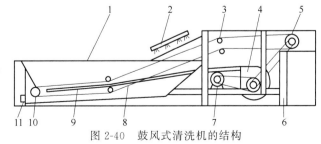

图2-40 鼓风式清洗机的结构

1—洗槽;2—喷淋管;3—改向轮;4—鼓风机;5—驱动滚筒;6—机架;7—电动机;8—输送机网带;9—吹泡管;10—张紧滚筒;11—排污口

生和口感质量。

2. 滚筒式清洗机

滚筒式清洗机是一种集浸泡、喷淋和摩擦等清洗方法于一体的清洗设备，常用于质地较硬、块状原料的清洗，如甘薯、马铃薯、萝卜、生姜、荸荠、菊芋等。

图 2-41 鼓风式清洗机

（1）工作原理

滚筒式清洗机的主体结构为滚筒，其转动可以使筒内的物料产生自身翻滚、相互摩擦及与筒壁间的摩擦作用，从而使物料表面的污物剥离，达到清洗的目的。滚筒一般为圆筒形，为加强清洗效果，也有做成截面六边形的。滚筒式清洗机主要有间歇式滚筒清洗机、喷淋式滚筒清洗机、浸泡式滚筒清洗机等几种形式。

（2）主要结构

以浸泡式滚筒清洗机为例说明其结构和工作过程。浸泡式滚筒清洗机主要由滚筒、浸泡水槽、喷水装置、水管、抄板、振动盘、传动装置等组成。浸泡式滚筒清洗机的结构如图 2-42 所示，实物如图 2-43 所示。

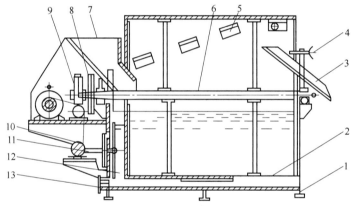

图 2-42 浸泡式滚筒清洗机的结构

1—水槽；2—滚筒；3—出料口；4—进水喷水装置；5—抄板；6—主轴；7—进料口；8—齿轮；9—涡轮减速器；10—电动机；11—偏心机构；12—振动盘；13—排水管接口

浸泡式滚筒清洗机是一种连续式清洗机，滚筒两端为开口式，原料从一端进入，另一端排出。工作时，物料从进料斗进入清洗机后落入水槽内，由抄板将物料不断捞起再抛入水中，最后落到出料口的斜槽上。在斜槽上方安装的喷水装置将经过浸洗的物料进一步喷洗后卸出。转动的滚筒下半部分浸没在水槽中。电动机通过皮带传动涡轮减速器及偏心机构，滚筒的主轴由涡轮减速器通过齿轮驱动。水槽内安装有振动盘，通过偏心机构产生前后往复振动，使水槽内的水受到冲击搅动，加强清洗效果。滚筒内壁固定有螺旋线排列的抄板，物料从进料口

图 2-43 浸泡式滚筒清洗机

进入清洗机后落入水槽内，由抄板将物料不断捞起再抛入水中，最后落到出料口上。在斜槽上方安装的喷水装置，将经过浸洗的物料进一步喷洗后卸出。

3. 野菜清洗机

野菜营养丰富且具有保健功能，已经被越来越多的消费者认可。我国可利用的野菜资源

丰富，品种多样。但是由于野菜生长环境和自身特性含有杂质和污物较多，清洗除杂比较困难，大量的绿色资源不能开发和有效地利用。

目前，国内野菜清洗设备较少，大多为单一清洗方式，去杂率和洗净度达不到使用要求，清洗后仍需大量人工进行二次清洗。本书介绍一种新研制的DNX450型多功能野菜清洗机。

(1) 工作原理

DNX450型多功能野菜清洗机采用气浴式辊刷高压水喷淋联合清洗工艺研制而成。野菜经过气液两相的强烈搅混作用和气泡爆裂产生的声波成为振动源的作用而清除泥沙和杂物，再经过辊刷对杂物碎片和毛发等的黏附作用以及高压水喷淋，达到清洗干净的目的。

野菜的清洗比一般蔬菜清洗要困难得多，因为要保持野菜的根茎叶的完整性，而山野菜的杂质和泥土又比较多，尤其有些山野菜杂质夹杂在根部，难以用一般清洗方式清洗去除，所以特别选择了气浴方式，即在水箱里通入一定压力的空气。在气浴箱底部通过小微孔喷射的方式向液流中制造气泡，气泡在上浮的过程中和水液产生相互的挤压碰撞直至爆破，这种气液两相流动开始为泡状结构，气泡较多时，可出现聚并而形成块状或混块状流动。这种流动形成强烈的搅混作用，而气泡爆裂又成为振动源，在流体中生成声波，这种波会交替产生压缩和扩张，正是这种强烈的搅混作用和声波振动的作用使野菜中的泥沙杂质被分离，野菜也不受损害，达到清洗干净的目的。大小辊刷旋转的过程中，可将杂物碎片、头发清除或黏附在辊刷上，达到除杂目的。压力水喷淋则进一步清洗野菜，去除剩余的泥沙和杂物。

(2) 主要结构

DNX450型多功能野菜清洗机由清洗箱（含机架）、水清洗系统（含喷淋排污装置）、气路系统、辊刷装置（大小辊刷）、输送系统、传动系统、电气控制系统等组成。DNX450型多功能野菜清洗机的结构如图2-44所示，实物如图2-45所示。

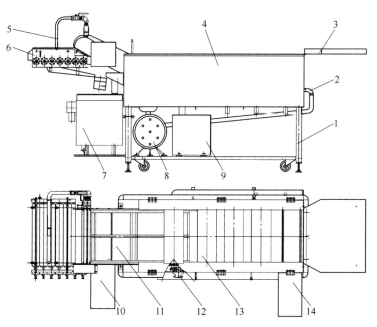

图2-44 DNX450型多功能野菜清洗机的结构

1—机架；2—水管；3—进料盘；4—清洗箱；5—喷淋管；6—小毛刷辊刷系统；7—水箱；8—水泵；9—气路系统；10—传送带电机；11—传送带；12—链轮；13—大毛刷辊刷系统；14—大毛刷传动电机

图 2-45 DNX450 型多功能野菜清洗机

a. 清洗箱

清洗箱采用长方形结构，便于物料的输送和水流运动，箱内注满水，气体从底部排气管中喷射出来，向上浮起，并聚集。为使野菜和气液体进一步搅混并输送到下一工序，在清洗箱上部排有四个大辊刷，上下错落，间距不等，便于物料清洗和输送。箱体采用全不锈钢结构。

b. 水清洗系统

水清洗系统主要由水泵、输水管路、喷水管路、阀门、水箱和过滤装置等组成。经过研究和试验，经气水浴清洗的野菜，尚存在部分未洗净的泥沙、污水和杂物，为此采用雨点喷洗方式来清除，其喷洗面广、压力适度，不会对物料造成损伤，能很好达到洗净的目的。为了节约用水，采用循环水清洗方式。采用两道 40 目不锈钢筛网过滤，第一道将清洗下来的植物碎片拦截下来，但还可能有更小的残叶、泥沙漏下，因此水箱里安装有第二道过滤网，这样保证了循环水的清洁和水泵的正常工作。同时在水箱的底部和清洗箱底部做了两个凹槽，以便泥沙沉积，定时排放。

c. 气路系统

气路系统主要由风机、输气管、排气管等组成。该机采用气液两相流体力学中的混块状流动原理，当气液两相达到混块状流动时清洗效果最佳。决定混块状流动的是无因次气相折算速度 W_g，经过计算，$W_g=0.114>0.105$，该机的工作状态为混块状流动，达到最佳的清洗效果。

d. 辊刷装置

辊刷的作用一是粘取物料中的杂质、植物碎片、头发等；二是在旋转的过程中对物料有翻滚和搅混的作用，起到清洗的目的；三是输送作用。大毛刷辊传动系统主要由电机、主动链轮、被动链轮、张紧链轮、链条、大毛刷辊等组成。传动动力由电机提供，四个大毛刷辊作为主要的工作装置。小毛刷辊传动系统主要由电机、主动链轮、被动链轮、链条、小毛刷辊、尼龙传送带等组成，电机提供动力，分别带动小毛刷辊和传送带。

e. 输送系统

输送部分电机带动主动链轮，主动链轮通过链条带动主动辊，主动辊再靠摩擦力带动输送带传送物料。

（3）简单应用

该野菜清洗机适用于蘑菇、木耳、刺嫩芽、刺五加叶、猴腿等林下特色山野菜的清洗去杂，也适用于腌菜类、蔬菜、海产品等的清洗去杂。

二、食品包装容器清洗机械

食品包装容器清洗机械主要是对玻璃瓶、塑料瓶、陶瓷罐、制作罐头用的金属罐以及装料后实罐进行清洗，常用的清洗方法有浸泡、喷射、刷洗和超声波清洗。啤酒、牛奶、果汁等常采用玻璃瓶包装，特别是回收使用的玻璃瓶，因空瓶内残留有剩余物，日久变成了浆状物，干后很难除去。若不清洗干净，将严重影响产品的质量，所以洗瓶设备是液体灌装生产线的重要设备之一。

1. 刷瓶机

刷瓶机是一种对瓶状包装容器进行清洗的机器。主要由毛刷、转刷轴、转刷机头、电动机组成，可对瓶状包装容器进行洗刷。主要应用于食品、制药、化工等行业，在食品行业中主要应用于瓶装饮料、瓶装调味品等食品的生产。

（1）工作原理

刷瓶机是以电动机为动力装置，带动转刷轴旋转以带动毛刷转动，使毛刷与瓶壁间接触并且产生相对运动，以此产生摩擦力，使瓶壁上的杂质被摩擦掉落。工作时将泡好的瓶子用手对准转动着的毛刷向里推动，当毛刷接触瓶底时再向外推瓶，反复几次，直至瓶内已刷净。刷瓶机通常与冲瓶机相结合，共同清洗瓶状容器。

（2）主要结构

刷瓶机主要由机架、转刷轴、毛刷、电动机、转刷机头、防护罩组成，最为核心的部分为毛刷以及转刷轴。刷瓶机的结构如图2-46所示，实物如图2-47所示。

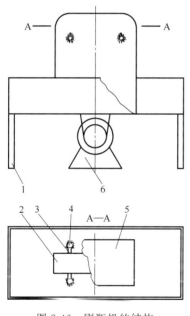

图 2-46 刷瓶机的结构
1—机架；2—转刷机头；3—转刷轴；4—毛刷；
5—防护罩；6—电动机

图 2-47 刷瓶机

2. 冲瓶机

冲瓶机是指利用水、清洗液在高压状态下对瓶状包装容器清洗的机械，往往和刷瓶机结合使用，适用于各种瓶形的新旧瓶冲洗。主要由机架、电动机、冲洗装置、喷淋装置、传动装置组成，该机的主要特点是：对瓶子外壁喷淋，内壁两次连续冲洗，以保证冲洗效果；主要部件采用不锈钢或耐磨铜合金制造，以防锈蚀；采用自来水常压工作，适应性强。该机结构合理，操作简单，维修方便，广泛应用于酒、饮料、酱油、醋等的生产。

（1）工作原理

冲瓶机利用自来水压力冲瓶，将瓶中的洗液、污渍冲净。瓶子外壁采用喷头喷淋，喷淋压力可通过调整进水量的大小进行调节。瓶子内壁冲洗采用定位冲洗，冲洗嘴静止固定在支架上，当阀体进水与出水孔接触时，水通过喷嘴增压冲洗瓶内部。

（2）主要结构

冲瓶机主要由进水管、喷淋头、冲洗头、瓶托、不锈钢机身、电动机、传动系统等结构组成。其中机器的核心部分为电动机、冲洗装置、传动系统。冲瓶机的结构如图 2-48 所示，实物如图 2-49 所示。

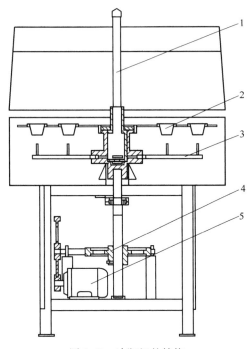

图 2-48 冲瓶机的结构

图 2-49 冲瓶机

1—喷淋头；2—瓶托；3—冲洗头；4—传动系统；5—电动机

3. 自动化洗瓶机

随着玻璃瓶包装容器清洗要求日益提高，传统的人工清洗，以及单一的清洗设备已经不能满足生产要求。自动化洗瓶机能解决这个问题，它能大大提高清洁效果，减少大量繁重的工作，节省人力成本，自动化的清洗方式是今后清洗领域发展的趋势。

（1）工作原理

自动化洗瓶机主要采用预冲洗、预浸泡、洗涤剂浸泡、洗涤剂喷射、热水预喷、热水喷射、温水喷射和冷水喷射等清洗方法对待清洗玻璃瓶进行清洗。待清洗玻璃瓶由传送带送入洗瓶机，在瓶套和链带带动下进入各个清洗环节，自动完成清洗。根据玻璃瓶进入的方式，可分为单端式全自动洗瓶机和双端式全自动洗瓶机，单端式洗瓶机进出瓶子都在机器的同一侧，所以又称来回式洗瓶机；双端式洗瓶机是指瓶子由洗瓶机的一端进去，又由另一端出来，故亦称直通式洗瓶机。

（2）主要结构及特点

以双端式洗瓶机为例，说明自动化洗瓶机的主要结构。双端式全自动洗瓶机主要由箱式壳体、进出瓶机构、输瓶机构、预泡槽、洗涤剂浸泡槽、喷射机构、加热器以及具有热量回收作用的集水箱及其净化机构等构成。双端式全自动洗瓶机的内部结构及实物图如图 2-50、图 2-51 所示。

主要工作流程：待清洗玻璃瓶由给瓶端进入机器内，先后经过预冲洗、预浸泡、洗涤剂浸泡、洗涤剂喷射、热水预喷、热水喷射、温水喷射和冷水喷射等清洗作用，最后从出瓶端离开洗瓶机。预冲洗是为了将瓶子外附着的污垢除去，以降低后面洗涤液消耗量。洗液喷洗区位于洗液浸泡槽上方，这样从瓶中沥下的洗液又回到洗液槽。后面的几个喷洗区域采用不同的水温，主要是为了防止瓶子因温度变化过大造成应力集中而损坏。喷洗是由高压喷头对瓶内壁进行多次喷射清洗实现的。可见，这种洗瓶机主要利用了刷洗、浸泡和喷射三种方式对瓶子进行清洗。由于需要浸泡，并在同一区域进行冲洗，所以瓶子需要在同一截面上反复绕行，因此，设备的高度较高。除了以上结合了刷洗方式的以外，有的双端式洗瓶机采用浸泡结合喷射的方式进行清洗，它主要经过热水、碱液的连续浸泡槽和喷射，或间隔地进行浸泡和喷射；还有的全部采用喷射方式对瓶子进行清洗。后者没有浸瓶槽，单用喷射清洗，因此结构简单而成本低，但用水较多，动力消耗高。由于进瓶和出瓶分别在机器的两端进行，双端式洗瓶机生产卫生条件较好，且便于生产线的流程安排。但这种类型的洗瓶机输瓶带的利用率较低，设备的空间利用率也低。

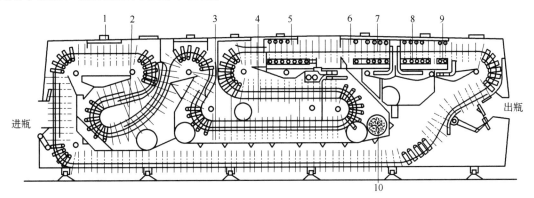

图 2-50　双端式洗瓶机的结构

1—预冲洗区；2—预泡槽；3—洗涤剂浸泡槽；4—洗涤剂喷射槽；5—洗涤剂喷射区；6—热水预喷区；7—热水喷射区；
8—温水喷射区；9—冷水喷射区；10—中心加热器

图 2-51　双端式洗瓶机

三、CIP 系统

食品机械设备在生产前、生产后甚至在生产中均需进行清洗，以满足不同批次、品种产品的生产，避免产品的交叉污染，保证食品的安全卫生。人工清洗不仅费时费力，且达不到清洗效果，现代食品生产设备多采用 CIP 技术。

CIP 是原位清洗（cleaning-in-place）的英文缩写，即在不拆卸、不挪动设备和管线的情况下对食品机械设备进行清洗。目前在乳品、饮料、啤酒及制药生产上已得到广泛应用。CIP 具有以下特点：清除物料残留，防止微生物污染，其整个清洗过程均在密闭的生产设备缸罐容器和管道中运行，从而大大减少了二次污染机会；自动化程度高，能使生产计划合理化及提高生产能力；与手洗作业相比较，经济运行成本低，结构紧凑，占地面积小，安装、维护方便，能防止操作失误，提高清洗效率，减小劳动强度，安全可靠，可节省清洗剂、水及生产成本，能增加机器部件的使用年限；清洗效果好，更符合现在对食品加工工艺的卫生要求及生产环境要求，有利于按良好操作规范（GMP）要求实现清洗工序的验证。

1. 工作原理

CIP 过程是通过物理作用和化学作用两方面共同完成的。物理作用包括高速湍流流体喷射和机械搅拌；而化学作用则是通过水、表面活性剂、碱、酸和卫生消毒剂进行的。影响 CIP 效果的因素主要包括清洗液的流速（提供动能）、清洗液的温度（提供热能）、清洗液的种类和浓度（提供化学能）。

CIP 过程中，最佳流速取决于清洗液从层流变为湍流的临界速度。清洗液的流速大，清洗效果好，但流速过大，清洗液用量就多，成本增加。对于流速而言，雷诺数 Re 是一个重要指数，根据许多研究得知，临界速度时 $Re=2320$，一般是层流 $Re<2000$，湍流 $Re>4000$。按此值考虑其最佳流速为 $1\sim3m/s$。

热能对清洗的效果主要表现在以下几个方面。①对其他的作用力因素有促进作用。一般化学溶解剥离反应，温度每升高 10%，反应速率就提高 1 倍，提高温度是加快化学反应最方便有效的办法。提高温度也有利于水及其他溶剂发挥溶解作用。②使污垢的物理状态发生变化。温度的变化常会引起污垢的物理状态发生变化，使之变得容易除去。如对于油脂类固体状态的油性污垢，在受热（$60\sim70℃$）变成液态油垢后更易除去。③使清洗对象的物理性质发生变化。例如清洗布袋、滤芯时，在较高温度浸泡时，纤维会吸水而膨胀，使附在纤维表面的污垢和深入纤维内部的污垢变得容易除去。④使污垢受热分解。在某些情况下，当加热到一定的温度后，有机污垢可能发生分解变成二氧化碳气体而除去，残留的水分加快蒸发，有利于清洁表面的干燥。

清洗剂根据在清洗中的作用机理可分为溶剂、表面活性剂、化学清洗剂、吸附剂、酶制剂等几类。水是最重要的溶剂，它具有价廉易得，溶解力、分散力强，无毒无味，不可燃等突出优点；表面活性剂的去污原理是复杂的，是表面活性剂多种性能如吸附、润湿、渗透乳化、分解、起泡等特性综合作用的结果；化学清洗剂则是通过与污垢发生化学反应，使它从清洗物体表面剥离并溶解分解到水中。例如针对不锈钢设备上的水垢，用 5% 的硝酸进行清洗，既对水垢有良好的溶解去除能力，又不会对不锈钢造成腐蚀。5% 的氢氧化钠则对蛋白质类污垢的去除有一定效果。在多数情况下，清洗对象上的污垢是复杂的，只靠一种清洗剂使所有的污垢解离分散是困难的，一般采用的方法是先用最经济的方法将大部分污垢去除，然后用其他的方法对残存的污垢做专门处理，用分步进行的多种方法组成一个清洗工艺往往很有实效。

2. 主要结构及特点

一个完整的 CIP 系统通常包括清洗液罐、净水罐、加热器、输送泵、管路、管件、阀门、过滤器、清洗喷头、回液泵、控制系统等清洗部件。在上述部件中，有些是CIP系统必需的，如清洗液罐、加热器、泵和管路等；有些是选配的，如喷头、过滤器、回液泵等。CIP系统结构及实物图分别如图2-52、图2-53所示。

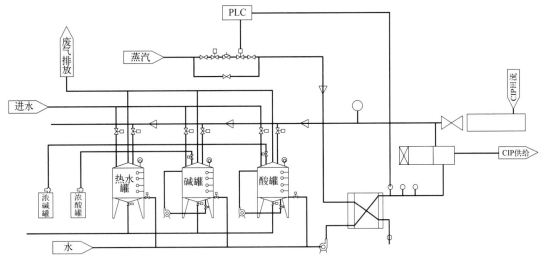

图2-52 CIP系统结构示意

PLC—可编程逻辑控制器

储液罐用于酸、碱及清洗净水的储存，一般采用不锈钢制作，内部圆角过渡，焊接而成，分为分体式和连体式。分体式将盛装酸、碱的罐体分开，根据盛装液体种类不同可设置多个罐体，一般为三个罐，即酸罐、碱罐及水罐。

清洗管路按作用可分为进水管路、排液管路、加热循环清洗管路、CIP液供应管路、CIP液回收管路、自清洗管路等，管路中的控制阀门、在线检测仪、过滤器、清洗头等配置按设计要求配备。

系统的控制分为手动控制和自动控制。手动控制由人工操作，而自动控制由计算机编程控制。在清洗程序复杂、清洗设备较多时一般采用计算机编程控制。通过计算机编程，控制了泵和阀的工作，并按照清洗顺序给定优化时间，有效地对待清洗管线及设备进行清洗。一般应依据系统的清洗要求设定清洗程序。

图2-53 CIP系统

第三节 食品清理机械

食品原料中经常含有泥土、砂石、金属等较重杂物或者杂草、茎叶、秸秆、毛屑等较轻杂物，这些杂质会影响食品原料的深加工，因此必须清理干净。完成这一功能的机械就是食品清理机械，主要包括筛分清理机械、鼓风清理机械、比重清理机械、磁选清理机械，主要用于粮油类作物或球块状果蔬的清理去杂。

一、筛分清理机械

筛分清理机械主要是采用筛分的原理，根据物料的形状尺寸差异去除食品原料中杂质和次品。振动筛是应用最为广泛的谷物类物料筛选与风选相结合的清理设备，其功能为清除物料中的轻杂、大杂和细杂，具有稳定可靠、消耗少、振型稳、筛分效率高等优点。

1. 振动筛的工作原理

振动筛的工作原理是通过振动力产生的机械波将物料在筛面上进行筛分和分离。它是一种通过调节振幅、频率和特殊斜角等因素来实现物料筛分的设备。

筛体是振动筛的主要工作部件，由筛框、筛面、筛面清理装置、吊杆、限振机构等组成。筛体内装有三层筛面。第一层为接料筛面，筛孔最大，筛上物为大型杂质，筛下物均匀落到第二层筛面的进料端。第二层为中杂筛面，用以进一步清理略大于粮粒的杂物。第三层为细杂筛面，细杂穿过筛孔排出，物料从筛面分离出来，因筛孔较小而易造成堵塞，为保证筛选效率，设有筛面清理装置。轻杂和灰尘在风机鼓风和沉降室沉降的作用下，从风道进入轻杂出料槽。

限振装置用于降低筛体振动幅度。筛体工作频率一般处于超共振频率区，在启动和停机过程中需通过共振区，筛体振幅会突然增大，易损坏机件。通过限幅减振可使设备安全通过共振区。常用的限振装置有弹簧式和橡胶缓冲器。

这种振动筛的筛面属于往复运动筛面，物料在筛面顺序向前、后滑动而不跳离筛面，且每次向前滑动的距离大于向后滑动的距离。因物料只在筛面上滑动，故适宜于分选流动性较好的散粒体物料。对于流动性较差的粉体，宜采用频率较高而振幅较小的高速振动筛，筛选时物料存在垂直于筛面的运动，物料呈蓬松状态，易于达到并穿过筛孔，同时筛孔不易堵塞。

2. 振动筛的结构

振动筛主要由进料装置、筛体、吸风除尘装置、振动装置和机架等部分组成。进料装置可保证进入筛面的物料流量稳定，并沿筛面均匀分布，提高筛分效率，进料量可以调节。

进料装置由进料斗和流量控制活门构成。流量控制活门有喂料辊和压力门两种结构。其中，喂料辊进料装置喂料均匀，但需配置传动装置，结构较为复杂，一般在筛面较宽时采用。压力门结构简单，操作方便，可根据进料量自动调节流量，故筛选设备多采用重锤式压力门。振动筛分机的结构图和实物图如图2-54、图2-55所示。

二、比重清理机械

比重清理机械，又叫密度清理机械，主要是根据食品物料间的密度差异以及物料与杂质间的密度差异进行清理。

比重去石机又称为密度除石机，是一种利用颗粒物料（稻谷、糙米、大米、麦子等）与石子（主要为并肩石等）的密度及悬浮速度的不同，并借助机械风力以及以一定轨迹作往复运动的筛面将石子从颗粒物料中分离出来的除杂设备。它是一种新型的粮食加工除杂设备。在食品行业主要应用于各大粮食加工企业等。

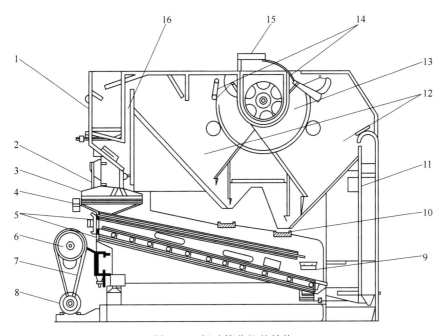

图 2-54 振动筛分机的结构

1—进料斗；2—吊杆；3—筛体；4—大杂出料槽；5—筛格；6—自衡振动器；7—弹簧限振器；8—电动机；9—中杂出料槽；10—轻杂出料槽；11—后吸风道；12—沉降室；13—风机；14—风门；15—排风口；16—前吸风道

1. 比重去石机的工作原理

比重去石机借助振动运动，调节气流和筛面倾斜度来进行粮食和石子的分离。粮食是由粒度和密度不同的颗粒组成的散粒体，在受到振动或以某种状态运动时，各种颗粒会按照它们的密度、粒度、形状和表面状态的不同而分成不同的层次。

比重去石机工作时，物料从进料斗不断进入去石筛面的中部。由于筛面的振动和穿过物料层气流的作用，颗粒间的孔隙度增大，物料处于流化状态，促进了自动分级，密度大的石子沉入底层与筛面接触，密度小的粮食浮向上层，在重力、惯性力和连续进料的推动下，下滑到净粮出口；而密度大的石子在筛面振动系统惯性力和气流的作用下，相对去石筛面上滑，经聚石区移向精选区。精选区的精选室由风机引进一股气流沿弧形通道向筛面前方反吹，将石子中含有的少量粮粒吹回聚石区，避免同石子排出。比重去石机工作原理如图 2-56 所示。

图 2-55 振动筛分机

2. 比重去石机的结构

比重去石机主要由进料装置、筛体、风机、传动机构等部分组成。比重去石机的结构图和实物图如图 2-57、图 2-58 所示。

传动机构常采用曲柄连杆机构或振动电动机两种。进料装置包括进料斗、缓冲匀流板、

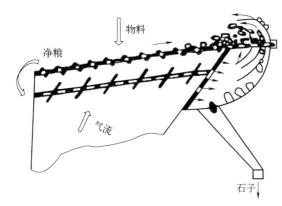

图 2-56 比重去石机工作原理

流量调节装置等组成。筛体与风机外壳固定连接，风机外壳又与偏心传动机构相连，因此，它们是同一振动体。筛体通过吊杆支撑在机架上，去石筛面一般用薄钢板冲压成双面突起鱼鳞形筛孔，如图 2-59 所示。去石机中的筛孔并不通过物料，而只作通风用，所以筛孔大小、凸起高度不同，出风的角度就会不同，从而会影响到物料的悬浮状态和除石效率。筛面向后逐渐变窄，后部称作聚石区，筛面与其上部的圆弧罩构成精选室，改变圆弧罩内弧形调节板的位置，可改变反向气流方向，以控制石子出口区含粮粒数。鱼鳞形筛孔除石筛面的孔眼均指向石子运动方向（后上方），对气流进行导向和阻止石子下滑，它并不起筛选作用。吹风系统包括风机、导风板、匀风板、风量调节装置等。气流进入风机，经过匀风板、除石筛面，穿过物料后，排放到机箱内循环使用。

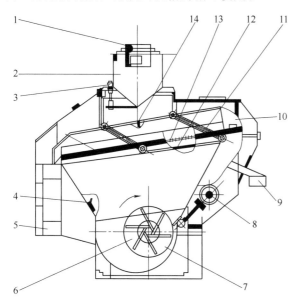

图 2-57 比重去石机的结构

1—进料口；2—进料斗；3—进料调节手轮；4—导风板；
5—出料口；6—进风调节装置；7—风机；8—偏心
传动机构；9—出石口；10—精选室；11—吊杆；
12—匀风板；13—鱼鳞筛面；14—缓冲匀流板

图 2-58 比重去石机

三、磁选清理机械

磁选清理机械主要是对食品原料中的磁性金属杂质进行去除。随着食品工业机械化的发展，在食品原料收获、初加工、深加工过程中经常使用机械，这些机械的

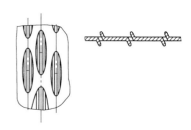

图 2-59 鱼鳞筛

零件松动脱落或者磨损产生粉末状、细碎状铁性杂质,会严重污染食品,因此需要磁选清理机械去除。

1. 自动除铁机的简介

自动除铁机用于除去原料中的铁质磁性杂物,如铁片、铁钉、螺丝等。常用的方法是磁选法。利用磁力作用除去夹杂在食品原料中的铁质杂物。磁力除铁机有电磁式和永磁式两种形式。

2. 自动除铁机的工作原理

自动除铁机是利用铁氧体磁铁或钕铁硼磁铁,通过海尔贝克的排列方式产生强大的磁场,一般外壳会用不锈钢包裹,当物料流过时,铁磁性杂质会吸附到不锈钢外壳之上。清理方式可以是手动清理,也可以利用加装皮带和套管隔离,形成自动清理和易清理型除铁器。

3. 自动除铁机的结构

自动除铁机主要构造由控料闸、磁芯、滚筒、铁杂质收集箱四部分组成。其中机器核心部分是磁芯及滚筒的组合构造。自动除铁机的结构图和实物图如图2-60、图2-61所示。

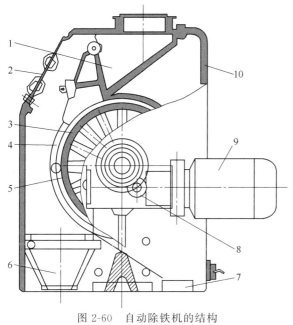

图 2-60 自动除铁机的结构　　　　　图 2-61 自动除铁机
1—进料斗;2—观察窗;3—滚筒;4—磁芯;5—隔板;
6—物料出口;7—铁杂质收集箱;8—变速机构;
9—电动机;10—机壳

第四节　食品剥壳去皮机械

谷物、坚果、油料种子等食品原料常常含有坚硬的外壳,水果及球根、块茎类蔬菜也有外皮包裹,这些外壳外皮主要由纤维素及半纤维素组成,其营养成分较低而且影响口感,因此在加工成食品之前,大多需要剥壳去皮,完成这一功能的机械就是食品剥壳去皮机械。

一、食品剥壳机械

坚果、油料种子、谷物等根据其皮壳特性、颗粒形状、大小以及壳仁之间附着情况的不同,采用不同的剥壳方法。常用的剥壳方法有碾搓法、撞击法、剪切法及挤压法等。对剥壳机械的要求是剥壳率要高,籽仁的破碎率要低,机器的生产率高而造价要低。

1. 胶辊砻谷机

稻谷的颖壳含有大量的粗纤维,必须剥除。在稻谷加工过程中,剔除颖壳的过程称为砻谷。对砻谷的要求是尽量保持米粒完整,减少米粒的破碎和爆腰。

目前我国使用的砻谷机械主要是胶辊砻谷机,胶辊砻谷机具有产量大、脱壳率高、产生碎米少等优点,是目前砻谷设备中较好的一种,应用很广。

(1) 工作原理

胶辊砻谷机是利用一对相向的且转速不相等的富有弹性的胶辊,当谷粒进入两辊间的工作区时,受到两胶辊间的挤压和摩擦所产生的搓撕作用,致使稻壳破裂,与糙米分离而脱落。从稻粒进入胶辊的条件、脱壳受力的分析、稻粒脱壳过程、影响脱壳的因素、脱壳的生产率计算等五方面详细说明胶辊砻谷机的工作原理。

a. 稻粒进入胶辊的条件

要使稻粒充分顺利地完成脱壳,稻粒必须很好地被胶辊钳入,不能让稻粒在胶辊表面翻滚打滑。对稻粒进行受力分析,稻粒进入胶辊时受力情况如图 2-62 所示。

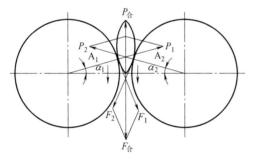

图 2-62 稻粒进入胶辊时的受力情况

稻粒进入两胶辊之间被夹住时受到正压力 P_1 与 P_2 及摩擦力 F_1 与 F_2 的作用,接触点 A_1 和 A_2 为起轧点,其与辊中心的连线构成角 α_1 与 α_2,α_1 与 α_2 称起轧角。此时 $P_1=P_2=P$,$\alpha_1=\alpha_2=\alpha$,$F_1=F_2=F$。

$$P_合 = 2P\sin\alpha$$
$$F_合 = 2F\cos\alpha = 2fP\cos\alpha$$
$$f = \tan\varphi$$

式中,f、φ 为胶辊与稻谷的摩擦系数及摩擦角。

要使谷粒进入胶辊工作区内,须满足下列条件:$F_合 > P_合$,即 $\varphi > \alpha$。此外,稻谷入辊的方向必须对准两辊轧距中心并位于两辊中心连线的垂直线上。

b. 脱壳受力的分析

稻粒进入胶辊工作区后,两个胶辊必须有速度差才能产生搓撕作用,致使稻粒脱壳。P_1 与 F_1 的合力为 R_1,P_2 与 F_2 的合力为 R_2。R_1 和 R_2 分别沿 x 和 y 轴分解得 R_{1x}、R_{1y} 及 R_{2x}、R_{2y}。稻粒脱壳的受力情况如图 2-63 所示。

因两胶辊的轧距小于稻粒厚度,所以稻粒在胶辊工作区内不可能沿 x 轴方向移动,即 $R_{1x}=R_{2x}$,并且作用在同一直线上。而 R_{1y} 及 R_{2y} 是一组大小不等、方向相反、不作用在同一直线上的变力,其值可按下式计算:

$$R_{1y} = R_{1x}\tan(\varphi - \alpha_i)$$
$$R_{2y} = R_{2x}\tan(\varphi + \alpha_i)$$

式中，α_i 为轧角，在工作区内是变化的。

当稻粒通过工作区上段时，因轧角小于起轧角 α 而大于零，即 $0<\alpha_i<\alpha$，$R_{1y}<R_{2y}$。

当稻粒通过工作区中点时，$R_{1y}=R_{2y}$。

当稻粒通过工作区下段时，因轧角为负，轧角大于终轧角 α_e 而小于零，即 $\alpha_e<\alpha_i<0$，则 $R_{1y}>R_{2y}$。

c. 稻粒脱壳过程

设稻粒呈单层落入两胶辊之间工作区内，稻粒在起轧一瞬间，由于稻粒处于加速阶段，其速度小于两胶辊

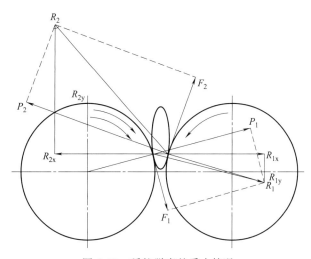

图 2-63 稻粒脱壳的受力情况

的线速度，快、慢辊相对稻粒都有滑动。当稻粒被轧住后，它在快、慢辊的摩擦力作用下，速度很快加速到慢辊的线速度，但小于快辊的线速度。此时，稻粒相对于慢辊静止，相对于快辊滑动，快辊对稻粒的摩擦力促使稻粒进一步加速，而慢辊阻止稻粒加速，因而形成一对剪力，且 $R_{1y}<R_{2y}$。随着稻粒继续前进，轧距越来越小，稻粒受到的挤压力 R_{1x}、R_{2x} 和摩擦剪切力 R_{1y}、R_{2y} 不断增大，当其增大到大于稻壳与糙米的结合力时，稻壳即被撕开，在接触快辊一边的稻壳首先脱壳，如图 2-64（a）所示。

随着稻粒继续前进，接触快辊一侧的稻壳将随着快辊一道向下运动，与糙米逐渐脱离，快辊开始与糙米接触。因糙米与胶辊的摩擦系数大于糙米与稻壳的摩擦系数，而小于稻壳与胶辊的摩擦系数，稻壳相对于二胶辊静止。当通过轧距中点时，糙米的速度介于快、慢辊之间，与快、慢辊都是相对运动，快、慢辊使稻粒两侧的稻壳同时相对于糙米运动，达到最大的脱壳效果，如图 2-64（b）所示。

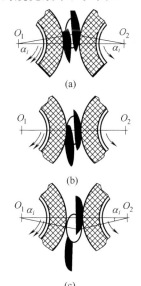

图 2-64 稻粒脱壳过程

稻粒通过工作区下段时，快辊继续加速糙米的运动，直至与快辊一道运动，使糙米离开接触慢辊一侧的稻壳，完成整个脱壳过程，如图 2-64（c）所示。

综上所述，稻粒脱壳主要是由 R_{1y} 和 R_{2y} 组成的一对摩擦剪切力引起的，它们的产生首先决定于两胶辊的线速度差。因此，要使稻粒脱壳，两胶辊必须保持一定的线速度差。

d. 影响脱壳的因素

影响稻谷脱壳质量的因素很多，首先是稻谷的品种、物理结构、水分、籽粒大小、均匀度及饱满程度等因素。稻粒大而均匀、表面粗糙、壳薄而结构松弛、米粒坚实的水稻脱壳容易，碎米少；稻谷水分要适当，水分太高则颖壳韧性大，米粒结构疏松，易碎，脱壳困难，水分过低也易碎米。适当的稻谷脱壳含水率为：粳稻 14%～16%，籼稻 13%～15%。其次是两胶辊的线速度和线速度差，快辊一般为 15～18m/s，适宜的快、慢辊线速度差为 2.5m/s 左右。其他影响脱壳质量的因素是轧距、压砣质量、稻谷喂入量、

胶辊表面硬度等，这些参数可通过查阅相关资料选取。

e. 脱壳的生产率计算

设稻谷呈单层进入工作区，胶辊砻谷机的生产率可用下式近似计算：

$$Q = \frac{3600 v_{cp} B}{2d_1 \times 2b_1} \times \frac{\rho}{1000} \times \varepsilon \varphi \eta$$

式中，Q 为生产率，kg/h；v_{cp} 为稻谷的平均速度，$v_{cp}=(v_{快}+v_{慢})/2$，$v_{快}$、$v_{慢}$ 分别为快、慢辊的线速度，m/s；B 为胶辊长度，m；$2d_1$ 为稻谷长度，m；$2b_1$ 为稻谷宽度，m；ε 为稻谷入轧的连续性系数，一般为 0.5；φ 为稻谷入轧的充满系数，一般可取 0.8~0.9；η 为脱壳率（%）；ρ 为物料密度，kg/m³。

（2）主要结构

胶辊砻谷机由进料机构、胶辊、轧距调节机构、谷壳分离机构及传动机构等部件构成，其主要工作部件是富有弹性的胶辊。胶辊砻谷机的结构图和实物图如图2-65、图2-66所示。

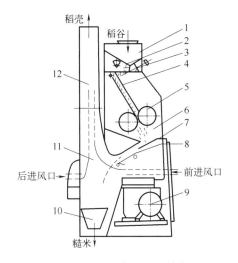

图 2-65 胶辊砻谷机的结构

1—进料斗；2—闸门；3—短淌板；4—长淌板；5—胶辊；
6—匀料斗；7—匀料板；8—鱼鳞淌板；9—电动机；
10—出料斗；11—稻壳分离室；12—风道

图 2-66 胶辊砻谷机

工作时，稻谷由喂料机构导入，在两胶辊之间的工作区内脱壳，然后分离机构将谷壳分离。喂料机构的作用是控制流量，并使谷粒按自身长轴方向均匀、快速、准确地进入两胶辊间的工作区内，以便脱壳。喂料机构采用两块淌板，按折叠方式装置在流量控制闸门与胶辊之间。两淌板距离为30~40mm。淌板的主要作用是整流、加速和导向，使稻谷沿轴向均匀排列前进，准确地进入两胶辊之间。第一块淌板的倾角小，长度短；第二块淌板的倾角较大（60°~70°），且倾角可调，使淌板的末端始终对准两胶辊的接触线，从而保证淌板的准确导向作用。

胶辊由一个铸铁滚筒及其表面复合一层一定厚度的橡胶制成。胶辊的结构图和实物图如图2-67、图2-68所示。

松紧辊和轧距调节机构目前通常采用手轮调节机构、机械压砣调节机构和液压自动调节机构三类。图2-69为机械压砣调节机构的结构示意图。

图 2-67 胶辊的结构

图 2-68 胶辊

砻谷机工作时,脱开挂钩,放下杠杆,由于压砣的重力作用,杠杆便绕 O_1 点向下摆动,与其铰接的连杆便带动活动辊轴承臂绕 O 点转动,使活动辊以一定的压力向固定辊靠拢。与此同时,打开流量调节闸门,稻谷便经溜板进入两辊之间进行脱壳。辊间压力的大小,由压砣质量决定。而压砣的质量又应根据胶辊的脱壳性能及胶辊磨损情况进行适当调整。停机时,只要在关闭流量调节闸门的同时抬起杠杆,并将其挂在挂钩上,两辊就分开。该机结构简单、容易操作,其缺点是:当砻谷机突然断料时,为了防止空车运转而磨损胶辊,必须迅速将杠杆抬起,使两辊立即分开。

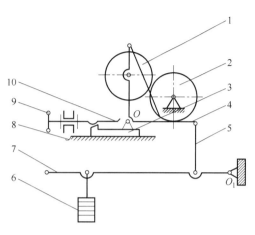

图 2-69 胶辊砻谷机的机械压砣调节机构的结构
1—活动辊;2—固定辊;3—滑块;4—活动辊轴承臂;
5—连杆;6—压砣;7—杠杆;8—挂钩;
9—手轮;10—调节螺杆

2. 离心式剥壳机

离心式剥壳机是一种依靠离心力,使物料撞击机械壁而破碎脱壳的机械。它主要用于对葵花籽、油菜籽等油料的脱壳工作,能使油料脱壳的剥壳率、整仁率都大大提高,从而在对油料种子的加工中提高了劳动生产率。

(1) 工作原理

物料籽粒以一定的速度通过可调料门落下,从转盘中心进入后,经高速转盘的挡块或叶片的导向及加速作用,高速脱离转盘。当籽粒以较大的离心力撞击壁面时,壁面对籽粒产生同样大小的反作用力,使籽粒外壳产生变形和裂纹。外壳的弹性变形使籽粒离开壁面,而籽仁因惯性力的作用继续朝前运动,并在紧靠外壳变形处产生了弹性变形。当籽粒离开壁面时,由于外壳与籽仁具有不同的弹性,其运动速度也不同,籽仁将要阻止外壳迅速向回移动致使外壳在裂纹处拉开,实现壳、仁分离。

影响离心式剥壳机剥壳效果的因素有物料水分、撞击速度、物料撞击点、挡板角度等。根据试验,转盘外缘的适宜圆周速度为:葵花籽 30～38m/s,棕榈籽约 31m/s,油茶籽约 11m/s。关于撞击点,必须考虑被撞击物的结构。例如葵花籽为长条形,籽粒长轴两端的壳、仁之间都有间隙,中间部位没有间隙,因此葵花籽经转盘甩出与挡板的撞击点最好在其长轴的两端部位,这样不但易于剥壳,且籽仁也不易破碎。基于该原理设计的 V 形槽甩块式转盘,在甩块的工作面开设有沿葵花籽滑动方向的纵向 V 形槽。葵花籽由高速旋转的转盘中部进入 V 形槽甩块后,在被甩块加速的同时,经 V 形槽导向,使葵花籽沿长轴方向飞向挡板,达到了良好的撞击剥壳效果。离心式剥壳机的生产率一般可通过料门处流量初步计算,再经实验校正确定。

（2）主要结构

离心式剥壳机的结构主要由转盘、打板、挡板、可调料门、料斗、卸料斗及传动机构组成。水平转盘上装有数块打板，挡板固定在圆盘周围的机壳上。通过调节手轮，可使料门上下移动，以控制进料量。离心式剥壳机的结构图和实物图如图 2-70、图 2-71 所示。

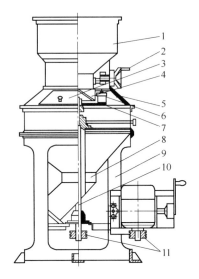

图 2-70 离心式剥壳机的结构

1—料斗；2—调节手轮；3—检修板；4—可调料门；
5—挡板；6—打板；7—转盘；8—卸料斗；9—机架；
10—转动轴；11—传动带轮

图 2-71 离心式剥壳机

离心式剥壳机的工作部件是转盘和挡板。转盘具有多种形式，按打板的结构形式可分为直叶片式（a）、弯曲叶片式（b）、扇形甩块式（c）和刮板式（d），如图 2-72 所示，其主要作用是形成籽粒通道并打击（或甩出）籽粒使之剥壳。打板的数量由实验确定，通常为 4~36 块。对于葵花籽剥壳，常采用 10~16 块打板。挡板的形式有圆柱形和圆锥形两种。圆锥形挡板因工作面与籽粒的运动方向成一定的角度，能避免籽粒重复撞击转盘，从而减少籽仁的破碎度。而圆柱形挡板的撞击力大，有利于外壳的破碎，适用于具有坚硬外壳的坚果及油料剥壳，如核桃、棕榈籽、油桐籽等。挡板应采用耐磨材料制作。

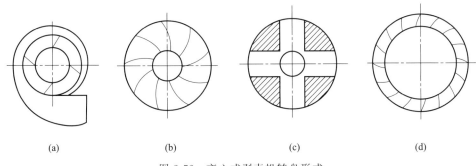

(a)　　　　(b)　　　　(c)　　　　(d)

图 2-72 离心式剥壳机转盘形式

3. 碾米机

稻谷经过砻谷后变成了糙米，不宜食用，还要进行碾搓才能变成精米。碾米机主要用于剥除糙米的皮层（由果皮、种皮、外胚层和糊粉层组成）。碾米机还用于碾除高粱、玉米和小麦的皮层。

（1）工作原理

糙米在碾白室中进行碾白时，米粒连续不断地从碾白室进口向其出口流动，流动的米粒充满整个碾白室。流动的米粒间具有可压缩性、黏滞性。碾白室径向各层米粒的速度不同，米粒与碾辊接触时速度最大，贴近米筛时速度最小，各层米粒间有速度差，因此有摩擦力存在。

碾米过程中存在米粒与碾辊的碰撞、米粒与米粒的碰撞、米粒与米筛内壁以及其它构件的碰撞，碰撞运动是米粒在碾白室内的基本运动。其中，米粒与碾辊的碰撞起决定性作用。米粒与碾辊碰撞后，提高了运动速度，增加了能量，产生擦离作用，使米粒皮层与胚乳断裂或剥离。米粒与碾辊的金刚砂锋刃碰撞，砂粒的锋刃产生了切削力和切离力，产生碾削作用，将米粒皮层切破，使皮层与胚乳脱离。此外，米粒与米粒的碰撞、米粒与米筛内壁及其它构件的碰撞，主要产生擦离作用，使皮层与胚乳进一步剥离。

碾辊的槽、米筛孔及凸点、碾辊喷风都能使米粒产生翻滚运动，在碾白过程中，米粒的翻滚运动使其各个部位都能有机会接受碾白作用，避免碾白不足或者过碾现象。

（2）主要结构

碾米机按照碾辊的材料可分为铁辊碾米机和砂辊碾米机。砂辊碾米机比较常用，以砂辊碾米机为例说明其主要结构。砂辊碾米机主要由进料机构、碾白室、排料机构、机械传动系统、排糠与喷风系统、机架等组成。碾米机的结构图和实物图如图2-73、图2-74所示。

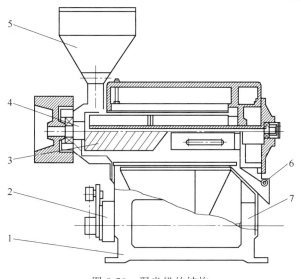

图2-73 碾米机的结构

1—机架；2—吸糠系统；3—碾白室；4—传动系统；
5—进料机构；6—排料机构；7—喷风系统

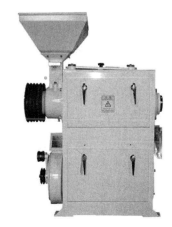

图2-74 碾米机

进料机构由料斗和流量调节机构组成。料斗为方形不对称结构，流量调节机构为全启闭插门，可快速开启或关闭，亦可微调。

碾白室由螺旋推进器、碾白砂辊、圆筒形米筛、压筛条、横梁等主要零件构成。砂辊面与米筛筒内壁有一定间隙，由此形成一个环形柱空间，称碾白室。螺旋推进器在碾白室的进口端，用于输送物料、增大碾白室进口端米粒流体的密度和产生轴向推力。螺旋推进器实际上是一种单头或多头的梯形螺纹。为了保证螺旋推进器有足够的推进力，螺纹升角不宜过大，一般不超过20°。砂辊由两节组成，每节长200mm。前节砂辊采用三头螺旋槽，螺距为50mm，槽深从12mm逐渐减小为零。后节砂辊开有三条直斜槽，斜度为1/10，槽深为8mm。槽后又开设三条喷风槽。米筛还有压筛条和筛托支承并固定在上、下横梁上。碾白室间隙通过更换不同厚度的压筛条进行调节。

砂辊除工作参数和表面形状外，所用的金刚砂种类、质量、粒度、配比、烧结硬度和成型密度等，对碾米工艺效果的影响都很大。砂辊必须经常保持较好的锋利性，要耐用，达到大米去皮均匀、表面较光洁、电耗低、使用寿命长的目的。制作砂辊的金刚砂，一般采用黑色碳化硅，砂粒呈多角形，不用片状砂粒。在规定的粒度下，单位体积砂层内的砂刃要多，砂刃在砂辊表面和深度上也要分布均匀，这样才会碾白去皮均匀，表面光洁。砂辊制作的方法有浇结、烘结和烧结三种，因为烧结的砂辊强度最大，最耐磨，使用寿命长，自锐性好，所以目前使用最多的是烧结砂辊。

排料机构由出米嘴、压力门组成。压力门主要是控制出料口的压力大小，出料口的压力对碾白室内碾白压力影响很大。

机械传动系统由电动机经皮带轮传至碾辊轴，实现运动研削。同时带轮传动至同轴的吸糠与喷风风机。吸糠和喷风系统由集糠斗、吸糠风机和集糠器等组成。喷风系统由喷风风机、进风管道和进风套等组成。

（3）简单应用

砂辊碾米机相比传统的碾米方式自动化程度高，生产效率高；米粒破损少，保留了米粒的营养成分；米粒加工速度快，质量稳定。砂辊碾米机主要用于大米加工厂、超市、食堂等需要大量加工米粒的场所，也适合家庭使用。

二、食品去皮机械

由于水果、蔬菜的种类不同，皮层与果肉结合的牢固程度不同，生产的产品不同，对原料的去皮要求也各异。果蔬去皮主要有机械法和化学法，机械法采取切削法、磨削法、摩擦法等；化学法主要使用碱液腐蚀去皮。对去皮机械的要求是去皮率高，对果肉的损伤较小。

1. 离心擦皮机

离心擦皮机是一种小型间歇式去皮机械。依靠旋转的工作构件驱动原料旋转，使得物料在离心力的作用下，在机器内上下翻滚并与机器构件产生摩擦，从而使物料的皮层被擦离。用擦皮机去皮对物料的组织有较大的损伤，而且其表面粗糙不光滑，一般不适宜整只果蔬罐头的生产，只用于加工生产切片或制酱的原料。常用擦皮机处理胡萝卜等块根类蔬菜原料。

（1）工作原理

离心擦皮机的工作原理是离心旋转，摩擦去皮。电动机通过大齿轮及小齿轮带动转动轴转动，转动轴带动旋转圆盘离心旋转；物料从进料斗进入机内，落到旋转圆盘上时，与粗糙的表面发生摩擦，此外，因离心力作用物料被抛向四周，并与筒壁的粗糙内表面摩擦，从而达到摩擦去皮的目的。水通过喷嘴送入圆筒内部，擦下的皮用水从排污口冲走。已去好皮的物料利用本身的离心力作用，从出料口定时排出。

（2）主要结构

离心擦皮机主要由工作圆筒、旋转圆盘、进料斗、卸料口、排污口及传动装置等部分组成。离心擦皮机的结构图和实物图如图2-75、图2-76所示。

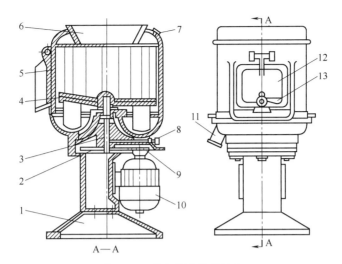

图 2-75 离心擦皮机的结构

1—机座；2—大齿轮；3—传动轴；4—旋转圆盘；5—圆筒；6—进料斗；7—喷嘴；8—润滑油孔；9—小齿轮；
10—电动机；11—排污口；12—卸料口；13—把手

工作圆筒内表面是粗糙的，圆盘表面呈波纹状，波纹角 $\alpha=20°\sim30°$，二者大多采用金刚砂黏结表面，均为擦皮工作表面。圆盘波纹状表面除兼有擦皮功能外，还可以用来抛起物料。

为了保证正常的工作效果，离心擦皮机在工作时，不仅要求物料能够被完全抛起，在擦皮室内呈翻滚状态，不断改变与工作构件间的位置关系和方向关系，便于各块物料的不同部位的表面被均匀擦皮，而且要保证物料能被抛至筒壁。因此，必须保持足够高的圆盘转速，同时，擦皮室内物料不得填充过多，一般选用物料充满系数为 $0.50\sim0.65$，依此进行生产率的计算。

2. 碱液去皮机

碱液去皮机是一种利用化学碱液进行果蔬去皮的机器，它排除碱液蒸气和隔离碱液的效果较好，去皮效率高，机构紧凑，调速方便，但需用人工较多。碱液去皮机适用于桃、李、杏、梨、苹果等去皮和橘瓣脱囊衣，也适合番茄、马铃薯及红薯等蔬菜原料的去皮。

图 2-76 离心擦皮机

（1）工作原理

碱液去皮机的工作原理是首先利用热的稀碱液对被处理的果蔬原料表皮进行腐蚀，然后用水冲洗或用机械摩擦将皮层剥离。喷淋热稀碱液时间一般为 $5\sim10\mathrm{min}$，再经过 $15\sim20\mathrm{s}$ 让其腐蚀，最后用冷水喷射冷却及去皮。经碱液处理的果品必须立即投入冷水中浸洗，反复搓擦、淘洗、换水，除去果皮黏附的碱液。

调整输送链带的速度，可适应不同淋碱时间的需要，碱液应进行加热及循环使用。进行碱液去皮时，碱液的浓度、温度和处理时间随果蔬种类、品种和成熟度的不同而异，必须注意掌握，要求只去掉果皮而不伤及果肉。

（2）主要结构

碱液去皮机由回转式链带输送装置及在其上面的淋碱段、腐蚀段和冲洗段组成。传动装置安装在机架上，带动链带回转。碱液去皮机的结构图和实物图如图 2-77、图 2-78 所示。

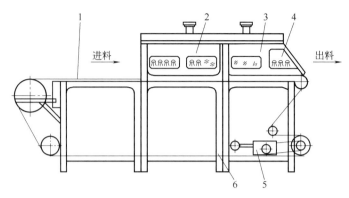

图 2-77　碱液去皮机的结构
1—输送链带；2—淋碱段；3—腐蚀段；4—冲洗段；5—传动系统；6—机架

图 2-78　碱液去皮机

第五节　食品分级机械

食品分级是将食品混合物料按照一定的原则分成两种或两种以上具有不同特点的物料的操作过程。在食品加工生产过程中，根据食品的质量规格要求、生产过程控制、设备安全等不同目标，需要对食品进行不同等级的划分，从而实现食品的分类精准加工，还提高产品的附加值。由于食品物料的差异，进行分级的操作很多，包括原料分类、成品分离、残次品剔除等，主要有形态分级机械、光学分级机械、其它新型分级设备。

一、形态分级机械

形态分级机械主要根据食品的形态尺寸差异进行分选分级，主要用于球状水果、球茎蔬菜、粮油作物等。主要采用滚筒、滚杠等可调节孔径或间隙尺寸的结构来实现。滚筒筛是分选技术中应用非常广泛的一种机械，是通过筛孔大小来控制物料分选的，它结构简单，分级效率高，工作平稳，不存在动力不平衡现象。

1. 滚筒筛的工作原理

滚筒装置倾斜安装于机架上，电动机经减速机与滚筒装置通过联轴器连接在一起，驱动滚筒装置绕其轴线转动。当物料进入滚筒装置后，由于滚筒装置的倾斜与转动，使筛面上的物料翻转与滚动，并在此过程中通过相应的筛孔流出，以达到分级的目的。滚筒筛的筒体一般分几段，可视具体情况而定，筛孔由小到大排列，每一段上的筛孔孔径相同。

2. **滚筒筛的结构**

滚筒筛主要由滚筒、支承装置、传动装置、收集料斗等组成。滚筒筛的结构图和实物图如图2-79、图2-80所示。

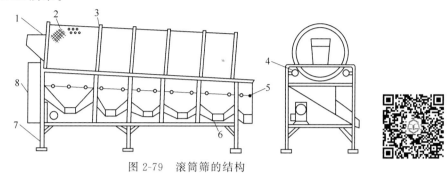

图2-79　滚筒筛的结构

1—进料斗；2—滚筒；3—滚圈；4—摩擦轮；5—铰链；6—收集料斗；7—机架；8—传动系统

（1）滚筒

滚筒是一个带孔的转筒，转筒上按分级的需要而设计成几段（组）。各段孔径不同而同一段的孔径一样。进口端的孔径最小，出口端最大。每段之下有一漏斗装置。原料由进口端落下，随滚筒的转动而前进，沿各段相应的孔中落下，最后到漏斗中卸出。

滚筒通常用厚度为1.5～2.0mm的不锈钢板冲孔后卷成圆柱筛。考虑到制造工艺方面的要求，一般把滚筒先分几段制造，然后用焊角钢连接以增强筒体的刚度。

图2-80　滚筒筛

（2）支承装置

支承装置由滚圈、摩擦轮、机架组成。滚圈装在滚筒上（或利用滚筒的连接角钢），它将滚筒体的质量传递给摩擦轮。而整个设备则由机架支承，机架用角钢或槽钢焊接而成。

（3）传动装置

目前广泛采用的传动方式是摩擦轮传动。摩擦轮装在一根长轴上，滚筒两边均有摩擦轮，并且互相对称，其夹角为90°。长轴一端（主动轴）有传动系统，另一端装有摩擦轮。主动轴从传动系统中得到动力后带动摩擦轮转动，摩擦轮紧贴滚圈，滚圈固接在转筒上，因此摩擦轮与滚圈间产生的摩擦力驱动滚筒转动。

（4）清筛装置

在操作时，物料应通过滚筒相应孔径的筛孔流出，才能达到分级的目的，但滚筒的孔往往被原料堵塞而影响分级效果。因此，需设置清筛装置，以保证原料按相应的孔径流出。机械式清筛装置是在滚筒外壁装置木制滚轴，木制滚轴平行于滚筒的中心轴线，用弹簧使其压紧滚筒外壁。木制滚轴的挤压可以把堵塞在孔中的原料挤回滚筒中，也可以视原料的实际情况，采用水冲式或装置毛刷清筛。

二、光学分级机械

光学分级机械是利用食品物料的光学性质进行分级的机械。主要采用光学元器件获取食品的颜色、形态、纹理等外部特征以及内部组织结构和组成成分的光谱信息，从而进行食品物料等级的划分。主要包括光电色选系统、图像识别系统等，可实现粮食、水果、蔬菜、肉品等的快速分级；红外线系统和 X 射线系统等，可实现水果、蔬菜等物料的水分、糖度、蛋白质的测定以及内部空洞、空心等内部缺陷检测。

1. 光与食品物料的相互作用

食品物料的光学特性是指物料对投射到其表面上的光产生反射、吸收、透射、漫射或受光照后激发出其他波长的光的性质。物料是由许多微小的内部中间层组成的，不同食品物料的物质种类、组成不同，因而在光学特性方面的反映也不尽相同。

当一束光射向物料时，大约只有 4% 的光由物料表面直接反射，其余光射入物料表层，遇到内部网络结构而变为向四面八方散射的光。大部分散射光重新折射到物料表面，在入射点附近射出物料，这种反射称之为"体反射"。小部分散射光较深地扩散到内部，一部分被物料所吸收，一部分穿透物料。被吸收的多少与物料的性质、光的波长、传播路径长度等因素有关。对某些物料来说，部分吸收光转化成荧光、延迟发射光等。因此，离开物料表面的光就由如下几种组成：直接反射光、体反射光、透射光和发射光。

2. 食品物料的光学特性应用技术

因为食品物料的光学特性反映了表面颜色、内部颜色、内部组成结构以及某种特定物质的含量，进而反映了食品物料的重要质量指标。目前已把光电检测和分选技术应用于食品物料质量评定和质量管理的各个方面。这些应用可以概括为以下几个方面。

（1）缺陷检测

缺陷是涉及缺少关于完整性必需的东西，或是出现了有损于完整性的某些东西。人们关心的是缺陷或相当数量的不完整造成产品质量降级或不合格。因此，质量管理的一个主要问题是从合格的产品中检测和剔除缺陷产品。食品和农产品的光学特性已经被用于非破坏性检测方面。

（2）成分分析

快速检测食品中的水、脂肪、蛋白质、氨基酸、糖等化学成分的含量，用于品质的监督和控制。近红外光谱分析技术用于品质检测和控制是近年发展速度很快的一种全新的检测方法。

（3）成熟度与新鲜度分析

在成熟度和新鲜度检测方面应用最多也最成功的是果蔬产品，它们的成熟阶段总是与某种物质的含量有密切关系，并表现出表面或内部颜色的不同。

食品物料的光学技术的应用是为了测定质量指标，最终目的是对食品物料进行自动化分级分类。自动分类的标准可以是上述三方面应用之一，包括：从合格物料中剔除缺陷品；按物料中某种成分含量进行分类；把成熟度不同的产品进行分类，以便分别贮藏和销售。经过自动分类的合格产品，总体质量等级提高。

3. 食品物料光学特性应用技术的特点

食品物料在种植、加工、贮藏、流通等过程中难免会出现缺陷，例如含有异种异色颗粒、发霉变质颗粒、机械损伤颗粒等，因而在工业生产中有必要对产品进行检测和分选。然而，常规手段无法对颜色变化进行有效分选。大多依靠眼手配合的人工分选，其主要特点是生产率低、劳动力费用高、容易受主观因素的干扰、精确度低。

光电检测和分选技术克服了手工分选的缺点,具有以下明显的优越性:①既能检测表面品质,又能检测内部品质,而且检测为非接触性的,因而是非破坏性的,经过检测和分选的产品可以直接出售或进行后续工序的处理;②除了主观因素的影响,对产品进行全数检测,保证了分选的精确性和可靠性;③劳动强度低,自动化程度高,生产费用降低,便于实现在线检测;④机械的适应能力强,通过调节背景光或比色板,即可处理不同的物料,生产能力大,适应了日益发展的商品市场的需要和工厂化加工的要求。

4. 光电色选机

光电色选机是利用光电原理,从大量散装产品中将颜色不正常或感染病虫害的个体(球状、块状或颗粒状)以及外来杂质检测分离的设备。

(1) 工作原理

光电色选机的工作原理:贮料斗中的物料由振动喂料器送入通道成单行排列,依次落入光电检测室,从电子视镜与比色板之间通过。被选颗粒对光的反射及比色板的反射在电子视镜中相比较,颜色的差异使电子视镜内部的电压改变,并经过放大。如果信号差别超过自动控制水平的预置值,即被存贮延时,随即驱动气阀,高速喷射气流将物料吹送入旁路通道。而合格品流经光电检测室时,检测信号与标准信号差别微小,信号经处理判断为正常,气流喷嘴不作出动作,物料进入合格品通道。

(2) 主要结构

光电色选机主要由供料系统、检测系统、信号处理和控制电路、剔除系统四部分组成。光电色选机的结构示意图和实物图如图2-81、图2-82所示。

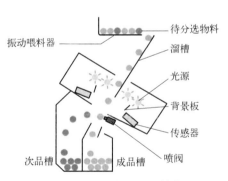

图2-81 光电色选机的结构

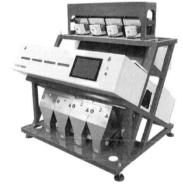

图2-82 光电色选机

a. 供料系统

供料系统由贮料斗、电磁振动喂料器、斜式溜槽(立式)或皮带输送器(卧式)组成。其作用是使被分选的物料均匀地排成单列,穿过检测位置并保证能被传感器有效检测。色选机系多管并列设置,生产能力与通道数成正比,一般有20、30、40、48等系列。

供料的具体要求是:保证每个通道中单位时间内进入检测区的物料量均匀一致;保证物料沿一定轨道一个个按顺序单行排列进入检测位置和分选位置;为了保证疵料确实被剔除,物料从检测位置到达分选位置的时间必须为常数,且须与从获得检测信号到发出分选动作的时间相匹配。

b. 检测系统

检测系统主要由光源、光学组件、背景板、光电传感器、除尘冷却部件和外壳等组成。

检测系统的作用是对物料的光学性质（反射、吸收、透射等）进行检测以得到后续信号处理所必需的受检产品正确的品质信息。光源可用红外线、可见光或紫外线，要求功率保持稳定。检测区内有粉尘飞扬或积累，影响检测效果，可以采用低压持续风幕或定时的高压喷吹相结合，以保持检测区内空气明净，环境清洁，并冷却光源产生的热量，同时还设置自动扫帚装置，随时清扫，防止粉尘积累。

c. 剔除系统

剔除系统接收来自信号处理控制电路的命令，执行分选动作。最常用的方法是高压脉冲气流喷吹。它由空压机、贮气罐、电磁喷射阀等组成。喷吹剔除的关键部件是喷射阀，应尽量减少吹掉不合格品所带走的合格品的数量。为了提高色选机的生产能力，喷射阀的开启频率不能太低，因此要求应用轻型的高速、高开启频率的喷射。

（3）简单应用

目前国内的色选机主要应用于碾米精加工行业，而在国外已经广泛应用在需要对固体颗粒物料进行色彩选别的加工工业，如食品、农产品、化学品及矿产品加工工业等。根据色选物料的不同，可应用于小米、薏仁、花椒、花生、玉米、豆类、棉籽、葡萄干、红枣、芝麻等种类的色选。

5. 近红外线分选设备

（1）近红外分析技术

波长为 $0.8\sim2.5\mu m$ 的红外线称为近红外线。近红外分析法，即通过近红外光谱，利用化学计量学进行成分、理化特性分析的方法。目前此方法应用最多最广，技术相对成熟。现代近红外光谱分析技术是 20 世纪 90 年代以来发展最快、最引人注目的光谱分析技术。因近红外光谱是由于分子振动的非谐振动性产生的，主要是含氢基团（—OH、—SH、—CH、—NH 等）振动的倍频及合频吸收。由于动植物性食品和饲料的成分多由上述基团构成，基团的吸收频谱能表征这些成分的化学结构，测量的近红外谱区信息量极为丰富，所以它适合果蔬的糖酸度以及内部病变的测量分析。例如食品和农产品的常见成分水、糖、酸的吸收反映出基团—CH 的特征波峰。经实验验证，用近红外线测得的糖度值与用光学方法测得的糖度值之间呈直线相关，在波长为 914nm、769nm、745nm、786nm 时测量精度最高，相关系数约为 0.989，标准偏差约为 $2.8°Bx$。

因有机物对近红外线吸收较弱，近红外线能深入果实内部，所以可从透射光谱中获得果实深部信息，易实现无损检测。此外，近红外光子的能量比可见光还低，不会对人体造成伤害。但近红外分析是属于从复杂、重叠、变动的光谱中提取弱信息的技术，需要用现代化学计量学的方法建立相应数学模型，一个稳定性好、精度高模型的建立是近红外光谱分析技术应用的关键。

建立近红外分析方法的步骤有四点：选择有代表性的校正样本并测量其近红外光谱；采用标准或认可的方法测定被测组分或性质数据；根据测量所得光谱和基础数据通过合理的化学计量学方法建立校正模型，在光谱与基础数据关联前，对光谱进行预处理；对未知样本组成性质进行测定。

（2）近红外水果糖酸度分选装置

在果实检测方面，近红外线主要用于测量糖度和酸度。近红外光谱检测系统以计算机为核心，光纤光谱仪实现水果糖酸度信号采集；分选控制系统以可编程逻辑控制器（PLC）为核心，旋转电磁铁推动侧翻式果盘实现水果的分选。水果糖酸度检测系统过程为：装置机械输送系统向近红外光谱检测工位输送水果；光照单元和光谱仪采集经完整水果吸收反射后的近红外光谱，并将光谱信号传送至计算机软件的糖酸度预测模型中，计算出糖酸度的含量，划分糖酸度等级；通过计算机与PLC的通信，由PLC实时控制分选执行机构电磁铁动作，按糖酸度等级自动分选。图2-83所示是龚志远等研发的近红外水果糖酸度检测系统（龚志远等，2015）。图2-84为近红外水果漫反射检测情况。

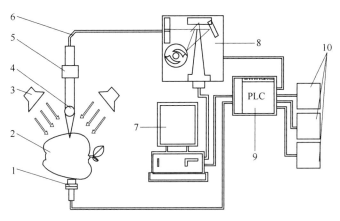

图2-83 近红外水果糖酸度检测系统

1—接近开关；2—水果；3—卤钨灯；4—透镜；5—探头；6—光纤；7—计算机；8—光谱仪；9—PLC；10—旋转电磁阀

6. X射线分选设备

（1）X射线分选技术

X射线具有很强的穿透能力，受物质密度影响，密度大，穿透能力小；密度小，穿透能力大。所谓软X射线是指长波长区域的X射线，比一般的X射线能量低、物质穿透能力差。在果蔬检测方面，果蔬密度较小，所需X射线强度很弱，软X射线可满足实际检测需要。应用软X射线可检测如马铃薯、西瓜内部的空洞，柑橘皱皮等现象。

图2-84 近红外水果漫反射检测情况

柑橘在生长过程中受环境条件影响，常出现皱皮现象（果皮大，果肉小）。皱皮果水分少、味道差，属于等外品，在进行分级时须将其分选出来。人们常对X射线检测果蔬存有各种顾虑，担心残留问题。首先，X射线不是放射能，不存在残留问题；其次，检测用X射线能量低，果蔬不会被放射化，不会损伤果蔬营养或改变果蔬风味。

（2）X射线分选设备

西瓜空洞分选装置，如图2-85所示。以被测西瓜为中心，X射线发生器设于上方，向下发射X射线，下方为X射线照相机。X射线照相机的检测直径范围最大为150mm，对于大尺寸西瓜，虽只能检测150mm范围内的中心部，不能观察全貌，但由于空洞现象常发生在西瓜中心部位附近，对检测效果影响较小。西瓜的直径大小差异很大，不同大小的西瓜需要不同的X射线强度，为及时调节X射线强度，先用光电管测量西瓜的大小，后根据测量值调节X射线的发射强度。包括输送带在内，整个X射线检测装置置于安全保护罩内。

在由X射线照相机摄取的西瓜内部图像中，白色代表空洞部分，黑色代表果肉，易于判断。实际判断情况如图2-86所示。

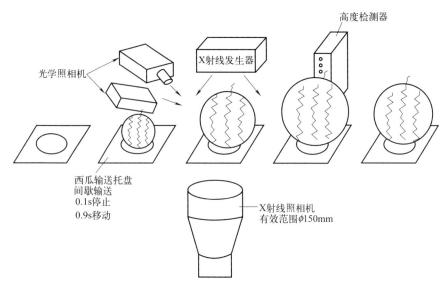

图 2-85 西瓜空洞分选装置示意

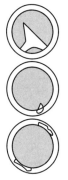

外圆为西瓜的实际尺寸,阴影部分为有效检测范围;图像处理后的空洞表明空洞多发生在这些部位,所以能做出正确判断

图例的空洞虽然没有在中心部,也可以做出正确判断,但不能检测出空洞的大小

该图为一特例,当空洞在周边时无法进行检测,这种情况的发生概率极低

图 2-86 西瓜空洞判断情况

三、仿生感官分级检测机械

随着仿生学科和传感器技术的发展,在食品物料分级时可采用仿生感官分级技术。仿生感官分级机械模拟人的眼、鼻、舌等感觉器官,获取食物的色泽、形态、气味、滋味等特性,进而综合快速地对食品进行分级,近年来出现有电子眼、电子鼻、电子舌等。

1. 电子眼

电子眼是通过模拟或再现人类视觉行为,由各种成像系统代替视觉器官作为输入,由计算机来代替大脑完成处理和解释的一种智能装置。它主要由图像获取系统、图像处理分析系统、解释或反馈系统组成。图像获取系统获取待分析物体的原色彩、真色彩或单色彩图像,图像处理分析系统通过软硬件对图像进行滤噪、分割、数字提取等,进而分析出颜色、纹理、大小、形态等特征性参数,解释或反馈系统根据标准或经验模型给出待分析物体的性状、品质、等级等。电子眼原理图如图 2-87 所示。

电子眼广泛应用于生产、生活、科研等诸多领域,尤其在需要重复、单调地依靠视觉获取信息的场合,如大批量的产品质量检验、分级等,具有快速、准确、无损等人工无法比拟

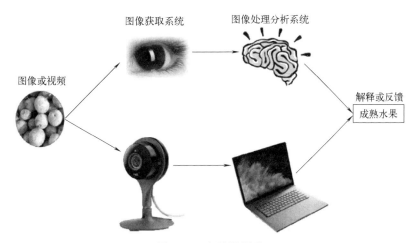

图 2-87 电子眼原理

的优点。在食品、农产品的分级检测领域,主要进行粮食的分级、水果大小和颜色的识别、酒类和茶叶的等级鉴定、肉类新鲜度的判断等。

以玉米品种识别电子眼为例,它主要由摄像头、图像采集卡、计算机、光电开关、照明箱、输送带、可调速电机、支架等组成。装置总体结构如图 2-88 所示。当识别玉米品种时,将多粒玉米置于输送带上,由可调速电机带动,传送到照明箱位置,此时光电开关触发,待多粒玉米进入照明箱,摄像头开始摄取图像,然后由图像采集卡将图像数据传送给计算机,完成动态玉米图像采集;软件程序对图像进行分析处理和玉米品种识别。玉米品种识别的过程如图 2-89 所示。

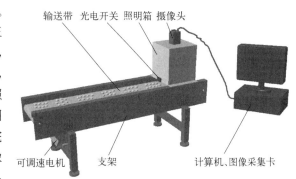

图 2-88 玉米品种识别电子眼装置

图 2-89 玉米品种识别过程

2. 电子鼻

电子鼻是采用气体传感器模拟人的嗅觉来分析样品气味的一种新型仪器,它是建立在模拟生物嗅觉形成的基础上,主要由系统装置和模式识别方法两大部分组成。系统装置在功能上相当于人的嗅觉感受器,采集样品气体,产生嗅感信号;模式识别在功能上相当于人的大脑,对嗅感信号进行分析、判断、智能解释。系统装置主要包括气敏传感器阵列、信号调理电路、信号采集电路、气体收集器等,模式识别方法主要包括数据预处理、模式识别等。电子鼻原理图如图 2-90 所示。

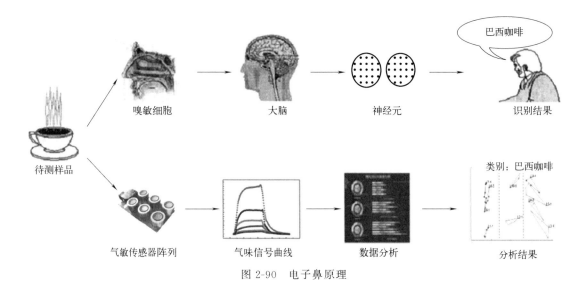

图 2-90 电子鼻原理

目前电子鼻已广泛用于酒类、饮料、茶叶、水产品、畜产品、调味料及发酵产品等食品的分析检测。它能够分析识别和检测复杂风味及成分，具有快速、客观等优点。以酱腌菜气味检测电子鼻为例，如图 2-91 所示。该检测仪模拟人的嗅觉系统，实现榨菜等酱腌菜以及调味料气味品质的快速检测。主要由气味传感器阵列、仿肺风扇、数据处理系统、结果集成显示四大部分组成。通过采集食品挥发的气味，利用神经网络等智能模式识别方法，来测定食品的气味品质。该仪器弥补了传统检测技术的不足，特别符合食品产业快速、智能的发展需求。

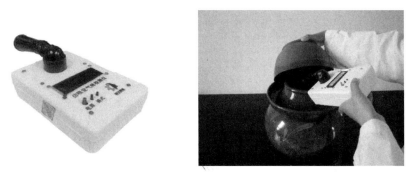

图 2-91 酱腌菜气味检测电子鼻

3. 电子舌

电子舌技术也称为人工味觉检测技术，是近年来发展起来的新颖的食品分析、识别和检测技术，它模拟人的味觉器官，通过味觉传感器与食品液体成分发生电化学反应，从而检测食品液体成分的种类和浓度。电子舌主要包括样品处理器、味觉传感器阵列、信号调理电路、信号融合分析模块、辅助机构等。味觉传感器阵列模拟人类味蕾细胞，包括离子选择电极、参比电极、生物传感器、温度传感器等；信号调理电路模拟味敏神经元，包括信号放大、信号滤噪、温度补偿、数据补偿模块；信号融合分析模块模拟人类大脑，包括单片机、显示器模块。电子舌原理图如图 2-92 所示。

电子舌检测速度快、精度高、易实现自动化控制，非常适合在线检测，越来越受到人们

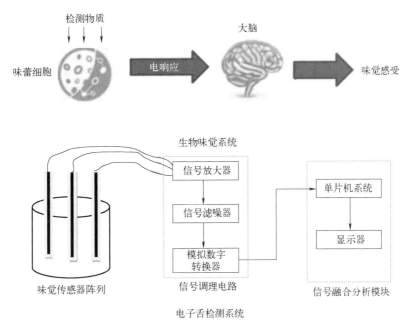

图 2-92 电子舌原理

的重视。目前，电子舌技术已能够准确判断酸、甜、苦、咸、鲜等基本味道，已被广泛应用于饮料、酒类、酱腌菜、调味料、茶叶等领域。

以榨菜中食盐成分检测为例，该电子舌模仿人的舌头对榨菜中的盐分进行检测，主要由电极阵列、数据处理系统、结果集成显示三大部分组成。榨菜中食盐成分检测如图 2-93 所示。采用高精度钠离子、氯离子选择电极和可控编程，通过测量 Na^+、Cl^- 实现对榨菜盐分准确检测和在线监测。

测试时，将电极阵列置入榨菜处理液，开启电源开关、信号采集开关，此时温度电极将获取的榨菜处理液温度信息传给单片机，氯离子选择电极和钠离子选择电极也将获取到的离子电势差信号传送给单

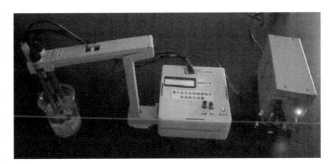

图 2-93 榨菜盐分检测电子舌

片机。单片机系统分析处理温度信号，选择该温度下相应的氯离子预测模型和钠离子预测模型，进而计算出氯离子、钠离子物质的量，再比较两者的大小，选出较小者换算成氯化钠的含量（质量分数）。该电子舌设备简单、结构灵活、使用简便、测试快速准确，优于传统榨菜盐分测试方法。

本章习题

1. 简述离心泵的主要结构。
2. 简述螺杆泵的工作原理。

3. 简述齿轮泵的工作原理。
4. 简述带式输送机驱动滚筒的结构特点。
5. 简述循环水真空泵的工作原理。
6. 气力输送装置有哪几种形式?
7. 简述鼓风清洗机的主要结构。
8. 简述冲瓶机的工作过程。
9. 简述离心擦皮机的工作原理。
10. 叙述带式输送机和斗式提升机的异同。
11. 叙述 CIP 系统的意义。
12. 叙述振动筛分机和密度除石机筛网的异同。
13. 叙述胶辊砻谷机的工作过程。
14. 叙述光电色选机系统的组成。
15. 为番茄酱的输送设计一款输送方案。
16. 为优质大米的生产设计一条生产线。

第三章
食品深加工机械与设备

学习目的与要求

① 掌握食品粉碎与切分机械、干燥机械的工作原理和设计思路。
② 熟悉食品粉碎与切分机械、分离机械、混合机械、浓缩机械、干燥机械的结构。
③ 了解食品粉碎与切分机械、分离机械、混合机械、浓缩机械、干燥机械的使用范围。

食品原料经过初级加工处理后，还需要进一步加工才能达到食用标准以及满足食品安全、食品营养要求。因此本章介绍食品深加工机械与设备，主要包括粉碎与切分机械、食品分离机械、食品混合机械、食品浓缩机械、食品干燥机械。

第一节 粉碎与切分机械

在食品加工过程中，常常需要将大块的物料处理成小块、颗粒甚至是粉末状，粉碎和切分是基本的作业单元。粉碎是用机械力克服物料分子间的内聚力，从而将物料破碎为大小符合要求的小块、颗粒或粉末的单元操作。习惯上将大块物料分裂成小块物料的操作称为破碎；将小块物料分裂成细粉的操作称为磨碎或研磨，两者统称粉碎。物料颗粒的大小称为粒度，它是粉碎程度的代表性尺寸。切分是通过切割对原料进行切块、切片、切丁、绞碎和打浆等处理，以适应不同类型食品的要求。切割是使物料和切刀产生相对运动，达到将物料切断、切碎的目的。根据物料的种类差异和食品加工的要求，粉碎与切分机械主要包括干法粉碎机械、湿法粉碎机械、果蔬切割机械、肉类绞切机械。

一、干法粉碎机械

干法粉碎是粉碎时物料的含水量不超过4%，物料始终处在干燥松散状态。干法粉碎工艺简单，但在粉碎过程中易发热，易造成物料营养、香气等的损失。根据粉碎的粒度可分为粗破碎、中破碎、微破碎、超微粉碎。

1. 锤片式粉碎机

锤片式粉碎机是一种冲击式粉碎机，它是通过锤片在高速回转运动时产生的冲击力来粉碎物料的，由于广泛地应用于各种食品物料的粉碎，被称为万能粉碎机，同时也是目前使用最广的一种粉碎机。它具有构造简单、生产率高、易于控制产品粒度、无空转损伤等特点。

（1）工作原理

物料从料斗进入粉碎室后，受到高速回转的锤片打击，然后撞向固定于机体上的筛板或筛网而发生碰撞。落入筛面与锤片之间的物料则受到强烈的冲击、挤压和摩擦作用，逐渐被粉碎。当粉粒体的粒径小于筛孔直径时便被排出粉碎室，较大颗粒则继续粉碎，直至全部排出机外。粉碎物料的粒度取决于筛网孔径的大小。

（2）主要结构

锤片式粉碎机一般由进料机构、转子、锤片、衬板、筛板、出料机构和传动机构等部分组成。其主要工作部件是安装有若干锤片的转子和包围在转子周围静止的衬板和筛板。按物料喂入方向不同，可以分为切向喂入式、轴向喂入式和径向喂入式三种。以径向喂入锤片式粉碎机为例，说明其详细结构。锤片式粉碎机的结构示意图如图 3-1 所示，实物图如图 3-2 所示。

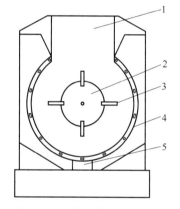

图 3-1 锤片式粉碎机的结构

1—进料口；2—转子；3—锤片；4—筛片；5—出料口

图 3-2 锤片式粉碎机

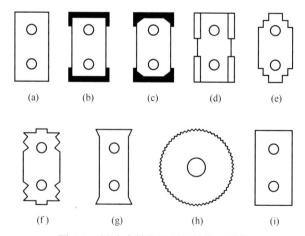

图 3-3 锤片式粉碎机锤片种类和形状

a. 锤片

它是锤片式粉碎机的主要工作部件。锤片的形状、尺寸、排列方式对粉碎机的性能有很大影响。锤片的基本形状有 9 种，由于锤片是主要的易损件，一般寿命 200～500h。为了提高使用寿命，除选用低碳钢（如 10 钢和 20 钢）和优质钢（如 65 锰钢等）外，通常应进行热处理。如图 3-3（a）所示为普通矩形锤片，当用 10 钢和 20 钢渗碳后再渗硼复合热处理后较仅用渗碳淬火处理或用 65 锰钢淬火处理锤片寿命可提高 6

倍。图3-3（b）、（c）锤片是在工作角上涂焊、堆焊碱化钨合金，图（d）为在锤片上焊耐磨合金，其寿命可延长2~3倍。图（e）所示锤片工作棱角多、粉碎能力较强，但耐磨性较差。图（f）、（g）所示锤片工作角尖，适于粉碎纤维性物料。图（h）为环形锤片，粉碎时工作棱角经常变动，因此磨损均匀，寿命较长，但结构较复杂。图（i）所示为复合钢制成的矩形锤片，具有使用寿命长、粉碎效率高的特点。

锤片在转子上的排列方式会影响转子的平衡、物料在粉碎室内的分布以及锤片磨损的均匀程度。锤片工作应遵循以下原则：锤片的运动轨迹尽可能不重复，沿粉碎室工作宽度、锤片的运动轨迹分布均匀，物料不被推向一侧，有利于转子的动平衡。锤片在制造时有严格的精度要求，因为高速旋转的转子能否处于较好的平衡状态，关键在于锤片的尺寸和质量是否一致。在锤片安装时也必须注意，要使转子轴线对称方向的锤片质量也处于对称状态，力求减小振动和噪声。

b. 粉碎室

粉碎室由转子和固定安装在机座上的衬板和筛板组成。衬板由耐磨金属制成，内表面粗糙或为齿形，筛板由钢板冲孔并经表面处理制成。转子由主轴、锤片架、锤片销、锤片和轴承组成。转子上有若干个锤片架，锤片通过锤片销安装在锤片架上。静止时，锤片下垂；转子高速旋转时，由于离心力的作用，锤片呈放射状排列运动，以高速撞击切削物料，其线速度一般为80~90m/s。

c. 筛板

筛板是锤片式粉碎机的排料装置，一般用1~1.5mm厚的优质钢板冲孔制成。通常设在转子下半周的位置，为了提高粉碎机的排料能力，也可使筛板占整个粉碎室内周面积的3/4以上，或是将筛板置于粉碎室侧面。

粉碎后的物料经过筛板排出：比筛孔小得多的颗粒，被风机叶片旋转所造成的负压吸出；与筛孔尺寸相仿的颗粒，当其随锤片做高速旋转时，在离心力的作用下紧贴筛板，在滑过筛孔时即被筛孔锐利的边缘剪切，并被挤出孔外。

筛孔的形状和尺寸是决定粉料粒度的主要因素，对机器的排料能力也有很大的影响。筛孔的形状通常是圆孔或长孔。筛孔的直径一般分为四个等级：小孔1~2mm，中孔3~4mm，粗孔5~6mm，大孔8mm以上。特别注意的是，筛孔的尺寸并不代表产品的粒度级别。因为在高速运动时，通过筛板的颗粒尺寸往往比孔径小得多。

（3）简单应用

锤片式粉碎机适用于中等硬度和脆性物料的中碎和细碎，一般原料粒径不能大于10mm。产品粒度可通过更换筛板来调节，通常不得细于200目，否则由于成品太细易堵塞筛孔。在食品生产中主要应用于薯干、玉米、大豆、咖啡、可可、蔗糖、大米、麦类以及各种饲料等物料的破碎。

锤片式粉碎机工作时，应先启动机器，再投入物料，切忌在满负荷时启动。进入锤片式粉碎机的物料，应通过电磁离析器去除金属杂质，以免损坏机件。要根据产品的粒度选择筛板，筛板与锤片之间的间隙要根据物料性质加以调整，如谷物4~8mm，通用型12mm。筛板和锤片工作时会因强大冲击力及磨损而损坏，要注意其使用情况，经常检查，随时更换。筛板的寿命不应以筛面破损为准，应视筛孔边缘的磨损程度而定。锤片式粉碎机对湿度大的物料粉碎效果较差，故进入机器的物料湿度不要大于15%。停机前，应先停止进料，待机内物料基本排空后再停机。

2. 颚式破碎机

颚式破碎机是模拟动物的颚运动进行挤压粉碎的一种机械。它具有结构合理、出料粒度均匀、维修方便、除尘效果好等特点，主要用于粗碎、中碎各种中等硬度的物料。

（1）工作原理

颚式破碎机的破碎方式是曲线挤压式，工作时由电动机通过皮带拖动飞轮旋转。每转一周，偏心轴带动推动板曲伸一次，推动活动牙板使之摇摆一次，这时物料处在活动牙板与固定牙板之间的轧压空间内，从而被嚼轧粉碎，粉碎后的物料从下方排出。根据被粉碎物料的大小可以调节调整块的相对位置，改变推动板的长度，即可改变颚板之间的开度拉杆连接动牙板和机座，并带有弹簧，主要是在运动体系中构成拉力，以使牙板作反方向运动，同时夹紧两推动板使其不致脱节落下。摇臂与推动板组成的曲柄连杆是这种破碎机的基本结构，借此可产生很大的压力。

（2）主要结构

颚式破碎机主要由机架、固定牙板、活动牙板、传动部分、调节座、拉杆等组成。使用颚式破碎机时需注意的是，不能加入细粒度物料，否则会阻塞两牙板间的轧压空间，在粉碎操作前，必须先用振动筛或平面筛除去物料中的微细颗粒。颚式破碎机的结构示意图如图 3-4 所示，实物图如图 3-5 所示。

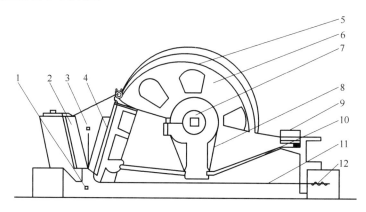

图 3-4 颚式破碎机的结构

1—出料口；2—固定牙板；3—进料口；4—活动牙板；5—飞轮；6—机座；7—偏心轴；8—摇臂；9—调整块；10—推动板；11—拉杆；12—弹簧

图 3-5 颚式破碎机

3. 辊式粉碎机

辊式粉碎机是通过一对旋转的圆柱形辊，物料经过这一对辊之间受到挤压、剪切、研磨等作用力从而得到粉碎。辊式粉碎机是一种广泛应用于食品行业的关键设备，特别是在面粉制造工业，其它如啤酒麦芽的粉碎、油料的轧坯、巧克力的研磨、糖粉的加工、麦片和米片的加工等均有采用。因为它能够分解出细小的颗粒，从而使物料变得更细腻饱满，更易于进一步加工处理。

（1）工作原理

辊式粉碎机种类繁多，有圆辊、齿辊及单辊、多辊等类型。以齿辊式破碎机为例,说明其工作原理。齿辊式破碎机是利用两个耐磨破碎齿辊,相对旋转产生的高挤压力来破碎物料,物料进入两齿辊间隙(V型破碎腔)以后,受到两齿辊相对旋转的挤压力和剪切力作用,在挤轧、剪切和啮磨下,将物料破碎成需要的粒度然后再由排料口排出。即利用两个表面加工有齿形结构并作差速转动的转辊对物料进行研磨破碎。

齿辊式破碎机的破碎过程可以分为三个阶段:初期破碎、中期破碎和终期破碎。在初期破碎阶段,物料被齿轮压缩,形成一些小颗粒。在中期破碎阶段,物料被进一步压缩,颗粒变得更小。在终期破碎阶段,物料被压缩到最小,形成了所需的颗粒大小。

(2) 主要结构

齿辊式破碎机主要由喂料机构、齿辊、轧距调节机构等组成。喂料机构的作用是使物料在整个磨辊长度上以一定的速度均匀薄层地进入轧区。为保证整个流程的稳定性和连续性,喂料机构能根据物料量的变化自动调节喂料量的大小。齿辊是齿辊式破碎机的主要工作部件,齿辊表面分布有一定数量的破碎齿。齿辊式破碎机的结构示意图如图 3-6 所示,实物图如图 3-7 所示。

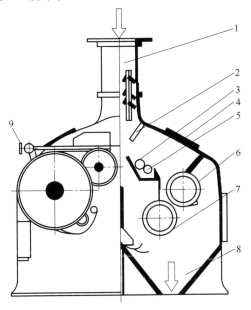

图 3-6 齿辊式破碎机的结构

1—进料口;2—扇形活门;3—喂料定量辊;4—视窗;5—喂料分流辊;6—快齿辊;7—慢齿辊;8—出料口;9—轧距调节手轮

图 3-7 齿辊式破碎机

4. 球磨机

球磨机是一种微粉碎机械,是物料被破碎之后,再进行精粉碎的关键设备。它有一个空心圆筒,内装要磨碎的物料及钢球或砾石,将圆筒旋转或搅动使砾石或钢球滚动时将物料磨碎。球磨机是工业生产中广泛使用的高细磨机械之一,其种类有很多,如管式球磨机、锥式球磨机、超细层压磨机等。

(1) 工作原理

在球磨机中,物料由球磨机进料端空心轴装入筒体内,当球磨机筒体转动时,利用钢球下落的撞击和钢球与球磨机内壁的研磨作用将物料粉碎。同时,筒体内的钢球数目很多,在钢球之间或钢球与衬板的间隙内的物料受到钢球的研磨、冲击和压力作用而粉碎。被粉碎后的物料从右方的中空轴颈排出机外。

当装有圆球的球磨机转动时，由于球磨机内壁与圆球间的摩擦作用，按旋转方向将圆球带动上升，直至上升角超过静止角时，圆球才由上落下，球磨机的旋转速度加大，则离心力增加，圆球的上升角也增大，直至圆球重力的分力大于离心力时为止。此时，圆球便开始向下掉落，这时，若再增大球磨机的转速，所产生的离心力就更大，这种离心力超过了圆球本身的重力，球就会随着球磨机的旋转而旋转，不能再起到碾碎物料的作用，此时的转速称临界转速。通过计算，球磨操作时的转速一般为其临界转速的75%。圆球在球磨机内可以呈泻落、抛落式下落，也可呈离心式运动随筒体一起旋转。圆球的运动状态如图3-8所示。

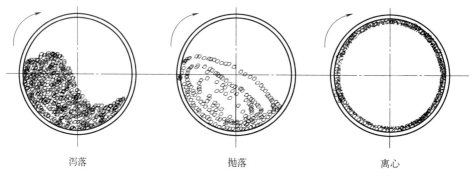

泻落　　　　抛落　　　　离心

图3-8　球磨机磨介运动状态

（2）主要结构

以锥形球磨机为例，其结构主要由电动机、转筒、大齿轮、小齿轮、驱动轴等组成。主要部件转筒两头呈圆锥形，中部呈圆筒形，转筒由电动机驱动的大齿轮带动，作低速旋转运动。转筒内装有许多作为粉碎媒体的直径为2.5～15cm的钢球或磁性钢球。在原料入口处装置的球直径最大，沿着物料出口方向，球的直径就逐渐减小；与此相对应，被粉碎物料的颗粒也是从进料口顺着出料口的方向而逐渐由大变小。锥形球磨机的结构示意图如图3-9所示，实物图如图3-10所示。

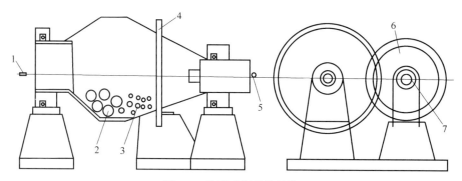

图3-9　锥形球磨机的结构

1—原料入口；2—大球；3—小球；4—大齿轮；5—排出口；6—小齿轮；7—驱动轴

5. 气流粉碎机

气流粉碎机又称流能磨，是一种超微粉碎机，主要是利用物料的自磨作用，用压缩空气产生的高速气流或热蒸汽对物料进行冲击，使物料相互间发生强烈的碰撞和摩擦作用，以达到细碎的目的。所以，这类粉碎机也叫作自我粉碎机，广泛用于化工、医药、冶金、轻工业等领域。气流粉碎机除粉碎机本体外，还须配备空气压缩泵或蒸汽泵，工作时使高速气流导入粉碎机内。

（1）工作原理

常见气流粉碎机主要有立式环形喷射气流粉碎机、对冲式气流粉碎机、超音速喷射式粉碎机，它们的主要工作原理和主要结构基本相似，因此以立式环形喷射气流粉碎机说明气流粉碎。

立式环形喷射气流粉碎机工作时，从喷嘴喷出的压缩空气（或高压蒸汽）将喂入的物料加速并形成紊流状，致使物料相互冲撞、摩擦等而达到粉碎的目的。粉碎后的粉粒体随气流经环形轨道上升，由于受环形轨道的离心力作用，粗粉粒沿轨道外侧运动，细粉粒沿内侧运动。当物料回转至分级器入口时，由于内吸气流旋涡的作用，细粉粒被吸入分级器而排出机外，粗粉粒则继续沿环形轨道外侧远离分级器入口处被送回粉碎室，再度与新输入物料一起进行粉碎。

图 3-10　锥形球磨机

（2）主要结构

立式环形喷射气流粉碎机主要由立式环形粉碎室、分级器和文丘里加料装置等组成。另外还包括输送机、料斗、压缩空气或过热蒸汽入口、喷嘴、粉碎室、产品出口和分级器。立式环形喷射气流粉碎机的结构示意图如图 3-11 所示，实物图如图 3-12 所示。

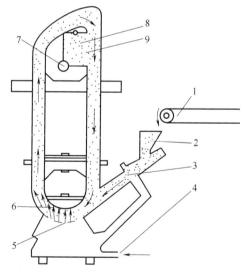

图 3-11　立式环形喷射气流粉碎机的结构

1—输送机；2—料斗；3—文丘里加料器；4—压缩空气或过热蒸汽入口；5—喷嘴；6—粉碎室；7—产品出口；8—分级器；9—分级器入口

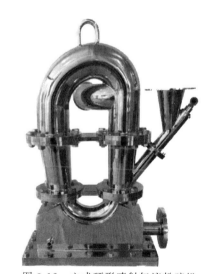

图 3-12　立式环形喷射气流粉碎机

（3）应用特点

气流粉碎机能使粉粒体的粒度达到 $5\mu m$ 以下，这是一般超微粉碎设备所难达到的。因物料粉碎后粒度小，故可改进其物理化学性质，如增强消化吸收能力和加快反应速度等；粗细粉粒可自动分级，且产品粒度分布较窄，并可减少因粉碎中操作事故对粒度分布的影响。

气流粉碎机可粉碎低熔点和热敏性物料，这是因为喷嘴处气体膨胀而造成较低温度，加之大量气流导入起到一定快速散热作用，这样所得产品温度远小于其他机械粉碎所得产品温度。

气流粉碎机因在封闭环境里采用物料自磨的原理，故产品不易受金属或其他粉碎介质的污染；可在无菌情况下操作，故特别适用于食品物料及药物的超微粉碎。它结构紧凑，构造简单，没有传动件，故磨损低，可节约大量金属材料，维修也较方便。

气流粉碎机可以实现联合作业。如用热压缩空气可以实现粉碎和干燥联合作业；可同时实现粉碎和混合联合作业，例如在含量0.25%的某物质与含量99.5%的另一物质之间也可在实施粉碎的同时实现充分混合；还可以在粉碎的同时喷入所需浓度的溶液，均匀覆盖于被粉碎团体微粒上。

二、湿法粉碎机械

湿法粉碎是将原料悬浮于载体流体中进行粉碎，湿法粉碎的物料含水量一般超过50%。

1. 搅拌磨

搅拌磨是在球磨机的基础上发展起来的。在球磨机内，一定范围内研磨介质尺寸越小则成品粒度也越细，但研磨介质尺寸减小到一定程度时，它与液体浆料的黏着力增大，会使研磨介质与浆料的翻动停止。为解决这个问题，可增添搅拌机构——搅拌磨以产生翻动力。其搅拌轴带动研磨介质搅动，使得研磨介质处于内部多孔类型无规则的状态，也称动力学多孔性。搅拌磨大多用在湿法超微粉碎中。

（1）工作原理

搅拌磨在分散器高速旋转产生的离心力作用下，研磨介质和液体浆料颗粒向容器内壁，产生强烈的剪切、摩擦、冲击和挤压等作用力（主要是剪切力）使浆料颗粒得以粉碎。

介质搅拌磨是经过搅拌细小研磨介质来实现对颗粒物料的有效粉碎，其工作原理是磨机筒轴中心部装有搅拌器，并且充填研磨介质（如微珠）。搅拌磨的搅拌器棒或叶片末端线速度一般在3~25m/s，研磨介质的线速度在搅拌器轴中心位置较低，但随着离轴中心距离的增加而增大，在棒或叶片末端处其线速度达到最大值。在棒或叶片末端筒壁间隙内，由于搅拌器难于施加研磨介质所需的动能，所以研磨介质的线速度降低，在贴近筒壁处，较低的研磨介质线速度有利于降低研磨介质与筒壁的相互磨损。在搅拌器搅动下，研磨介质和研磨物料作循环运动和自转运动，从而在磨机内上下左右不断地相互置换位置而产生激烈的碰撞、剪切运动。由研磨介质重力和高速螺旋回转所产生的压力对研磨颗粒进行摩擦、冲击、剪切、粉碎。

（2）主要结构

搅拌磨的基本组成包括研磨容器、分散器、搅拌轴、分离器和输料泵等，其结构示意图如图3-13所示，实物图如图3-14所示。

研磨容器多采用不锈钢制成，带有冷却夹套以带走由分散器高速旋转和研磨冲击作用所产生的能量。

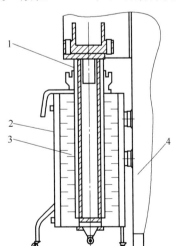

图3-13 搅拌磨的主要结构
1—搅拌轴；2—研磨容器；
3—分散器；4—机架

搅拌磨所用的研磨介质有玻璃珠、钢珠、氧化锆珠和氧化结珠,还常用天然沙子,故又称沙磨。研磨介质的粒径必须大于浆料原始平均颗粒粒径的10倍。研磨成品粒径与研磨介质粒径成正比,研磨介质粒径越小,研磨成品粒径越细,产量越低,成品粒径要求小于5μm时常采用 $\varphi 0.6 \sim 1.5 mm$ 的研磨介质;成品粒径要求在 $5 \sim 25 \mu m$ 时常采用 $\varphi 2 \sim 3 mm$ 的研磨介质。研磨介质相对密度越大,研磨时间越短。研磨介质的充填率对搅拌磨的研磨效率有直接影响,粒径大充填率也大,粒径小则充填率也小。对于敞开型立式搅拌磨,充填率为研磨容器有效容积的50%~60%;对于密闭型立式和卧式搅拌磨,充填率为研磨容器有效容积的70%~90%。

图3-14 搅拌磨

分散器采用不锈钢制成或用树脂橡胶和硬质合金材料等制成。常用的分散器有圆盘型、异型、环型和螺旋沟槽型等,如图3-15所示。由研磨介质和浆料二者间的运动速度差产生的剪切力在分散圆盘的附近很大,所以分散圆盘与研磨容器直径之间存在一适宜的比例关系,一般取值范围在0.67~0.91。分散圆盘的旋转速度与成品粒度大小成反比例关系,而与功率消耗、研磨温度和研磨介质损耗等成正比例关系,常用的圆周速度取 $10 \sim 15 m/s$。

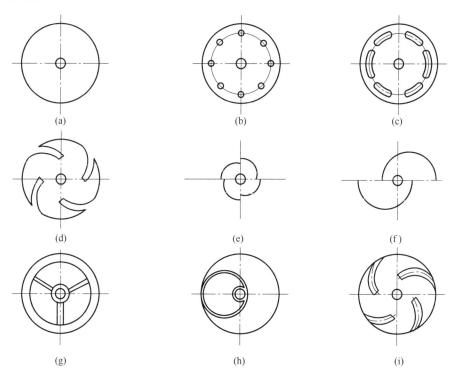

图3-15 搅拌磨的分散器

(a) 平面圆盘型;(b) 开圆孔圆盘型;(c) 开豌豆孔圆盘型;(d) 渐开线槽形异型;(e) 风车形异型;(f) 偏凸形异型;(g) 同心圆环型;(h) 偏心圆环型;(i) 螺旋沟槽型

在搅拌磨内,容器内壁与分散器外圆之间是强化的研磨区,浆料颗粒在该研磨区内被有效地研磨，而靠近搅拌轴却是一个不活动的研磨区，浆料颗粒可能没有研磨就在泵的推动下通过。所以将搅拌轴设计成带冷却的空心粗轴来保证搅拌磨周围研磨介质的撞击速度与容器内壁区域的研磨介质撞击速度相近，使研磨容器内各点都有比较一致的研磨分散作用。

被研磨的浆料成品在输料泵推动下通过分离器而排出。分离器通常有筛网型和无筛网型两类，最常用的有圆筒型筛网、伸入式圆筒型筛网、旋转圆筒筛网和振动缝隙分离器等。

输送泵的选择需考虑液体物料的性质（如黏度和固形物含量），可选用齿轮泵、内齿轮输送泵、隔膜泵和螺杆泵等。

（3）简单应用

搅拌磨是现代超细粉碎设备之一，研磨设备的适用领域很广泛。搅拌磨能满足成品粒子的超微化、均匀化要求，成品的平均粒度最小可达到数微米，已在食品工业、有机物料、中草药、精细化工、医药工业等领域得到广泛应用。

2. 胶体磨

胶体磨是一种精细研磨物料的机器，属于离心式湿法粉碎设备，其结构简单，保养维护方便。主要由外壳、定子、转子、调节机构、冷却机构和电机组成，可对物料进行剪切、乳化、分散、混合。主要应用于食品、制药、化工等行业，在食品行业主要应用于乳制品、巧克力、豆酱、果酱、花生酱等。

（1）工作原理

胶体磨是由电动机带动动磨盘（或称为转子）与相配的静磨盘（或称为定子）作相对的高速旋转，其中一个高速旋转，另一个静止，被加工物料通过本身的质量或外部压力（可由泵产生）加压产生向下的螺旋冲击力，透过动、静磨盘之间的间隙（间隙可调）时受到强大的剪切力、摩擦力、高频振动、高速旋涡等物理作用，使物料被有效地乳化、分散、均质和粉碎，达到物料超细粉碎及乳化的效果。

（2）主要结构

胶体磨有卧式和立式两种形式。卧式的结构特点是转动件的轴水平安置，转速在 $3000\sim15000r/min$ 之间，适用于低黏度的物料。立式胶体磨转动件垂直安置，其转速在 $3000\sim10000r/min$ 之间，适合于黏度较高的物料。它们工作原理与结构相似，以立式胶体磨为例说明其结构。胶体磨主要由磨头部件、底座传动部、专用电机三部分组成。其中机器核心部分是动磨盘与静磨盘、机械密封件等。立式胶体磨的结构示意图如图3-16所示，实物图如图3-17所示。

（3）应用特点

胶体磨相对于压力式均质机，结构简单，设备保养维护方便，适用于较高黏度物料以及较大颗粒的物料。主要缺点：首先，由于作离心运动，其流量是不恒定的，对应于同黏性的物料其流量变化很大；其次，由于转定子和物料间高速摩擦，故易产生较大的热量，被处理物料变性；最后，表面较易磨损，而磨损后，细化效果显著下降。

胶体磨的细化效果一般来说要弱于均质机，但其对物料的适应能力较强（如高黏度、大颗粒等），所以在很多情况下，它主要用于均质机的前处理或用于高黏度的原料。另外，在固态物质较多时，也常常使用胶体磨进行细化。

3. 均质机

食品均质机是食品的精加工机械，它常与物料的混合、搅拌及乳化机械配套使用。目前，

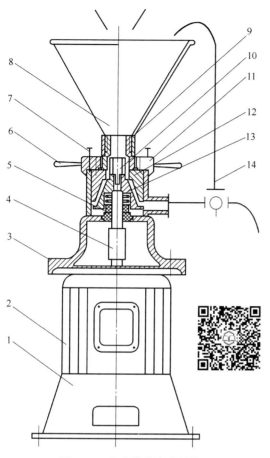

图 3-16 立式胶体磨的结构

图 3-17 立式胶体磨

1—底座;2—电动机;3—壳体;4—主轴;5—机械密封组件;
6—手柄;7—定位螺丝;8—加料斗;9—进料通道;10—旋叶刀;
11—调节盘;12—静磨盘;13—动磨盘;14—循环管及出料管

国内外食品均质机械的品种很多,并不断发展。就其原理来说,都是通过机械作用或流体力学效应造成高压、挤压冲击、失压等,使物料在高压下挤研,强挤压冲击下发生剪切,失压下膨胀,在这三重作用下达到细化和混合均质的目的。食品均质机按构造分为高压均质机、离心均质机、超声波均质机和胶体磨均质机等。

(1) 工作原理

高压均质机是应用最广泛的均质机,因此以高压均质机为例说明其工作原理。高压均质机是以物料在高压作用下通过非常狭窄的间隙,造成高流速,使料液受到强大的剪切力,同时,由于料液中的微粒同机件发生高速撞击,以及料液流在通过均质阀时产生的旋涡作用,使微粒碎裂,从而达到均质的目的。其作用原理如图 3-18 所示。

目前,有关均质机工作过程的机理,可归纳为以下三种学说:

a. 剪切学说

剪切学说认为,流体在高压作用下高速流动,通过均质机的均质阀缝隙处,由于产生极大的速度梯度,在剪切力作用下使液滴破碎,达到均质的目的。当液滴在高压下通过很小缝隙的入口时,液滴的速度为 D,压力为 P_0,通过缝隙时所受压力为 P_1,速度达到 v_1,在

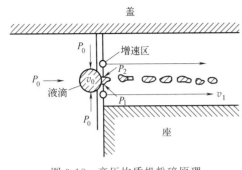

图 3-18 高压均质机粉碎原理

缝隙中心处的液滴流速最大,缝隙壁面的液滴最小,很大的速度梯度引起的剪切力使液滴发生变形并破裂,达到均质效果。通常使用的高压均质机主要由高压泵与均质阀组成。物料被柱塞往复泵吸入泵腔中,在高压作用下的液滴通过高压泵排出管路上的均质阀,料液从阀芯与阀座形成的很小的缝隙中高速流过,一般缝隙宽度在 0.1mm 左右,流速高达 150～200m/s。

b. 撞击学说

撞击学说认为,在高压作用下,流体中的液滴与均质阀发生高速撞击现象,从而使液滴破裂达到均质的目的。

c. 空穴学说

空穴学说认为,在高压作用下使料液高速流过缝隙,因而产生了高频振动,引起了迅速交替的压缩与膨胀作用,在瞬间引起空穴现象,使液滴破裂,达到均质目的。

对以上三种理论的解释到底哪一种作用是主要的,哪些是次要的,如何根据正确的理论设计出更有效的均质机结构,有待进一步的理论探讨和试验研究。

(2) 主要结构

在食品工业中,广泛采用的高压均质机是以三柱塞往复泵作为主体,并在泵的排出管路中安装双级均质阀头。高压均质机的结构主要由三柱塞往复泵、均质阀、传动机构及壳体等组成,高压均质机结构如图 3-19 所示,实物如图 3-20 所示。

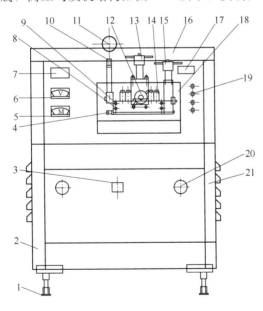

图 3-19 高压均质机的结构

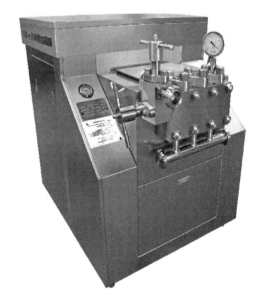

图 3-20 高压均质机

1—底脚;2—出水口;3—拉把;4—进料口;5—电流表;6—电压表;7—铭牌;8—泵体螺母;9—泵体;10—传压缸;11—压力表;12—高压手轮;13—低压手轮;14—压盖;15—溢流阀手轮;16—上盖;17—标牌;18—溢流阀体;19—电源开关;20—电气箱门锁;21—外罩

a. 三柱塞往复泵

泵体为长方体，内有三个泵腔，活塞在泵腔内往复运动使物料吸入，加压后流向均质阀。泵体与活塞通常用不锈钢制造，为防止液体渗漏及渗入空气，采用填料密封装置，材料可用皮革、石棉绳及聚氟乙烯等。

b. 均质阀

均质阀的工作原理如图 3-21 所示，一般在均质操作中设有两级均质阀，第一级为高压流体，其压力高达 20～25MPa，主要作用是使液滴均匀分散，经过第一级后压力下降至 3.5MPa，第二级的主要作用是使液滴分散。由于高压物料的高速流动，阀座与阀芯（又称阀头或者均质头）的磨损相当严重，一般多用含有钨、铬、钴等元素的耐磨合金钢，并经过精细的研磨加工制造。

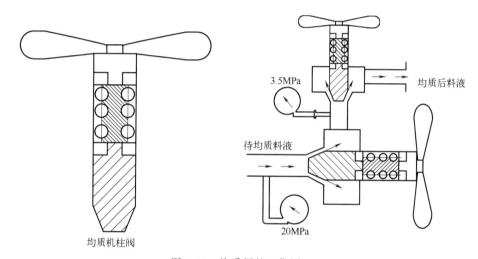

图 3-21　均质阀的工作原理

（3）应用特点

高压均质机可广泛适用于食品工业生产的乳化、均质和分散。对牛奶、豆乳等各类乳品饮料，在高压下进行均质，能使乳品液中的脂肪球显著细化，使其制品食用后易于消化吸收，提高食用价值。在冰淇淋等制品的生产中，高压均质机能提高料液的细洁度和疏松度，使其内在质地明显提高。在乳剂、胶剂、果汁、浆液等生产中，高压均质机能起到防止或减少料液的分层，改善料液外观的作用，使其色泽更为鲜艳，香度更浓，口感更醇。

高压均质机相较于离心式分散乳化设备（如胶体磨、高剪切混合乳化机等）具有以下特点：

a. 细化作用更为强烈。这是因为工作阀的阀芯和阀座之间在初始位是紧密贴合的，只是在工作时被料液强制挤出了一条狭缝；而离心式乳化设备的转定子之间为满足高速旋转并且不产生过多的热量，必然有较大的间隙（相对均质阀而言）；同时，由于均质机的传动机构是容积式往复泵，所以从理论上说，均质压力可以无限地提高，而压力越高，细化效果就越好。

b. 均质机的细化主要是利用了物料间的相互作用，所以物料的发热量较小，因而能保持物料的性能基本不变。

c. 均质机能定量输送物料，因为它依靠往复泵送料。

d. 均质机耗能较大，易损，维护工作量较大，特别是在压力很高的情况下。高压均质机不适合于物料黏度很高的情况。

4. 低温粉碎机

低温粉碎也叫冷冻粉碎。根据有关资料研究表明，采用锤式粉碎机粉碎物料时，真正用于克服物料分子间内聚力并使之破碎的能量，仅占输入功率的1%或更小，其余99%或以上的机械能都转化成热能，使粉碎机体、粉体和排放气体温度升高。这会使低熔点物料熔化、黏结，会使热敏性物料分解、变色、变质或芳香味散失。对某些塑性物料，则因施加的粉碎能多转化为物料的弹性变形能，进而转化成热能，使物料极难粉碎。低温粉碎则正是为了解决上述问题而设计的。

（1）工作原理及特点

低温粉碎常指用液氮或液化天然气等冷媒对物料实施冷冻后的粉碎方法。因为一般物料都具有低温脆化的特性。如梨和苹果在液态空气中会像玻璃一样碎裂，用锤子敲打即会变成粉末状。所以，在低温下物料容易粉碎，且用液氮等冷媒不会因结"冰"而破坏动植物的细胞，具有粉碎效率高、产品质量好等优点。低温粉碎的主要缺点是成本较高。这对于某些需保持高的营养成分和芳香味的食品物料的粉碎，已是一个次要的问题，且低温粉碎时因物料易于粉碎，对纤维性物料来讲，其生产率通常为常温下同样机型的4～5倍，故低温粉碎已得到越来越多的应用。但低温粉碎时应充分注意食品物料含水量对粉碎功耗的影响，如马铃薯片粉碎时，如含水量超过一定值，功耗将成倍增加。

低温粉碎工艺按冷却方式有浸渍法、喷淋法、气化冷媒与物料接触法等。具体选用时，视物料层厚薄而定。厚的可用浸渍法，薄层物料可用气化冷媒与物料接触法等。按操作过程的处理方式分，有以下三种：①物料经冷媒处理，使其温度降低到脆化温度以下，随即送入常温状态粉碎机中粉碎。虽然粉碎过程中也存在升温问题，但因物料温度很低，以此为基础，其粉碎后温度也不致达到降低食品品质的程度。主要用于含纤维质高的食品物料的低温粉碎。②将常温物料投入内部保持低温的粉碎机中粉碎。此时，虽然物料温度还远高于脆化温度，但因物料处在低温环境中，因而在粉碎过程中产生的热量被环境迅速吸收，不致因热量积累而导致热敏性反应。主要适用于含纤维质较低的热敏性物料的粉碎。③物料经冷媒深冷后，送入机内保持适当低温的粉碎机中进行粉碎。此方式为以上两种方式的适当综合，主要用于热塑性物料的粉碎。

（2）低温粉碎系统

低温粉碎系统由低温粉碎工艺而定。图3-22和图3-23所示的是按上述③所述工艺组成的低温粉碎系统。该系统设有冷气回收管路，以降低液氮消耗量，充分利用冷媒的作用。由于低温粉碎机在启动、停机时温度变化幅度大，机器本身会产生热胀冷缩、凝结水腐蚀及绝热保冷等问题，因此粉碎机各部件材料应选用不易发生低温脆化或化学稳定性较高的材料。结构上可选用轴向进料式粉碎机，可从喂料口吸入已冷却待粉碎物料和气化冷媒。为了使粉碎室内达到所需低温，可通过冷媒供给阀来调节进入粉碎室内冷媒的供给量。

三、果蔬切割机械

果蔬切割机械是利用切刀锋利的刃口对果蔬做相对运动而将食品原料进行切片、切块、切丁的机械，常用在瓜果、蔬菜、菌类等食品加工工序中。

1. 果蔬切片机

果蔬切片机是将各种瓜果、块根类蔬菜与叶菜切成片状的果蔬切割机械，通常采用离心

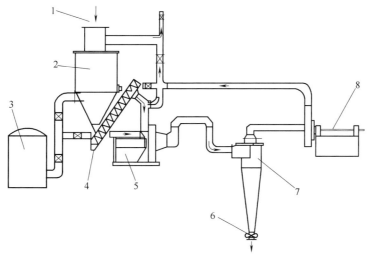

图 3-22　低温粉碎系统的结构

1—物料入口；2—冷却贮斗；3—液氮贮槽；4—输送机；5—低温粉碎机；6—产品出口；7—旋风分离机；8—风机

式切片方式。

(1) 工作原理

离心式切割机的工作原理是靠离心力作用先使物料抛向并紧贴在切割机的圆筒机壳内壁表面上，在旋转叶片驱使下，物料沿圆筒机壳内壁表面作离心运动，使物料与刀具产生相对移动而进行划片式切割。

(2) 主要结构

果蔬离心切片机主要由圆筒机壳、旋转叶轮、固定刀片、进料斗、出料槽、传动系统等组成。切片机的结构如图 3-24 所示，实物如图 3-25 所示。

工作时，物料经进料斗进入圆筒机壳内，旋转叶轮在电动机通过传动带带动转轴转动，转轴带动旋转叶轮高速旋

图 3-23　低温粉碎系统

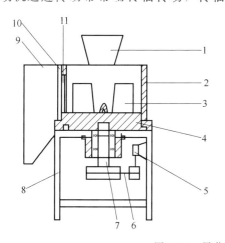

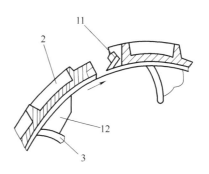

图 3-24　果蔬离心切片机的结构

1—进料斗；2—圆筒机壳；3—旋转叶轮；4—叶轮盘；5—电动机；6—传送带；
7—转轴；8—机架；9—出料槽；10—刀架；11—固定刀片；12—果蔬物料

图 3-25 果蔬离心切片机

转,果蔬物料在离心力作用下被抛向机壳内壁上,高速旋转产生的离心力可达到果蔬物料自身质量的 7 倍以上,使果蔬物料紧压在圆筒机壳的内壁并与固定刀片作相对运动。在相对运动过程中料块被切成厚度均匀的薄片,薄片从出料槽卸出。调节固定刀片和圆筒机壳内壁之间的相对间隙,即可获得所需的切片厚度。更换不同形状的刀片,即可切出平片、波纹片等形状。

（3）简单应用

果蔬离心式切片机结构简单,生产能力较大,具有良好的通用性。切割时的滑切作用不明显,切割阻力大,物料受到较大的挤压作用,故适用于有一定刚度、能够保持稳定形状的块状物料,如苹果、梨、土豆、红薯、萝卜等果蔬。它的不足之处是不能定向切片。

2. 果蔬切丁机

果蔬切丁机用于将各种瓜果、蔬菜切成块状或条状。

（1）工作原理

果蔬切丁机的切片装置也为离心式切片机构,其结构与前述的离心式切片机相仿,工作原理相同。主要部件为回转叶轮和定刀片。切条装置中的横向切刀驱动装置内设有平行四杆机构,用来控制切刀在整个工作中不因刀架旋转而改变其方向,从而保证两断面间垂直,切条的宽度由刀架转速确定。切丁圆盘刀组中的圆盘刀片按一定间距安装在转轴上,刀片间距决定着"丁"的长度。

（2）主要结构

果蔬切丁机主要由机壳、回转叶轮、定刀片、横向切刀、纵向圆盘刀和挡梳等组成。切丁机的主要结构如图 3-26 所示,实物如图 3-27 所示。

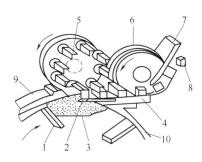

图 3-26 果蔬切丁机的主要结构
1—回转叶轮；2—定刀片；3—物料；
4—刀座；5—横向切刀；6—纵向圆
盘刀；7—挡梳；8—切丁块；
9—外机壳内壁；10—内机壳

图 3-27 果蔬切丁机

果蔬切丁机工作时,原料经喂料斗进入离心切片室内,在回转叶轮的驱动下,产生离心力作用,迫使原料紧靠外机壳的内表面旋转,同时回转叶轮带动原料在通过定刀片处时被切成片料。片料经机壳顶部出口在回转叶轮推动下，通过定刀片处向外滑动。片料的厚度取决于定刀片和相对应的外机壳内壁之间的缝隙，通过调整定刀片伸进切片室的深浅，可调整定刀片刃口和相对应的外机壳内壁之间的距离，从而实现对片料厚度的调整。片料在伸出外机壳后，随即被横向切刀切成条料，并被推向纵向圆盘刀，切成立方体或长方体的丁块，并在梳状卸料板挡梳处卸出。

为保证生产过程中的操作安全，切丁机上设置有安全连锁开关，即通过防护罩控制常开触点开关，防护罩一经打开，机器立即停止工作。在使用这种切丁机时，为保证最终产品形状的整齐一致，需要被切割物料能够在整个切割过程中保持相对稳定的形状。

3. 蘑菇定向切片机

在生产片状蘑菇罐头、蘑菇休闲食品时，往往需要保证菇片厚薄均匀而且切向一致，同时还要将边片分开，这就需要蘑菇定向切片机。

（1）工作原理

为了实现蘑菇的定向切片，必须使蘑菇能排列整齐地进入切片机中，根据菇盖体积和质量比菇柄大，在水流的冲击和轻微振动下，较重的一头朝下或朝前运动的规律，采用弧槽滑板作为定位构件实现蘑菇定向滑动。再利用圆盘切刀组、垫辊、卸料挡梳、定位板的协同作用将蘑菇切片。蘑菇切片示意图如图 3-28 所示，切片器件的配合关系如图 3-29 所示。

工作时，蘑菇的重心紧靠菇头，在蘑菇沿定向滑槽向下滑动时，由于弧槽充有水，在水流、弧槽倾角和弧槽轻微振动的作用下，使蘑菇菇头朝下并下滑。蘑菇进入切片区，以下压板辅助喂入，通过挡梳板和边板把正片和边片分开，正片从出料斗 3 排出，边片从出料斗 2 排出（图 3-30）。

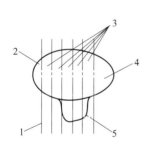

图 3-28 蘑菇切片示意
1—切片；2—菇盖；3—正片；4—边片；5—菇柄

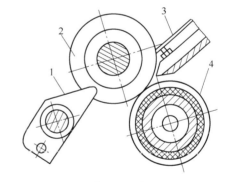

图 3-29 蘑菇切片器件的配合关系
1—卸料挡梳；2—圆盘刀组；3—下定位板；4—垫辊

（2）主要结构

蘑菇定向切片机结构如图 3-30 所示。它的主要组成构件有支架、出料斗、卸料挡梳、圆盘切刀组、垫辊、定位板、弧槽滑料板、振动装置、进料斗等。

振动装置的作用是使弧槽滑料板产生轻微的振动，在水流冲击和轻微振动下，使蘑菇顺利从弧槽滑料板滑下进入圆刀之间切割。圆盘切刀组、垫辊和振动装置均由电动机驱动。振动装置也可采用电磁振动器。上定位板的作用是控制蘑菇定量进入弧槽滑料板中。下定位板的作用是控制喂入量和防止切割时蘑菇翻转。

圆盘切刀组由数片光滑刃口圆盘刀安装在一轴上而成。为了调节切片厚度，每两个圆刀片之间夹有圆垫片，并用紧固螺母夹紧后用轴承支承于机架上。垫辊的作用是托住物料以便

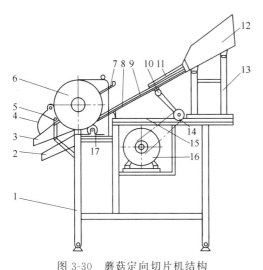

图 3-30 蘑菇定向切片机结构

1—支架；2—边片出料斗；3—正片出料斗；4—护罩；
5—卸料挡梳；6—圆盘切刀组；7—下定位板；
8,9—弧槽滑料板；10—铰链；11—上定位板；
12—进料斗；13—进料斗架；14—振动装置；
15—供水管；16—电动机；17—垫辊

切刀切片。与圆刀组相对应的一组卸料挡梳固定安装在机架上，且梳齿插入两圆刀刀片之间。

切片机在设计时，要保证蘑菇逐个按照一定方向进入切片刀中，否则，切片形状将不规则。因此切片机设计时需要解决蘑菇进入切刀时的定位问题。在使用切片机时，要先将物料分级，然后按不同级别的物料，将定位弧槽料板和定位板适当调整后再进行切片。因此，使用中如发现所切料片形状不规则时，首先要检查定位装置调整是否合适；其次，需要检查所切物料分级是否合理。

四、肉类绞切机械

肉类原料中常含有油脂、筋腱、软骨等，使用简单的平面切刀往往效果不好，通常使用绞刀、切刀、孔板等组合实现肉糜、鱼糜、肉酱类产品的生产。

1. 绞肉机工作原理

绞肉机工作时，料斗内的块状肉料依靠重力落到变节距螺旋上，由螺旋产生的挤压力推送到孔板。这时因为总的通道面积变小，肉料前方阻力增加，而后方又受到螺旋推挤，迫使肉料变形而从孔板孔眼中前移。这时旋转着的切刀紧贴孔板把进入孔板孔眼中的肉料切断。被切断的肉料由于后面肉料的推挤，从孔板孔眼中挤出。

2. 绞肉机的主要结构

绞肉机有不同的机型，结构有所差别，但其基本部分和工作原理是一致的。图 3-31 所示为一种绞肉机的结构，图 3-32 是其实物图。其结构主要由料斗、螺旋供料器、十字切刀、

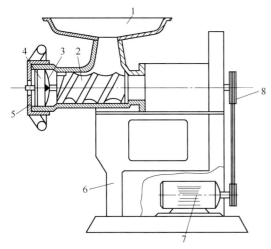

图 3-31 绞肉机的结构

1—料斗；2—螺旋供料器；3—绞刀；4—孔板；
5—固紧螺母；6—机架；7—电动机；8—皮带轮

图 3-32 绞肉机

孔板、固紧螺母、电动机、传动系统及机架等组成。

螺旋供料器的螺距向着出料口（即从右向左）逐渐减小，而其内径向着出料口逐渐增大（即为变节距螺旋）。螺旋供料器的安装，要防止螺旋外表与机壁相碰。但它们的间隙又不能过大，过大会影响送料效率和挤压力，甚至使物料从间隙处倒流，因此这部分零部件的加工和安装的要求较高。

绞肉切刀一般为十字切刀，切刀形状见图 3-33，孔板形状见图 3-34。刀口要求锋利，使用一个时期后，刀口变钝，此时应调换新刀片或重新修磨，否则将影响切割效率，甚至使有些物料不是切碎后排出，而是由挤压、磨碎后成浆状排出，直接影响成品质量。据有些厂的研究，午餐肉罐头脂肪严重析出的质量事故，往往与此原因有关。装配或调换十字刀后，一定要把固紧螺母旋紧，才能保证孔板不动，否则因孔板移动和十字刀转动之间产生相对运动，也会引起对物料磨浆的作用。十字刀必须与孔板紧密贴合，不然会影响切割效率。

图 3-33 绞肉机切刀

图 3-34 绞肉机孔板

绞肉机的生产能力不能由螺旋供料器决定，而由切刀的切割能力来决定。因为切割后的物料必须从孔眼中排出，螺旋供料器才能继续送料，否则，送料再多也不行，相反会产生物料堵塞现象。

3. 绞肉机的应用

绞肉机是一种常见的食品机械，它的主要用途是将肉类、蔬菜等食材绞碎或切碎，以便于烹饪和食用。绞肉机的使用范围非常广泛，不仅可以用于家庭厨房，还可以用于餐厅、食品加工厂等场所。在家庭厨房中，绞肉机的主要用途是将肉类绞碎，以便于制作肉饼、肉丸、馅饼等食品。此外，绞肉机还可以用于将蔬菜、水果等食材切碎，以便于制作沙拉、果汁等食品。在烹饪过程中，绞肉机还可以用于将大块的肉类切成小块，以便于烹调。

第二节　食品分离机械

食品工业中加工对象和中间产品大部分是混合物，但是为了食品工艺或者营养的需求，往往需要获得相对单一的组分，因此物料分离是食品加工处理的重要内容。由于食品物料的状态多种多样，主要有均相物系和非均相物系两大类。其中均相物系内部组分分散均匀，不产生分层现象，如溶液、混合气体等。非均相物系组成复杂，组分分散不均匀，容易分层，它是分离操作的主体。非均相物系主要包括悬浮液（例如果汁、淀粉乳等），乳浊液（例如牛奶、油水混合物），气泡液（例如汽水）等。针对这些食品混合物，经常采用离心分离、过滤分离、压榨分离、膜分离、萃取分离等。

一、离心分离机械

离心分离是在离心力场内对悬浮液和乳浊液中的固-液、液-液相分离的方法。主要是通过竖直或水平安装的高速旋转转鼓,将料浆送入转鼓内并随之旋转,在离心惯性力的作用下实现分离。离心分离可分为离心过滤、离心沉降等类型的操作。

1. 三足离心机

三足离心机,又称三足式离心机,因为底部支撑为三个柱脚,以等分三角形的方式排列而得名。三足离心机是一种固液分离设备,主要是将液体中的固体分离除去或将固体中的液体分离除去。它是世界上最早出现的离心机,属于间歇式的,具有结构简单、适应性强、操作方便、制造容易等特点。

(1) 工作原理

待分离悬浮液由离心机上方入口加入,在转鼓的带动下高速旋转,由于离心力的作用,滤液经由筛网、鼓壁小孔被甩到外壳,流入底盘,再从滤液出口排出机外。固相颗粒则被筛网截留在转鼓内,形成滤饼,经过洗涤后,可间歇性卸料。在卸料方面,出现了下卸料和机械刮刀卸料,以减轻劳动强度,在操作上,出现了液压电气程控全自动操作;在传动方面逐渐采用直流电动机或液压马达,可方便实现无级变速。此外,还有具备密闭、防爆等性能的三足离心机出现。三足离心机总的发展趋势是卸料机械化和操作自动化。

(2) 主要结构

三足离心机的主要构件有转鼓体、主轴、外壳、电动机等。三足离心机的结构如图 3-35 所示,实物如图 3-36 所示。

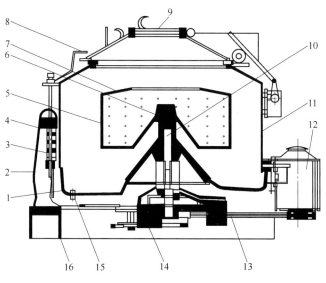

图 3-35 三足离心机的结构

1—底盘;2—立柱;3—缓冲弹簧;4—吊杆;5—转鼓体;6—转谷底;7—拦液板;8—制动器把手;
9—机盖;10—主轴;11—外壳;12—电动机;13—传动皮带;14—滤液出口;15—制动轮;16—机座

离心机零件几乎全部装在底盘上,然后通过三根吊杆悬吊在三个立柱上。吊杆两端与底盘和立柱球面连接,吊杆外套上装有缓冲弹簧,以保证球面始终接触,整个底盘能够自由平稳摆动,并可快速到达平衡位置。这种悬吊体系的固有频率远低于转鼓的转动频率,从而可减少振动。尤其是块状物,很难做到在转鼓内均匀分布,必然引起较大振动,这种结构较好地解决了减振问题。

转鼓主要由转鼓体、拦液板和转鼓底组成,其主轴通过一对滚动轴承支撑于底盘上。转鼓结构有过滤型和沉降型。当悬浮液进行离心过滤时,在开有小孔的转鼓壁上需衬以底网和筛网。

(3) 简单应用

三足离心机应用范围很广泛,适用于乳浊液的分离和悬浮液的澄清或增浓。如单晶糖、味精、柠檬酸等生产中结晶与母液的分离,淀粉脱水,肉块去血水等。

图 3-36 三足离心机

2. 卧式螺旋卸料过滤离心机

卧式螺旋卸料过滤离心机是利用离心力进行过滤分离,螺旋自动卸料的设备,它分离因数较高,具有较大的当量过滤面积及过滤强度,又在不断地翻转之中,可在较短的时间内获得含湿量较低的滤饼。卧式螺旋卸料过滤离心机能在全速下实现进料、分离、洗涤、卸料等工序,是连续卸料的过滤式离心机。因此,它具有体积小、产量大、脱水效率高、滤饼干及运转费用低的优点。

(1) 工作原理

悬浮液由进料管输入螺旋推料器内腔,并通过内腔料口喷铺在转鼓内衬筛网板上,在离心力作用下,悬浮液中滤液通过筛网孔隙、转鼓孔被收集在机壳内,从排液口排出机外,滤饼在筛网滞留。在差速器的作用下,滤饼由小直径处滑向大端,随转鼓直径增大,离心力递增,滤饼加快脱水,直到推出转鼓。

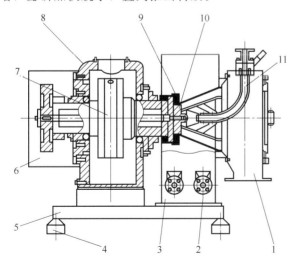

图 3-37 卧式螺旋卸料过滤离心机的结构
1—出料口;2—排液口;3—壳体;4—防振垫;
5—机座;6—防护罩;7—差速器;8—箱体;
9—圆锥转鼓;10—螺旋推料器;11—进料管

(2) 主要结构

卧式螺旋卸料过滤离心机主要由差速器、圆锥转鼓、螺旋推料器组成。圆锥转鼓和螺旋推料器分别与驱动的差速器轴端连接,两者以同一方向高速旋转,保持一个微小的转速差。卧式螺旋卸料过滤离心机的结构如图 3-37 所示,实物如图 3-38 所示。

3. 卧式螺旋卸料沉降离心机

在食品工业中最常用的沉降式离心机是卧式螺旋卸料沉降离心机,简称卧螺离心机,它是利用离心沉降的方式来分离悬浮液,以螺旋卸除物料的离心机。

(1) 工作原理

当要分离的悬浮液经中心的进料管

图 3-38 卧式螺旋卸料过滤离心机

加入螺旋内筒，初步加速后进入转鼓，在离心力作用下，较重的固相沉积在转鼓壁上形成沉渣层，由螺旋推至转鼓锥段进一步脱水后经小端出渣口排出；而较轻的液相则形成内层液环由大端溢流口排出。

（2）主要结构

卧式螺旋卸料沉降离心机主要由差速器、螺旋、转鼓、轴承等组成。在高速旋转的无孔转鼓内有同心安装的输料螺旋，二者以一定的差速同向旋转，该转速差由差速器产生。卧式螺旋卸料沉降离心机的结构如图 3-39 所示，实物如图 3-40 所示。

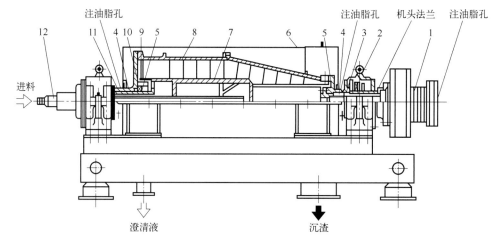

图 3-39 卧式螺旋卸料沉降离心机的结构

1—差速器；2—主轴承；3—油封Ⅰ；4—左右铜轴瓦；5—油封Ⅱ；6—外壳；
7—螺旋；8—转鼓；9—油封Ⅲ；10—轴承；11—油封Ⅳ；12—进料管

（3）简单应用

卧式螺旋卸料沉降离心机在全速运转下连续进料、分离和卸料，适用于含固相（颗粒粒度 0.005～2mm）浓度 2%～40%悬浮液的固液分离、粒度分级、液体澄清等，具有连续操作、处理能力大、单位耗电量小、结构紧凑、维修方便等优点，尤其适合滤布再生困难

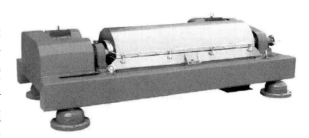

图 3-40 卧式螺旋卸料沉降离心机

以及浓度、粒度变化范围较大的悬浮液的分离。主要用于淀粉洗涤、分级、脱水，大豆、麦类蛋白质的脱水，鱼粉、鱼肉脱水，酒糟脱水，果汁的净化与果肉纤维的脱水。

二、过滤分离机械

过滤分离是利用多孔过滤介质将悬浮液中的固体微粒截留而使液体自由通过将固-液分

离的操作。食品工业在生产饮料、果汁、糖浆、酒类等产品时，常用过滤方式除去其中的固体微粒，以提高产品的澄清度，防止制品日后随保存时间延长发生沉淀。过滤分离机械常见有间歇式过滤和连续性过滤机械。

1. 板框过滤机

板框过滤机是通过板框的挤压，使滤液通过滤布，滤渣被截留在滤布中形成滤饼的过滤机械，它是间歇式过滤机中应用最广泛的一种固液分离设备。

（1）工作原理

板框过滤机的工作原理是利用压差将液体和固体分离。首先将待处理的悬浮液通过管道输送到板框过滤机中，然后通过液压系统加压将悬浮液压入滤板和滤框夹层的滤布中。由于滤布的作用，悬浮液中的固体颗粒被拦截在滤布上，而滤液则通过滤板进入中空板内。中空板内的滤液通过排水口排出机器外部。当悬浮液通过滤板和滤框时，由于流速不同，会形成一定的压差。当压差达到一定程度时，滤布上的固体颗粒就会形成滤饼。滤饼的形成可以增加过滤面积，提高过滤效率。在过滤过程中，滤饼的厚度会逐渐增加，压差也会逐渐增大。当滤框内充满滤饼时，其过滤速率大大降低或压力超过允许范围，应停止进料，洗涤滤饼。在洗涤操作时，洗涤板下端出口关闭，洗涤液穿过滤布、滤饼和滤布向过滤板流动，并从过滤板下部排出。洗涤结束后，有时需要通入压缩空气将滤饼中的滤液排走，使滤饼干燥，然后拆开过滤机，除去滤饼，进行清理，重新组装，进入下一循环操作。板框过滤机内液体流动路径及过滤和洗涤过程如图 3-41 所示。

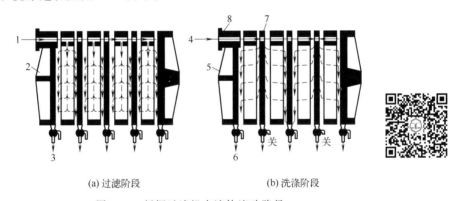

(a) 过滤阶段　　　　　　　　(b) 洗涤阶段

图 3-41　板框过滤机内液体流动路径

1—滤浆入口；2,5—机头；3—滤液；4—洗水入口；6—洗头；7—洗涤板；8—非洗涤板

（2）主要结构

板框过滤机主要由滤板、滤框、滤布、洗涤板、支架、板框导轨等组成。多块滤板和滤框交替排列而成，板和框均通过支架在一对横梁上，利用压紧装置压紧或拉开。板框过滤机的结构如图 3-42 所示，实物如图 3-43 所示。

滤板和滤框形状多为正方形，如图 3-44 所示。过滤机组装时，将滤框与滤板用过滤布隔开且交替排列并借手动、电动或油压机构将其压紧。板、框的角部开设的小孔构成供滤浆或洗水流通的孔道。

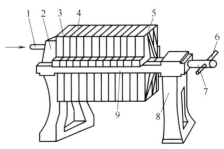

图 3-42　板框过滤机的结构

1—悬浮液入口；2—左支座；3—滤板；4—滤框；5—活动压板；6—手柄；7—压紧螺杆；8—右支架；9—板框导轨

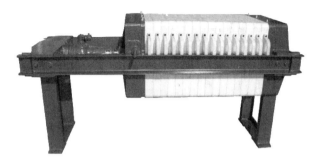

图 3-43 板框过滤机

框的两侧覆以滤布，空框与滤布围成容纳滤浆及滤饼的空间。板框在组装时必须按滤板-滤框-洗涤板-滤框-滤板顺序交替排列。

新型自动板框压滤机普遍采用在边耳上开孔的板框，滤布上无须开孔，因而能使用首尾封闭的长条滤布。当按既定距离拉开板框时，牵引整条滤布循环行进，同时卸除滤饼，洗涤滤布，重新夹紧。全部动作按既定程序以机械化作业方式在 10min 内完成。每台具有 200m² 以上的过滤面积，每个操作工人可以管理 5~10 台。

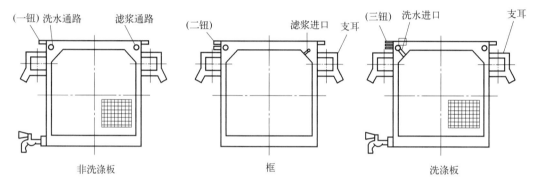

图 3-44 板框过滤机的滤板和滤框

（3）简单应用

板框过滤机是食品饮料行业需要用到的设备之一。在生产中，它可以用于酒精精制，葡萄酒、饮料及果汁中凝结物的清除和除菌。另外，它还可以用于蛋白质、淀粉、乳制品、食品添加剂等的生产。

2. 真空转鼓过滤机

真空转鼓过滤机是工业中应用最多的连续操作液固分离设备，广泛应用于食品、化工、医药等行业。它能够连续式完成过滤、脱水、洗涤、卸料、滤布再生等操作工序。

（1）工作原理

真空转鼓过滤机主要采用真空抽滤的原理，将悬浮液分离为滤液和滤饼。其主体为一直径为 0.3~4.5m 转动水平圆筒，长 0.3~6m。圆筒外表面为多孔筛板，转鼓外覆盖滤布。圆筒内部被径向筋板分隔成若干个扇形格室，每个格室有单独孔道与空心轴内的孔道相通，而空心轴内的孔道则沿轴向通往位于转鼓轴颈端面并随轴旋转的转动盘上。固定盘与转动盘端面紧密配合，构成一多位旋转阀，称为分配头。分配头的固定盘被径向隔板分成若干个弧形空隙，分别与真空管、滤液管、洗液储槽及压缩空气管路相通。当转鼓旋转时，借分配头的作用，扇形格室内分别获得真空和加压，如此便可控制过滤、洗涤等操作循序进行。真空转鼓过滤机的工作原理如图 3-45 所示，真空转鼓过滤机的分配头结构如图 3-46 所示。

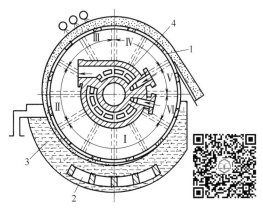

图 3-45 真空转鼓过滤机工作原理
1—转鼓；2—搅拌器；3—悬浮液槽；4—分配头

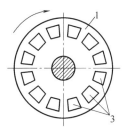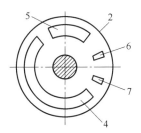

图 3-46 真空转鼓过滤机的分配头结构
1—转动盘；2—固定盘；3—转动盘上的孔；
4,5—同真空相通的孔；6,7—同压缩空气相通的孔

全部转鼓表面可分为下述各个区域：

图 3-45 中区域Ⅰ为过滤区。此区域内扇形格浸于滤浆中，浸没深度约为转鼓直径的 1/3，格室内为真空状态。由于存在真空压差，滤液经过滤布被吸入格室内，然后经分配头的固定盘弧形槽以及与之相连的接管排向滤液槽。

区域Ⅱ为滤液吸干区。此区域内扇形格刚离开液面，格室内仍为真空状态，使滤饼中残留的滤液被吸尽，与过滤区滤液一并排向滤液槽。

区域Ⅲ为洗涤区。洗涤水由喷水管洒于滤饼上，扇形格内为低真空状态，将洗出液吸入，经过固定盘的槽通向洗液槽。

区域Ⅳ为洗后吸干区。洗涤后的滤饼在此区域内借扇形格室内的减压进行残留洗液的吸干，并与洗涤区的洗出液一并排入洗液槽。

区域Ⅴ为吹松卸料区。此区域内格室与压缩空气相通，将被吸干后的滤饼吹松，同时被伸向过滤表面的刮刀所剥落。

区域Ⅵ为滤布再生区。在此区域内以压缩空气吹走残留的滤饼。

（2）主要结构

真空转鼓过滤机包括转鼓过滤部分、真空系统、压缩空气系统、输送管道等。转鼓过滤部分是真空转鼓过滤机的核心，包括过滤槽、转鼓、分配头等。真空转鼓过滤机的结构组成如图 3-47 所示，真空转鼓过滤机的实物如图 3-48 所示。

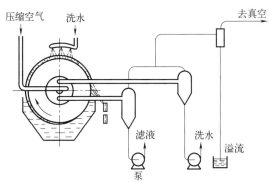

图 3-47 真空转鼓过滤机的结构　　　　图 3-48 真空转鼓过滤机

真空转鼓过滤机的机械化程度较高,滤布损耗要比其他类型过滤机小,可以根据料液性质、工艺要求,采用不同材料制造成各种类型。操作过程中,可通过调节转鼓转速来控制滤饼厚度和洗涤效果。不足之处有如下几点:①仅是利用真空作为推动力,因管路阻力损失,过滤推动力最大不超过 80kPa,一般为 26.7～66.7kPa,因而不易抽干,滤饼的最终含水量一般在 20%以上;②设备加工制造复杂;③真空度受到热液体或挥发性液体蒸气压的限制。目前国内生产的最大过滤面积约为 $50m^2$,一般为 $5～40m^2$。

(3) 简单应用

真空转鼓过滤机适用于处理过滤悬浮液中颗粒度中等、黏度不太大的物料。真空转鼓过滤机属于连续式过滤机,一般在恒压下连续操作,特点是任何时间都在进行过滤,但过滤只发生在过滤区的那部分区域,过滤、洗涤、卸渣等操作在过滤机的不同位置同时进行,滤液生产能力较高。

三、压榨分离机械

压榨分离是通过压缩力将液相从液固两相混合物中分离出来的一种单元操作。在压榨过程中,将物料置于两个表面之间,对物料施加压力使液体释出,释出的液体再通过物料内部空隙流向自由表面。压榨分离主要有平面压榨、螺旋压榨、轧辊压榨等操作。

1. 平面压榨机

平面压榨机是指压榨工作面为平面,主要通过工作面的挤压来实现物料汁渣分离的设备。笼式压榨机是常用的平面压榨设备,它是采用液压系统驱动活塞挤压平面压头来实现的。液压压榨机的工作压力大、工作平稳、生产能力大、劳动强度小,加压、保压、泄压可自动完成。

(1) 工作原理

在液压系统驱动下,活塞上下移动时,带动托盘和压榨网筒与固定压头作相对移动,对物料施加压力将汁液榨出,榨出的汁液经网桶孔眼流入盛汁盘后送入下道过滤工序。工作时物料装入料桶,放入托盘与压头对准后,开启电磁换向阀,使压力油经节流阀和电磁换向阀的左阀芯孔,再经过管道进入油缸下腔。在油压作用下活塞经活塞杆和托盘推动压榨网桶上升,使压头对物料加压,榨出的汁液经料桶孔眼流入盛汁盘。当活塞上升榨汁压力达到最大时,进入保压压榨阶段,此时依靠溢流阀的自动调节稳定保压压力,使所榨汁液有足够的时间从料桶中排出桶外。到预定保压时间后,按照相反的油路泄压、出渣,进入下一个循环。

(2) 主要结构

笼式压榨机由机械和液压两大系统组成,属于液压压榨机,采用液压压榨方式,脱去果蔬等物料的水分,压力大、吨位大。机械压榨系统主要由上横梁、压头、立柱、压榨网孔、盛汁盘、下横梁、托盘等组成。液压系统主要由机架、油缸、活塞、压力油泵、电动机、油箱等组合而成。笼式压榨机的结构组成如图 3-49 所示,实物如图 3-50 所示。

(3) 简单应用

笼式压榨机是利用液压动力进行压榨的,压力大、省人工、脱水效果理想,通过挤压液体从压榨桶孔流出,并顺势流向指定地方,需要收汁者可添加收汁装置。适用于豆制品、豆渣以及酱腌菜,如萝卜、黄瓜、大头菜、芥菜、竹笋等经过腌制后压榨脱水,也可用于中药、米酒、果汁生产等行业。

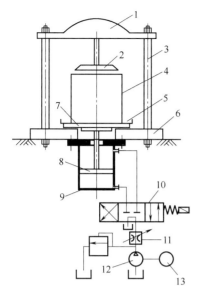

图 3-49　笼式压榨机的结构
1—上横梁；2—压头；3—立柱；4—压榨网桶；
5—盛汁盘；6—下横梁；7—托盘；8—活塞；
9—油缸；10—电磁换向阀；11—节流阀；
12—高压油泵；13—电动机

图 3-50　笼式压榨机

2. 螺旋榨汁机

螺旋榨汁机是采用螺旋轴挤压物料，实现液固分离的设备，它是使用比较广泛的一种连续式压榨机，很早就用来进行榨油、水果榨汁。近年随着压榨理论研究的进展及设备本身的革新，该设备的应用更加广泛。

（1）工作原理

螺旋榨汁机的主要部件为不锈钢加工制成的螺旋杆。螺旋杆的直径从进端到出端由小到大，螺旋逐渐减小。所以，螺旋杆与圆筒筛间所夹的容积逐渐减小。工作时物料由进端到出端的行进过程中，所受压力逐渐增大，容积逐渐减小，将汁液压榨出来。圆筒筛网由两个半圆组成，外面有两个半圆形加强架，通过螺旋紧固成一体。螺旋杆终端为锥形，与其配合的内锥相对应，废渣从两个锥形环状间隙中排出。

（2）主要结构

螺旋榨汁机主要由压榨螺杆、圆筒筛、离合器、压力调整机构等组成。螺旋榨汁机的结构组成如图3-51所示，实物如图3-52所示。

压榨螺杆轴由两端的轴承支撑在机架上，传动系统使压榨螺杆在圆筒筛内作旋转运动。改变螺杆的螺距大小对一定直径的螺旋来说就是改变螺旋升角大小。螺距小则物料受到的轴向分力增加，径向分力减小，有利于物料的推进。

圆筒筛一般由不锈钢板钻孔后卷成，为了便于清洗及维修，通常做成上、下两半，用螺钉连接安装在机壳上。圆筛孔径一般为0.3～0.8mm，开孔率既要考虑榨汁的要求，又要考虑筛体强度。螺杆挤压产生的压力可达1.2MPa以上，筛筒的强度应能承受这个压力。

具有一定压缩比的螺旋压榨机，虽对物料能产生一定的挤压力，但往往达不到压榨要

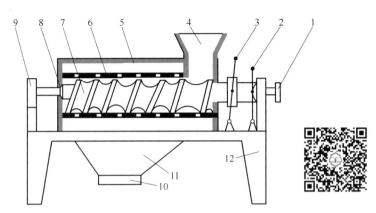

图 3-51 螺旋榨汁机的结构

1—传送装置；2—离合手柄；3—压力调整手柄；4—料斗；5—机盖；6—圆筒筛；
7—压榨螺杆；8—环形出渣口；9—轴承盒；10—出汁口；11—汁液收集斗；12—机架

图 3-52 螺旋榨汁机

求，通常采用调压装置来调整榨汁压力。一般通过调整出渣口环形间隙大小来控制最终压榨力和出汁率。间隙大，出渣阻力小，压力减小；反之，压力增大。扳动压力调整手柄使压榨螺杆沿轴向左右移动，环形间隙即可改变。

操作时，先将出渣口环形间隙调至最大，以减小负荷。启动正常后加料，物料就在螺旋推力作用下沿轴向出渣口移动，由于螺距渐小，螺旋内径渐大，对物料产生预压力。然后逐渐调整出渣口环形间隙，以达到榨汁工艺要求的压力。

（3）简单应用

螺旋压榨机具有结构简单、外形小、压缩比大、榨汁效率高、操作方便等特点。它适用于葡萄、番茄、菠萝、胡萝卜、苹果、芦荟、仙人掌等果蔬类的压榨取汁。该机的不足之处是榨出的汁液含果肉较多，汁液澄清度要求较高时不宜选用。

3. 辊压榨汁机

辊压榨汁机是利用压榨辊进行挤压的分离机械。它常用于甘蔗、金橘、柠檬、葡萄柚等水果的榨汁，水果无需去皮，无需分级，直接榨汁。

（1）工作原理

物料首先进入顶辊与进料辊之间受到一次压榨，然后由托板引入顶辊与排料辊之间再次压榨，压榨渣由排料辊处的刮刀卸料，汁液流入榨汁收集盘引出机器。

（2）主要结构

辊压榨汁机主要由压辊、筛网、进料斗、出汁斗、出渣斗、机架、传动系统等组成。工作时接通电源，将物料倒入进料斗中，物料由压辊进行榨汁，果渣从出渣斗排出，汁和部分肉经过筛网简单过滤从出汁斗排出，从而达到榨汁的目的；该设备除传动部位外其余均为不锈钢制作。辊压榨汁机的主要结构组成如图 3-53 所示，实物如图 3-54 所示。

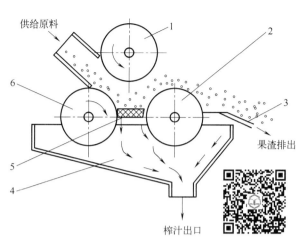

图 3-53 辊压榨汁机的主要结构
1—顶辊；2—排料辊；3—刮刀；4—汁液
收集盘；5—筛网；6—进料辊

图 3-54 辊压榨汁机

四、膜分离设备

膜分离是利用膜的选择性，以膜的两侧存在一定量的能量差（压力差或电位差）作为推动力，由于溶液中各组分透过膜的迁移速率不同而实现分离。图 3-55 为单一膜组件系统的过滤示意图。膜分离操作属于速率控制的传质过程，具有设备简单、可在室温或低温下操作、无相变、处理效率高、节能等优点，适用于热敏性的生物工程产物的分离、浓缩与纯化。它在水处理、工业分离、废水处理、食品和发酵工业等方面的应用都取得了重大突破。

图 3-55 单一膜组件系统的过滤示意

膜分离有微滤、超滤、纳滤、反渗透、电渗析等。膜分离设备主要由膜组件、液料的传输系统、压力和流量的控制系统等构成。图 3-56 为陶瓷膜过滤系统构成图。

膜组件设计可以有多种形式，根据膜的构成设计而成平板构型和管式构型。板框式和卷式膜组件均使用平板膜，而管状和毛细管组件均使用管式膜。

1. 平板式膜组件

平板式组件要组装不同数量的膜，如图 3-57 所示。由于隔板的存在，原液流通截面积较大，使用时不易堵塞，因而对原液的预处理要求相对较低，压力损失较小，原液的流速可高达 1~5m/s。为了提高流体的湍动速度，减少浓

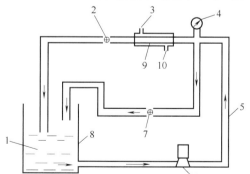

图 3-56 陶瓷膜过滤系统
1—料液；2,7—阀门；3,10—渗透液出口；
4—压力表；5—输料液管；6—水泵；
8—储液罐；9—多通道陶瓷微滤膜

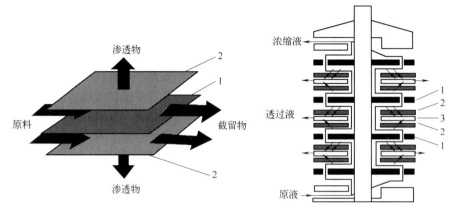

图 3-57 平板式膜组件
1—隔板；2—膜；3—支撑板

差极化现象，隔板被设计成各种形状的凹凸波纹。

2. 管式膜组件

管式膜组件主要是把膜和支撑体均制成管状，两者装在一起，或者直接把膜刮制在支撑管上，再将一定数量的管以一定方式连成一体而组成，其外形极类似列管式换热器，如图 3-58 所示。管式膜组件按膜附着在支撑管的内侧或外侧而分为内压管式和外压管式组件。按管式膜组件中膜管的数量又可分为单管式和列管式两种。管式膜组件的优点是：流动状态好；流速易控制，适当控制流速可防止或减小浓差极

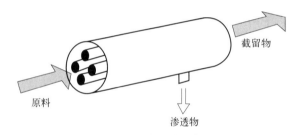

图 3-58 管式膜组件

化；安装、拆卸、换膜和维修均较方便。由于支撑管的管径相对较大（一般 0.6～2.5cm），所以能处理含悬浮固体的溶液，不易堵塞。但与平板组件相比，单位体积内有效膜面积较少。此外，管口的密封也较困难。

3. 卷式膜组件

卷式膜组件主要是由中间多孔支撑材料，两边是膜的"双层结构"装配组成的，如图 3-59 所示。其中三边被密封而黏结成膜袋状，另一个开放边与一根多孔中心产品收集管密封连接，在膜袋外部的原水侧再垫一层网眼型间隔材料，也就是把膜-多孔支撑体-膜-原水侧

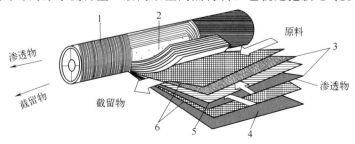

图 3-59 卷式膜组件
1—膜组件外壳；2—中央渗透物；3—膜；4—外壳；5—多孔渗透物侧间隔器；6—膜原料侧间隔器

五、超临界流体萃取设备

超临界流体萃取是萃取分离的方法之一，主要是以超临界状态的流体作为萃取剂，对萃取物中的目标组分进行提取分离的过程。物质的超临界状态图如图 3-60 所示。该方法萃取温度较低，制品不易热分解；对温度和压力进行调节后，可以实现选择性萃取；对非挥发性物质分离非常简单；制品中无溶剂残留问题；溶剂可以再生、循环使用，运行经济性较好；无环境污染问题。超临界流体萃取常以二氧化碳作为萃取剂，二氧化碳在 7.37MPa 压力和 31.1℃ 的温度下，就可以达到超临界状态，比较容易实现。

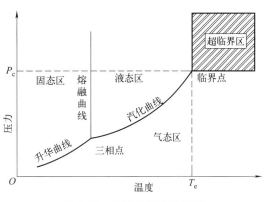

图 3-60 物质的超临界状态

1. 超临界流体萃取的基本流程

超临界流体萃取的流程往往根据萃取对象的不同而进行设计，最基本的流程如图 3-61

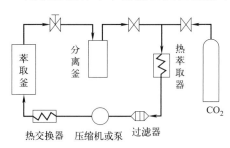

图 3-61 超临界 CO_2 萃取的基本流程

所示，超临界流体的循环借助压缩机或泵完成。具体操作步骤如下：

① 首先将经过前处理的原料放入萃取釜。

② CO_2 经过压缩机的升压，在设定的超临界状态被送入萃取釜。

③ 在萃取釜内可溶性成分被溶解进入流动相，通过改变压力和温度，在分离釜中 CO_2 将可溶性成分分离。

④ 分离可溶性成分的 CO_2 再经过压缩机或泵和热交换器，实现循环使用。若使用压缩机则分离出来的 CO_2 不需使其发生相变，直接以气体的形式进行循环；若使用泵，则需对 CO_2 冷凝液化，使其以液体的形式进行循环。

2. 超临界 CO_2 萃取系统分类

超临界 CO_2 萃取系统主要由萃取釜，分离釜，精馏柱，CO_2 高压泵，副泵，制冷系统，CO_2 贮罐，换热系统，净化系统，流量计，温度、压力控制装置等组成。常见的超临界 CO_2 萃取系统设备，如图 3-62 所示。

（1）按分离的方法分类

超临界流体萃取的主要设备为萃取器和分离器，根据萃取物与超临界流体的分离法，可将其分为：吸附法、变温变压法、变温法、变压法、水洗法等。

变压法：指采用压力变化方法进行分离的方法。萃

图 3-62 超临界 CO_2 萃取系统

取器与分离器在等温条件下,将萃取相减压分离出溶质。超临界气体采用压缩机加压,再重新返回萃取器。变温法:指采用变化温度的方式进行分离的方法。在等压的条件下,将萃取相加热升温分离气体与溶质。气体经压缩冷却后重新返回至萃取器。变温变压法:指通过温度和压力同时变化的方式进行分离的方法。分离器的温度和压力都与萃取器不同。吸附法:指采用吸附剂进行分离的方法。在分离器中放入吸附剂,在等压、等温的条件下,将萃取相中的溶质吸附,气体经压缩返回至萃取器。水洗法:指采用水洗涤吸收进行分离的方法。在分离器内,在等压、等温的条件下,通过水逆向洗涤携带溶质的CO_2,以便吸收溶质。

(2) 按萃取器的形状分类

超临界流体萃取系统按照萃取器的形状分为如下两种:容器型和柱型。容器型萃取器是高径比较小的设备,容器型设备适宜于固体物料的萃取。柱型萃取器是高径比较大的设备,柱型设备对于液体和固体物料的处理均可。为了降低大型设备的加工难度和成本,应尽可能地选用柱型设备。

(3) 按操作的方式分类

按操作的方式不同可分为批式和连续并流或逆流萃取流程。对于固体原料,一般用多个萃取釜连续流程,不过就每只萃取釜而言均为批式操作;对于液体物料,用连续逆流萃取流程更为方便和经济。

3. 超临界流体萃取在食品工业中的应用

近20年来超临界流体萃取技术迅速发展,并被用于食品、医药、香料及化学工业中,分离热敏性、高沸点物质。具体应用如下:动植物油(鱼油等及大豆、向日葵、可可、咖啡、棕榈等的种子油)的萃取,从茶、咖啡中脱除咖啡因,啤酒花和尼古丁的萃取,从植物中萃取香精油等风味物质,从动植物中萃取脂肪酸,从奶油和鸡蛋中去除胆固醇,从天然产物中萃取功能性有效成分,植物色素的萃取及各种物质的脱色、脱臭等。

超临界流体萃取是一种具有潜力的新兴分离技术,它能满足许多特殊品质食品的加工要求,尤其适用于生产高价值的食品添加剂等产品。近年来因高压技术的发展逐步降低技术投资费用,若将超临界流体萃取技术与它结合起来使用,会产生更高的经济效益。因此这项技术在食品工业中的应用前景十分乐观。

第三节 食品混合机械

食品加工中常常需要将两种以上不同物料进行混合,使其各成分达到一定均匀程度,从而得到一定的口感和营养。主要的混合物有固体与固体、固体与液体、液体与液体、液体与气体和固体-液体-气体等几种类型。用于上述混合操作的设备主要有三类,一类是对多种固体粉粒状物料进行混合的机械,如谷物混合、粉体调味料混合机械;第二类是对低黏度液体物料进行混合的机械,例如液体搅拌机等;再一类就是对高黏度稠浆料和黏弹性物料进行混合的机械,称为调和机或揉和机,如和面机和打蛋器等。

一、固体混合机械

固体混合机是针对散粒状固体颗粒,特别是干燥颗粒之间的混合而设计的一种搅拌机械,主要应用于谷物混合、粉体混合、干制添加剂混合、速溶饮品混合等。混合的方法主要有两种：一种方法是容器本身旋转，使容器内的混合物料产生翻滚而达到混合的目的；另一种方法是容器固定不动，利用一个或多个的旋转混合元件将物料混合。

1. 倾斜螺带连续混合机

倾斜螺带连续混合机是一种容器固定不动的物料混合机器，它整体倾斜，进料口设置于混合机低端，出料口设置在高端底部。主要应用于粉体物料的混合，如在食品行业中主要应用于谷物混配、面粉中加入添加剂、调味料生产等混合操作。

（1）工作原理

倾斜螺带连续混合机工作时，由进料口连续送入的物料在进料段被螺旋推送进入混合段。在混合段内，物料被螺带以及螺旋轴上的实体桨叶向前推动的同时形成径向的混合，同时被螺带抄起的物料受自身重力下落，返混形成轴向混合。调整主轴的转速即可控制物料在机内的停留时间和返混程度，从而影响混合效果。

该型混合机返混形成的轴向混合作用较小，同时返混的存在会造成物料停留时间分布较大，混合质量相对较差。由于该设备为连续混合设备，因而要求各组成物料均要连续计量喂料。基于上述原因，该设备一般用于工艺上对混合度要求不高的一些场合。

（2）主要结构

倾斜螺带连续混合机主要由进料螺杆、进料斗、螺带、混合室和出料口等组成。倾斜螺带连续混合机的结构组成如图 3-63 所示，实物如图 3-64 所示。

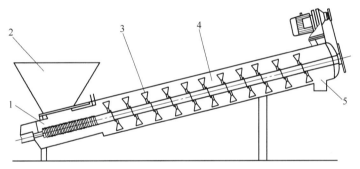

图 3-63　倾斜螺带连续混合机的结构
1—进料螺杆；2—进料斗；3—螺带；4—混合室；5—出料口

2. V 型混合机

V 型混合机是一种机体呈现 V 字形的高效不对称混合机，属于容器旋转式混合机。它可以用于各种干粉类食品物料的混合，常用来混合多种粉料。

（1）工作原理

V 型混合机的电动机带动减速器，减速器再通过联轴器传给混料筒，使混料筒连续运转，带动物料在筒内上、下、左、右进行混合。在混合机内部的物料颗粒开始时由于受到离心力的作用和筒壁的阻力所牵制，先做

图 3-64　倾斜螺带连续混合机

圆周运动，在达到一定点之后，借重力作用脱离圆周运动。物料堆表面的物料颗粒先呈不规则混乱状态流下，然后和物料堆一起，于是在混合机内部的物料堆反复地、互相交替地在圆筒的角锥部分做激烈的冲击，进行三次元的交替叠加运动，于是混合物在很短时间内达到了

良好的混合状态。

（2）主要结构

V型混合机主要由机架、减速装置、混料筒三部分组成。其中机器核心部分为电动机、减速器、传动链和混料筒。该机结构合理、简单、操作密闭，进出料方便（人工或真空加料），筒体采用不锈钢材料制作，便于清洗。V型混合机的结构组成如图3-65所示，实物如图3-66所示。

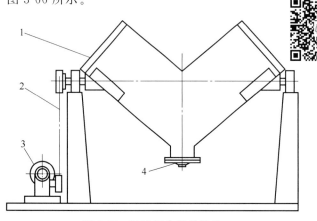

图3-65　V型混合机的结构　　　　　　　　图3-66　V型混合机
1—进料口；2—传动链；3—减速器；4—出料口

混料筒由两个倾斜圆筒组成，两筒轴线夹角在60°~90°之间，容器与回转轴非对称布置。这种混合机的工作转速很低，一般在6~25r/min之间。混合量最适合的范围约为容器体积的10%~30%。混合时间约为4min。

有些V型混合机容器内部还设有搅拌叶轮，而且搅拌桨还可以与容器做反向旋转。这样对混合流动性不好（乃至有一定凝聚性）的散粒体物料，则可通过搅拌桨将其打散，使其强制扩散，即使是对颗粒很小、吸水量较高、易结块或成团的粉料，也可由搅拌桨的剪切作用破坏其凝聚的结构，从而可以使物料较快地充分混合。

（3）简单应用

V型混合机主要用于对食品的干粉状、颗粒状物料的混合，适用于物料流动性良好、物性差异小的粉粒体的混合，以及混合度要求不高而又要求混合时间短的物料混合。由于V型混合容器内的物料流动平稳，不会破坏物料原形，因此V型混合机也适用于易破碎、易磨损的粒状物料的混合，或较细的粉粒、块状、含有一定水分的物料混合之用，广泛应用于制药、化工、食品等行业。

3. 对锥式混合机

对锥式混合机是将两个锥形容器连接在一起的混合机，也属于容器旋转式混合机。它主要将两种或多种粉末均匀混合在一起。

（1）工作原理

对锥式混合机工作时，随着容器的翻滚，物料主要做径向的回转下落运动，由于流动断面的不断变化，可以产生良好的横流运动，因此对锥式混合机克服了水平旋转筒式混合机中物料沿水平方向运动的困难，混合速度较快，效果较好，且功耗较低。

（2）主要结构

对锥式混合机由两个圆锥和一个圆筒焊接而成，上锥体为进料口，下锥体内部配有搅拌臂等混合器械。对锥式混合机的结构组成如图 3-67 所示，实物如图 3-68 所示。

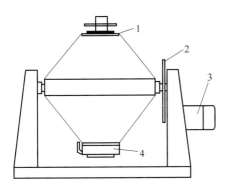

图 3-67　对锥式混合机的结构
1—进料口；2—齿轮；3—电动机；4—出料口

图 3-68　对锥式混合机

圆锥体机体的材质根据用途不同而不同，可用不锈钢、碳钢、优质钢板、内衬聚四氟乙烯等。混合器锥角是根据被混散料的逆止角来确定的，通常有 90°和 60°锥角两种结构。这类混合机转速较低，一般为 5～20r/min，混合量占容器体积的 50%～60%。混合机转动时，被混物料翻滚剧烈，由于其流动断面的不断变化，能够产生良好的横流效应，因此它对流动性好的物料混合较快，且功率消耗较低。圆锥体的两端都设有进出料口，以保证卸料后机内无残留。若容器内未安装叶轮，混合时间在 5～20min；设有叶轮，则混合时间可缩短约 2min。

传动装置通常由电机、减速器、连杆和链轮等部件组成。电动机通过减速器将转速降低加上连杆和链轮传输，转动主轴和搅拌器，使被混合物料充分混合。

二、液体混合机械

液体混合机械主要是针对低黏度的液体物料通过对流、扩散和剪切作用达到均匀混合的机械。主要作用于液体-液体或液体-固体物料配制成的混浊液、乳浊液和悬浮液，液体比例约占 95% 以上。主要工作部件为搅拌叶片，包括桨叶、旋桨或涡轮叶片等形式。

1. 立式液体搅拌机

立式液体搅拌机是一种常见的工业设备，用于混合、搅拌和均质各种液体物料。它采用立式结构，通过旋转的搅拌桨叶将物料进行混合，是一种高效的混合设备。

(1) 工作原理

当立式液体搅拌机开始工作时，电动机带动减速器旋转，减速器再将动力传递给搅拌轴。搅拌轴开始旋转后，搅拌叶片也随之旋转。由于搅拌叶片的设计和位置安排，物料被迅速带动并沿着搅拌轴的方向进行搅拌。在搅拌过程中，物料被搅拌叶片迅速分散和混合。搅拌叶片的高速旋转产生了强大的离心力，使物料受到离心力的作用，从而达到更好的混合效果。同时，搅拌叶片的形状和排列方式也起到了均质的作用，使物料达到更加均匀的混合状态。

(2) 主要结构

液体搅拌机械的种类较多，但其基本结构是一致的，主要由搅拌装置、搅拌罐体、轴封三大部分组成。立式液体搅拌机的主要结构组成如图 3-69 所示，实物如图 3-70 所示。

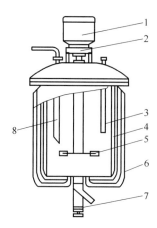

图 3-69　立式液体搅拌机的结构　　　　图 3-70　立式液体搅拌机
1—电动机；2—减速器；3—温度计插孔；4—挡板；
5—搅拌器；6—罐体；7—出料口；8—料管

a. 搅拌装置

搅拌装置包括传动装置、搅拌轴、搅拌器。其中搅拌器（或称搅拌桨）为核心部件。

搅拌器根据桨叶构造的特征，主要可分为三类：桨式搅拌器、涡轮式搅拌器、旋桨式搅拌器（或称推进式搅拌器）。

桨式搅拌器是一种桨叶由平板构成的搅拌器，故而得名。该搅拌器叶轮结构最为简单，适用于低黏度液态食品原料的混合。该搅拌器叶轮一般有 2～6 个叶片，相连接搅拌轴绝大多数情况下是对称安装在容器内的。多数情况下，桨叶以平行于搅拌轴的方式安装，称之为平桨式搅拌器，它主要使液流产生径向速度和切向速度。也有些情况下将桨叶与搅拌轴以一定角度安装，则称之为折叶桨式搅拌器，该桨在促进液流轴向流动方面有较强的作用，一半多见于需加强轴向混合效果、长径比相对较高的搅拌设备，如通用发酵罐等。

桨式搅拌器的桨叶尺寸一般有如下规定：桨叶的直径约为容器直径的 50%～80%，桨叶的幅宽应为桨叶直径的 1/10～1/6。桨式搅拌器的转速一般为 20～150r/min，桨叶尖端的圆周速度约 3m/s。桨叶多由扁钢制造，考虑到与食品接触，常用 Cr13 不锈钢材质。

桨式搅拌器的主要特点是：结构简单、桨叶易制造及更换，但混合效率差、局部剪切效应有限，不易发生乳化作用，因而主要适用于搅拌低黏度液料。如对固体的溶解、避免结晶或沉淀等简单操作，在液层较浅或需排放液体时也常需要桨式搅拌器的辅助。

桨式搅拌器根据其用途不同，桨叶形式也较为多样化：平板型容易制造但搅拌效果不好；多层平板型用于油脂的脱酸、脱色和脱臭等，效果最佳；不锈钢框式结构易于造成液体湍动，适于低黏度物料搅拌；锚型桨叶可以促进热的传递，消除液体在容器壁上的沉淀或在壁上的焦化及结晶析出。还有栅格型桨叶、马蹄型桨叶多用于黏度高的液体搅拌。桨式搅拌器桨叶的类型如图 3-71 所示。

涡轮式搅拌器由一个与搅拌轴垂直的水平圆盘和若干个连接在水平圆盘上的叶片组成，它适于叶片高速回转的工况。由于叶片的高速回转，流体沿径向流动，上部的液体沿驱动轴向涡轮叶片吸入，而沿容器壁向上流动。在搅拌板间，流体做类似于圆周的运动。

涡轮叶片的个数为 4 枚以上，一般 6 枚叶片的居多。涡轮式的叶片比桨式的直径小，等于容器直径的 30%～50%，转速为 50～500r/min，叶片末端线速度为 4～8m/s。

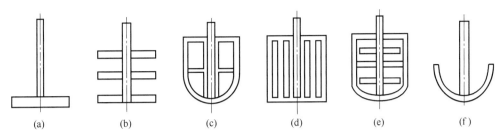

图 3-71　桨式搅拌器桨叶的类型

(a) 平板型；(b) 多段型；(c) 锚型；(d) 栅格型；(e) 马蹄型；(f) 锚型

涡轮式搅拌桨的特点在于：混合效率高、有较强局部剪切效应，但制造成本比桨式要高。对黏度为 50MPa·s 以下的液体搅拌效果良好，特别适于不互溶液体的混合、气体溶解、液体悬浮和溶液热交换等。在原料糖浆、油水混合等操作过程中常用到该类型的搅拌桨。涡轮式搅拌器桨叶的类型如图 3-72 所示。

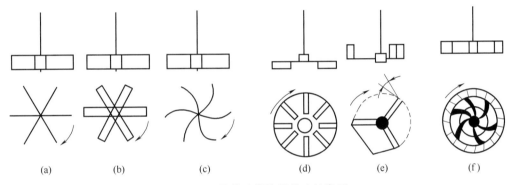

图 3-72　涡轮式搅拌器桨叶的类型

(a) 平叶片；(b) 倾斜叶片；(c) 弯曲叶片；(d) 外周套平板叶片；(e) 辐射叶片；(f) 升压环曲板叶片

旋桨式搅拌器的叶片类似于船舶的螺旋桨，故得名。叶片的枚数和倾斜角度须根据使用的目的来选择。旋桨式搅拌桨叶一般安装在搅拌轴末端，工艺需要时也可在其上附加多层桨叶。每层由 2～3 个桨叶组成。叶片直径为容器直径的 1/4～1/3。小型的搅拌器一般转速为 1000r/min，甚至可与电动机直连，转速可高达 17500r/min。大型搅拌器中这种搅拌桨转速也可达 400～800r/min。这种叶片的缺点是：在旋转时易产生气泡。因此，在安装桨叶时应使它稍许偏离中心或者相对垂直方向倾斜一定的角度，可以防止气泡的混入。旋桨式搅拌器桨叶的类型如图 3-73 所示。

旋桨式搅拌器的特点是：构造简单，安装比较容易，功率消耗较小，搅拌效果较好，生

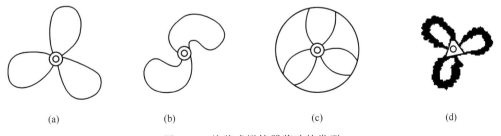

图 3-73　旋桨式搅拌器桨叶的类型

(a) 三桨叶；(b) 二桨叶；(c) 带框桨叶；(d) 带齿桨叶

产能力较高。即使用于直径较大的容器，其搅拌效果也比较好。因液体流动非常剧烈，故适用于大容器低黏度的液体搅拌，如牛乳、果汁和发酵产品等。过高黏稠度的物料则不适于使用该型搅拌器。制备中、低黏度的乳浊液或悬浮液也可采用此种搅拌器，但在混合互不相溶液体制备乳浊液时，液滴的直径范围相对较大，混合效率受到一定限制。

搅拌轴带动搅拌桨，其主要作用是通过自身的运动使搅拌容器中的物料按某种特定的方式流动，从而达到某种工艺要求。所谓特定方式的流动（流型）是衡量搅拌装置性能最直观的重要指标。

传动装置则是赋予搅拌轴、搅拌器及其它附件运动的传动件组合体，在满足机器所必需的运动功率及几何参数的前提下，希望传动链短、传动件少、电动机功率小，以降低运行成本。搅拌器传动装置的基本组成：电动机、齿轮传动及支架。形式上搅拌器传动装置分立式和卧式两种。立式搅拌分为同轴传动和倾斜安装传动两种。

b. 搅拌罐体

搅拌罐也称搅拌槽或搅拌容器。搅拌罐包括罐体和装焊在其上的各种附件。其作用是容纳搅拌器与物料在其内进行操作。对于食品搅拌容器，除保证具体的运转条件外，还要满足无污染、易清洗、耐腐蚀等食品加工方面特有的专业技术要求。

搅拌罐罐体通过支座安装在基座或平台上，在常压或规定的温度及压力下，为物料完成其搅拌过程提供一定的空间。大多设计为立式圆筒形、方形或带棱角的容器，因这类容器在拐角处容易形成死角，应避免采用。罐体由顶盖、筒体和罐底三部分组成。顶部有开放或密闭两种不同形式，底部从有利于流线型流动和减小功率消耗考虑，大多数成碟形、椭球形、球形，以避免出现搅拌时的液流死角同时利于料液完全排空。除有特殊原因外，应避免采用锥形底。因为锥形底会促使液流形成停滞区，使悬浮着的固体积聚起来。

罐体尺寸特征常包括：长径比、装液量、内径、外径等。在搅拌罐的设计和选型过程中上述参数往往要重点考虑。罐体长径比的选择应考虑以下三方面的因素：长径比对搅拌功率的影响；物料特性对罐体长径比的要求；罐体长径比对传热的影响。而装料量则要根据搅拌罐操作时所允许的装满程度来考虑选择装料系数 η，通常 η 可取 $0.6\sim0.85$。物料在生产过程中有泡沫的，η 可取 $0.6\sim0.7$。在可取值范围内，黏度大的取大值。然后根据工艺需要可以依次算出所需设备应达到的公称容积、全容积、直径、高度等参数要求。罐体上往往还会带有其他一些附件，常见的有进出口管路、夹套、人（手）孔、CIP 附件、各种检测器插孔以及挡板等满足不同工艺需要的部件。

c. 轴封

轴封是指搅拌轴及搅拌容器转轴处的密封装置。它的作用是防止容器内物料与轴承润滑剂或外界相互泄漏，造成污染。在食品加工中，食品原料应完全避免受到机械磨损碎屑及润滑油等物质的污染，因此轴封必须严格重视。常用轴封有填料密封和机械密封两种。

填料密封装置主要由压盖、压紧螺栓、填料箱体、填料底衬套及填料等组成。密封的形成是通过填料压盖使填料变形，从而消除转轴与机梁的间隙来实现的。考虑食品卫生的要求，填料材料通常选用聚四氟乙烯纤维。填料密封装置结构简单、成本低，对轴的磨损及摩擦功耗大，经常需要维修。因此理想的轴封应选用机械密封。

机械密封（又称端面密封）主要由套筒、动环、静环、弹簧、套筒紧定螺钉和静密封圈等组成。它的作用原理如下：当轴旋转时，设置在套筒上，并与轴同时转动的动环与安装在机架上的静环在弹簧力的作用下，始终保持紧密接触，并做相对运动，使得泄漏不致发生，从而实现了轴与机架之间的密封。机械密封可靠性高、对轴无磨损、摩擦功耗小、使用寿命长、无需维修，但结构复杂、成本高。它是搅拌机常用的轴封装置。

（3）简单应用

在食品加工中，液体搅拌机主要用于以下三个方面：①促进物料传热，使物料温度均匀；②促进溶解、结晶、浸出、凝聚、吸附等过程的进行；③促进酶反应的化学乃至生物反应过程的进行。食品工业中典型的带搅拌器的设备有发酵罐、酶解罐、溶糖罐、沉淀罐等。这些设备虽然名称不同，甚至结构上也有些差别，但基本构造均属于液体搅拌设备。

2. 胶体磨和均质机

在液体物料混合操作中，也常常用到胶体磨和均质机。就其原理来说，胶体磨和均质机主要是通过机械作用或流体力学效应造成高压、挤压、冲击、剪切等作用，使液体物料达到粉碎细化和混合均质的目的。混合机械的原理主要是通过对流、扩散和剪切作用使液体物料达到均匀混合。因此，胶体磨和均质机也可以达到混合机械的目的。本书在湿法粉碎章节已经详细说明胶体磨和均质机的原理、结构、应用，在这里就不再赘述。

三、调和机械

调和机械主要针对极高黏度的非牛顿型流体进行强力搅打、拉延撕裂从而混合均匀，例如，在粉状物料中掺入少量液体，制备成均匀的塑性物料或糊状物料；在高黏稠物料中加入少量液体或粉体制成均匀混合物。除混合物外，还可根据调制物料的性质及工艺要求，完成某种特定操作，如打蛋、调和糖浆、调制面团等。调和机械的性能直接影响到制品的产量和质量。

1. 打蛋机

打蛋机在食品加工中常用来搅打多种蛋清液，因此而得名。打蛋机还可以搅拌黏稠浆体，如软糖、半软糖生产所需的糖浆，各种蛋糕生产所需的面浆及各式花样糕点上的装饰乳酪等。

（1）工作原理

打蛋机工作时，动力由电动机经传动装置传至搅拌器，依靠搅拌器与容器间一定规律的相对运动，物料得以搅拌。搅拌效果的优劣受搅拌器运动规律限制。

打蛋机工作时，自身搅拌器高速旋转强制搅打，使得被搅拌物料充分接触与剧烈摩擦，以实现对物料的混合、乳化、充气及排除部分水分，从而满足某些食品加工工艺的特殊要求。如生产砂型奶糖时，通过搅拌可使蔗糖分子形成微小结晶体，俗称"打砂"。又如生产充气糖果时，将蛋白质、蛋白质发泡粉、明胶溶液及浓糖浆等混合搅拌后，可得洁白、具有多孔性结构的充气糖浆。

由于浆体物料黏度低于调粉机搅拌的物料，因此打蛋机转速高于调粉机转速，常在 70~270r/min 范围内，被称为高速调和机。

（2）主要结构

打蛋机主要由动力系统、搅拌桨叶、搅拌容器构成。打蛋机有立式和卧式两种，以立式打蛋机应用居多。立式打蛋机一般由搅拌器、容器、传动装置及容器升降机构等组成。立式打蛋机的主要结构组成如图 3-74 所示，实物如图 3-75 所示。

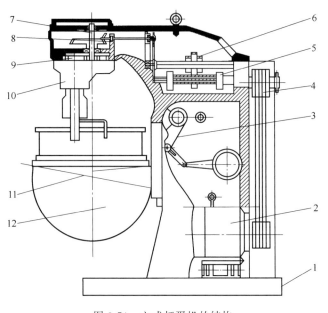

图 3-74 立式打蛋机的结构

图 3-75 立式打蛋机

1—机座；2—电机；3—钢架及升降机构；4—皮带轮；
5—齿轮变速机构；6—斜齿轮；7—主轴；8—锥齿轮；
9—行星齿轮；10—搅拌头；11—搅拌桨叶；12—搅拌容器

a. 搅拌器

立式打蛋机的搅拌器由搅拌桨和搅拌头两部分组成，搅拌桨在运动中搅拌物料，搅拌头则使搅拌桨相对于容器形成公转与自转的运动规律。搅拌器是立式打蛋机的关键部件，其中搅拌桨的结构形状根据被调和物料的性质以及工艺要求决定，较为典型的结构有鼓形搅拌桨、网形搅拌桨、钩形搅拌桨，如图 3-76 所示。鼓形搅拌桨由不锈钢丝制成鼓形结构，这类桨搅拌时可造成料液的湍动，但由于搅拌钢丝较细，故强度较低，只适用于工作阻力小的低黏度物料，如稀蛋液。网形搅拌桨整体锻造成网拍形，桨叶外缘与容器形状一致，它具有一定的强度，作用面积较大，可增加剪切作用，适用于中黏度

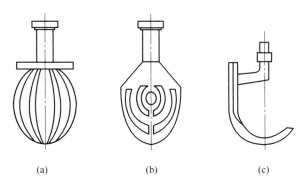

图 3-76 立式打蛋机的搅拌桨
(a) 鼓形；(b) 网形；(c) 钩形

物料的调和，如蛋白质浆、糖浆、饴糖。钩形搅拌桨整体锻造，一侧形状与容器侧壁弧形相同，顶端为钩状，这种桨的强度高，运转时各点能在容器内形成复杂运动轨迹，主要用于调和高黏度的物料，如生产蛋糕所需的面浆。

b. 轴封

打蛋机的轴封主要是防止搅拌头内传动机构中的润滑油脂漏入容器内。通常采用的轴封措施为：采用高可靠性的密封装置，如机械密封等；在设计上采用圈型间歇式结构；采用耐高温的食品机械密封润滑剂；采用封闭轴承或含油轴承以减少润滑剂的加入量。

c. 调和容器

立式打蛋机的调和容器结构特征与搅拌器容器相似，为圆柱形身下接球形底，两体焊接成型或以整体模型模压成型容器。根据食品工艺的要求，分为闭式和开式两种，以开式为普遍，为满足调制工艺的需要，调和容器通常设有升降和定位机构。

d. 机座

立式打蛋机的机座承受搅拌操作的全部负荷，搅拌器高速行星运动使机座受到交变偏心矩和弯扭矩联合作用，因此采用薄壁大断面轮廓铸造箱体结构来保证机器的刚度和稳定性。

2. 和面机

和面机为一种专用的混合机，主要用于将各种面粉原料加水搅拌，调制出满足工艺要求的面团。和面机的功能多样，用途广泛，可以用于面包、蛋糕、饼干以及一些饮食行业的食品生产。

（1）工作原理

和面机有真空式和面机和非真空式和面机，又可分为卧式、立式、单轴、双轴、半轴等。这些和面机主要是利用混合元件与物料接触，混合时物料受到拉延和撕裂达到调和的目的。卧式单轴和面机比较常用，以其为例说明详细工作原理。工作时，搅拌器由传动装置带动，在搅拌容器内回转，容器内面粉不断地被推、拉、揉、压，充分搅和，迅速混合，使干性面粉得到均匀的水化作用，扩展面筋，成为具有一定弹性、伸缩性和流动均匀的面团。

（2）主要结构

卧式和面机主要由传动系统、搅拌器、搅拌容器、机架等组成。其中，搅拌器是其关键部件。卧式和面机的主要结构组成如图 3-77 所示，实物如图 3-78 所示。

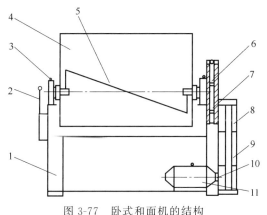

图 3-77 卧式和面机的结构

图 3-78 卧式和面机

1—机架；2—操纵手柄；3—加油点；4—搅拌容器；
5—搅拌器；6—大齿轮；7—小齿轮；8—大 V 带轮；
9—普通 V 带；10—电机轴；11—电动机

a. 传动系统

和面机的传动装置由电动机、减速器、皮带传动等组成。和面机工作转速相对较低，一般为 25～80 r/min。因此需要减速，一般通过蜗轮蜗杆减速器或行星减速器。

b. 搅拌器

和面机的搅拌器有叶片式、花环式、椭圆式等，如图 3-79 所示。这些搅拌器的共同特点是都为整体型结构，其中心位置都没有搅拌轴，因而也就不存在面团抱轴问题。它们桨叶

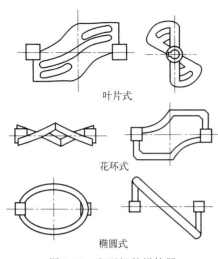

图 3-79 和面机的搅拌器

的外缘母线都与调和容器内壁形状相吻合,有利于促进面筋网络的生成,适用于调制韧性面团与水面团的面食。

c. 搅拌容器

搅拌容器的翻转机构分为机动和手动两种。机动翻转容器机构由电动机、减速器及容器翻转齿轮组成。这种机构操作方便,降低人工劳动强度,但结构复杂,整个设备成本高,适合在大型或高效和面机上使用。手动翻转容器机构适用于小型和面机或简易和面机。

d. 机架

机架一般起固定支撑的基础,家用和面机转速低,结构简单,震动程度小,故不用固定支撑即可。机架结构有的采用整体铸造,有的采用型材焊接框架结构,还有底座铸造而上不用型材焊接的。

(3) 应用特点

普通的单轴卧式和面机对面团的拉伸作用较小,容易出现抱轴现象,使操作发生困难,它一般适用于调制酥性面团。双轴卧式和面机的桨叶均匀分布在和面容器中的各个空间位置上,搅拌速度快,对面团的拉伸作用较为强烈,适用于调制面团。立式和面机对面团的压捏程度和拉伸作用较强,适用于调制韧性面团,但取出面团较困难,劳动强度较大,造价也较卧式的高。在先进的和面机上安装有冷却、保温等装置,在调制面团时可以不受气候和环境变化的影响,易获得质量优良的面团。

第四节 食品浓缩机械

浓缩就是去除食品原料液中的部分水分,以提高液体制品浓度的操作,最常见的浓缩方式就是加热蒸发。浓缩主要是针对液体食品原料如鲜牛奶、果蔬汁、淀粉糖浆、活性物质提取液等,这类物料含有大量水分,需要进行浓缩操作,以便于运输、储存和后续的深加工。根据物料的特性以及操作方式,常见的浓缩操作有常压浓缩、真空浓缩、冷冻浓缩等。

一、常压浓缩机械

常压浓缩主要是指将物料在正常大气压下加热蒸发,去除部分水分,提高制品浓度的方法。这类机械结构简单、操作方便,主要用于黏度比较低、对热不敏感的物料。

1. 夹层锅简介

夹层锅又称二重锅、双重釜等,是常见的常压浓缩设备。因其锅体是由内外球形锅体组成的双层结构形式,中间夹层通入蒸汽加热而得名。夹层锅具有受热面积大、热效率高、加热均匀、液料沸腾时间短、加热温度容易控制、外形美观、安装容易、操作方便、安全可靠等特点。它可用于调味料的配制、熬煮浓缩,也可用于物料的热烫、预煮,是食品工厂常用的一种蒸发设备。

2. 夹层锅工作原理

工作时，先将物料倒入锅内，再将一定压力的蒸汽通入锅体夹层作为热源，也可通入热油，也可选用电加热。通过锅体内壁进行热交换，用以加热浓缩物料。加热结束后，转动手轮，通过驱动蜗轮使锅体倾斜，倾斜角度可在90°的范围内任意改变，即可倒出物料。

3. 夹层锅主要结构

夹层锅主要由锅体和可倾架或撑角组成。夹层锅按其锅体的深浅可分为浅型、半深型和深型，按其操作可分为固定式和可倾式。最常见的是可倾式夹层锅，主要由锅体、填料盒、冷凝水排水管、进气管、压力表和倾覆装置等组成。可倾式夹层锅的主要结构组成如图3-80所示，实物如图3-81所示。

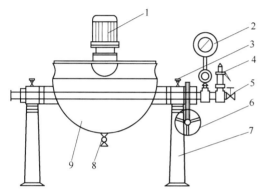

图 3-80 可倾式夹层锅的结构
1—摆线针轮行星减速器（连电机）；2—压力表；
3—油杯；4—安全阀；5—截止阀；6—手轮；
7—脚架；8—泄水阀；9—锅体外胆

图 3-81 可倾式夹层锅

锅体是由内外球形锅体组成的双层结构形式，配有压力表和安全阀。全部锅体用轴颈直接连接在支架两边的轴承上，轴颈是空心的，蒸汽管从这里伸入夹层中，周围加填料密封。锅体由球形壳体内外两层组成。其内层材料是3mm厚的耐酸耐热不锈钢板，外层材料是5mm厚的普通钢板，由内外壁板焊接而成。由于夹层是加热室，要承受400kPa的压力，其焊缝应有足够的强度。

当夹层锅用作加热黏稠性物料时，为防止粘锅和加强热交换，可在夹层锅上方装上搅拌器。一般搅拌器的叶片为桨式或与锅底弧形相同的锚式搅拌叶，转速一般为1～20r/min。

二、真空浓缩机械

真空浓缩是在减压条件下，在较低的温度下使料液里的水分迅速挥发的浓缩方法。该方法降低了水的沸点，提高了温度差，能在短时间内进行蒸发，能保持物料的营养成分和色香味，尤其是热敏物料，效果更为明显，它是最重要的和使用最广泛的浓缩方法。

真空浓缩设备的溶剂从蒸发面上汽化后进入负压状态。真空浓缩设备可以分为非膜式真空浓缩器和膜式浓缩器。非膜式真空浓缩器的料液在蒸发器内聚集在一起，只是翻滚或在管中流动，形成大蒸发面，非膜式真空蒸发器又可分为中央循环管式浓缩器和盘管式浓缩器。膜式浓缩器的料液在蒸发时被分散成薄膜状，膜式浓缩器又可分为升膜式、降膜式、刮板式等。中央循环管式浓缩器是最常用的真空浓缩设备。

1. 中央循环管式浓缩器简介

中央循环管式浓缩器属于非膜式真空浓缩器,在其中央有一个较粗的中央循环管,因此而得名。中央循环管式浓缩器是从水平加热室及蛇管加热室蒸发器发展而来的。相对于这些老式蒸发器而言,它具有溶液循环好、传热速率快等优点,同时由于结构紧凑、制造方便,应用十分广泛。

2. 中央循环管式浓缩器工作原理

中央循环管式浓缩器由垂直管束组成,管束中央有一根直径较粗的管子。粗管称为降液管或中央循环管,细管称为沸腾管或加热管。食品料液经由沸腾管和中央循环管所组成的竖式管加热面进行加热,由于传热产生重度差,形成了自然循环,而将水分蒸发,从而达到浓缩的目的。

操作时,由于中央循环管较大,其单位体积溶液占有的传热面比沸腾管内单位溶液所占有的要小,即中央循环管和其它加热管内溶液受热程度不同,从而沸腾管内的汽液混合物的密度要比中央循环管中溶液的密度小,加之上升蒸汽的向上的抽吸作用,会使蒸发器中的溶液形成由中央循环管下降、由沸腾管上升的循环流动。

3. 中央循环管式浓缩器主要结构

中央循环管式浓缩器主要由加热室、循环管、蒸发分离室、外壳等组成。中央循环管式浓缩器的主要结构组成如图 3-82 所示,实物如图 3-83 所示。

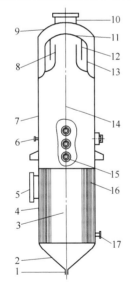

图 3-82 中央循环管式浓缩器的主要结构

1—完成液出口管;2—底部封头;3—中央循环管;
4—加热室;5—蒸汽进口接管;6—料液进口管;
7—上筒体;8—除沫器内管;9—椭圆形封头;
10—二次蒸汽出口管;11—除沫器外罩管;
12—除沫器内管;13—除沫外壳;14—分离室;
15—视镜;16—沸腾加热管;17—冷凝水出口管

图 3-83 中央循环管式浓缩器

a. 加热室

中央循环管式浓缩器中的加热室由沸腾加热管和中央循环管及上下管板组成。中央循环管的截面积一般为总加热管束截面积的 40%～100%。沸腾加热管多采用直径为 25～75mm 的管子，长度一般为 0.6～2.0m，管长与管径之比值为 20～40，材料为不锈钢或其它耐腐蚀的材料。

中央循环管与加热管一般采用胀管法或焊接法固定在上下管板上，从而构成一组竖式加热管束。料液在管内流动，加热蒸汽在管束之间流动。为了提高传热效果，在管间可增设若干个挡板，或抽去几排加热管，形成蒸汽通道，同时，配合不凝结气体排出管的合理分布，有利于加热蒸汽均匀分布，从而提高传热及冷凝效果。加热体外侧装有不凝结气体排出管、加热蒸汽管、冷凝水排出管等。

b. 蒸发分离室

蒸发室是指料液液面上部的圆筒空间。料液经加热后汽化，必须具有一定高度和空间，使汽液进行分离，二次蒸汽上升，溶液经中央循环管下降，如此保证料液不断循环和浓缩。蒸发室的高度主要由防止料液被二次蒸汽夹带上升的速度所决定，同时考虑方便清洗、维修加热管，一般为加热管长的 1.1～1.5 倍。

在蒸发室外壁有视孔、洗水、照明、仪表、取样等装置。在顶部有捕集器，使二次蒸汽夹带的液汁进行分离，保证二次蒸汽的洁净，减少料液的损失，且提高传热效果，二次蒸汽排出管位于锅体顶部。

4. 中央循环管式浓缩器应用特点

中央循环管式浓缩器具有结构紧凑、制造方便、操作可靠等优点，有所谓"标准蒸发器"之称。但实际上，由于结构上的限制，其循环速度较低（一般在 0.5m/s 以下）；而且由于溶液在加热管内不断循环，其浓度始终接近完成液的浓度，因而溶液的沸点高、有效温度差减小。此外，设备的清洗和检修也不够方便。

三、冷冻浓缩设备

冷冻浓缩是将食品料液冷冻，使溶液中的一部分水以冰的形式析出并去除，从而提高制品浓度的浓缩方法。该浓缩方法操作温度低，气液界面小，微生物增殖少，芳香物质损失少，特别有利于含热敏性和挥发性成分料液的浓缩。

1. 冷冻浓缩概述

冷冻浓缩是利用冰和水溶液之间的固液相平稳原理的一种浓缩方法，采用冷冻浓缩方法，溶液在浓度上是有限度的。当溶液中溶质浓度高于低共熔浓度时，过饱和溶液冷却的结果表现为溶质转化为晶体析出，此即结晶操作的原理。这种操作不但不会提高溶液中溶质的浓度，相反却会降低溶质的浓度。但是当溶液中所含溶质浓度低于低共熔浓度时，则冷却结果表现为溶剂（水分）成晶体（冰晶）析出。随着溶剂成晶体析出，余下溶液中的溶质浓度显然就提高了，此即冷冻浓缩的基本原理。

冷冻浓缩的操作包括两个步骤：首先是部分水分从水溶液中结晶析出；其次是将冰晶与浓缩液加以分离。结晶和分离两步操作可在同一设备或在不同的设备中进行。结晶设备包括管式、板式、搅拌夹套式、刮板式等换热器以及真空结晶器、内冷转鼓式结晶器、带式冷却结晶器等设备；分离设备有压滤机、过滤式离心机、洗涤塔以及由这些设备组成的分离装置等。在实际应用中，根据不同的物料性质及生产要求采用不同的装置系统。

冷冻浓缩方法特别适用于热敏性食品的浓缩。由于溶液中水分的排除不是用加热蒸发的方法，而是靠从溶液到冰晶的相间传递，所以可以避免芳香物质因加热所造成的挥发损失。为了更好地使操作时形成的冰晶不混有溶质，分离时又不致使冰晶夹带溶质，防止造成过多的溶质操作，结晶操作要尽量避免局部过冷，分离操作要很好地加以控制。在这种情况下，冷冻浓缩就可以充分显示出它独特的优越性。将这种方法应用于含挥发性芳香物质的食品浓缩，除成本外，就制品质量而言，要比用蒸发浓缩好。

冷冻浓缩的主要缺点是：①因为加工过程中，细菌和酶的活性得不到抑制，所以制品还必须再经热处理或加以冷冻保藏；②采用这种方法，不仅受到溶液浓度的限制，而且还取决于冰晶与浓缩液可能分离的程度，一般而言，溶液黏度愈高，分离就愈困难；③过程中会造成不可避免的溶质损失；④成本高。所以这项新技术还不能充分地发挥其独特的优势。

2. 冷冻浓缩装置系统

冷冻浓缩装置系统主要由结晶设备和分离设备两部分构成。

(1) 冷冻浓缩的结晶设备

冷冻浓缩用的结晶器有直接冷却式和间接冷却式两种。直接冷却式可利用水分部分蒸发的方法，也可利用辅助冷媒（如丁烷）蒸发的方法。间接冷却式是利用间壁将冷媒与被加工料液隔开的方法。食品工业上所用的间接冷却式设备又可分内冷式和外冷式两种。

a. 直接冷却式真空结晶器

在这种结晶器中，溶液在绝对压力 266.6Pa 下沸腾，液温为 $-3℃$。在此情况下，欲得 1t 冰晶，必须蒸去 140kg 水分。直接冷却法的优点是不必设置冷却面，缺点是蒸发掉的部分芳香物质将随同蒸汽或惰性气体一起逸出而损失。直接冷却式真空结晶器所产生的低温水蒸气必须不断排除。为减小能耗，可将水蒸气压力从 266.6Pa 提升至 933.1Pa，以提高其温度，并利用冰晶作为冷却剂来冷凝这些水蒸气。大型真空结晶器有采用蒸汽喷射升压泵来压缩蒸汽的，能耗可降低到每排除 1t 水分耗电约为 8kW·h。

直接冷却法冻结装置已被广泛应用于海水的脱盐，但迄今尚未用于液体食品的加工，主要是芳香物质的损失问题。直接冷却法的制品质量要比间接冷却法的差。但是，这种结晶器若与适当的吸收器组合起来，可以显著减少芳香物质的损失。图 3-84 所示为带有芳香物质回收的真空结晶装置流程。

料液进入真空冻结器后，于 266.6Pa 的绝对压力下蒸发冷却，部分水分即转化为冰晶。从冻结器出来的冰晶悬浮液经分离器分离后，浓缩液从吸收器上部进入，并从吸收器下部作为制品排出。另外，从冻结器出来的带芳香物质的水蒸气先经冷凝器除去水分后，从下部进入吸收器，并从上部将惰性气体抽出。在吸收器内，浓缩液与含芳香物质的惰性气体成逆流流动。若冷凝器温度并不过低，为进一

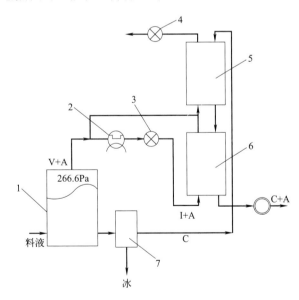

图 3-84 带有芳香物质回收的真空结晶装置流程
1—真空结晶器；2—冷凝器；3—干式真空泵；4—湿式真空泵；5—吸收器Ⅱ；6—吸收器Ⅰ；7—冰晶分离器；
V—水蒸气；A—芳香物；C—浓缩液；I—惰性气体

步减少芳香物质损失，可将离开吸收器Ⅰ的部分惰性气体返回冷凝器做再循环处理。

b. 内冷式结晶器

内冷式结晶器可分两种。一种是产生固化或近于固化悬浮液的结晶器，另一种是产生可泵送浆液的结晶器。

第一种结晶器的结晶原理属于层状冻结。由于预期厚度的晶层固化，晶层可在原地进行洗涤或作为整个板晶或片晶移出后在别处加以分离。此法的优点是，因为部分固化，所以即使稀溶液也可浓缩到40%以上，此外尚具有洗涤简单、方便的优点。但国外目前尚未采用此法进行大规模生产。

第二种结晶器是采用结晶操作和分离操作分开的方法。它由一个大型内冷却不锈钢转鼓和一个料槽所组成，转鼓在料槽内转动，固化晶层由刮刀除去。因冰晶很细，故冰晶和浓缩液分离很困难。此法工业上常用于橙汁的生产。此法的另一种变形是将料液以喷雾形式喷溅到旋转缓慢的内冷却转鼓式转盘上，并且作为片冰而排出。

冷冻浓缩所采用的大多数内冷式结晶器都属于第二种结晶器，即产生可以泵送的悬浮液。在比较典型的设备中，晶体悬浮液停留时间只有几分钟。由于停留时间短，故晶体粒度小，一般小于$50\mu m$。作为内冷式结晶器，刮板式换热器是第二种结晶器的典型运用之一。

c. 外冷式结晶器

外冷式结晶器有下述三种主要形式。

第一种形式要求料液先经过外部冷却器做过冷处理，过冷度可高达6℃，然后此过冷而不含晶体的料液在结晶器内将其"冷量"放出。为了减小冷却器内晶核形成和晶体成长发生变化，避免因此引起液体流动的堵塞，冷却器传热壁接触液体的部分必须高度抛光。使用这种形式的设备，可以制止结晶器内的局部过冷现象。从结晶器出来的液体可利用泵使之在换热器和结晶器之间进行循环，而泵的吸入管线上可装过滤机将晶体截留在结晶器内。

第二种外冷式结晶器的特点是全部悬浮液在结晶器和换热器之间进行再循环。晶体在换热器的停留时间比在结晶器中短，故晶体主要是在结晶器内长大的。

第三种外冷式结晶器的特点为：

① 在外部换热器中产生亚临界晶体。

② 部分不含晶体的料液在结晶器与换热器之间进行再循环。换热器形式为刮板式。因热流大，故晶核形成非常剧烈。而且由于浆料在换热器中停留时间甚短，通常只有几秒时间，故所产生的晶体极小。当其进入结晶器后，即与结晶器内含大晶体的悬浮液均匀混合，在结晶器内的停留时间至少有半小时，故小晶体溶解，其溶解热就消耗于供大晶体成长。

（2）冷冻浓缩的分离设备

冷冻浓缩操作的分离设备有压榨机、离心机和洗涤塔等。

a. 压榨机

通常采用的压榨机有水力活塞压榨机和螺旋压榨机。采用压榨法时，溶质损失取决于被压缩冰饼中夹带的溶液量。冰饼经压缩后，夹带的液体被紧紧地吸住，以致不能采用洗涤方法将它洗净。但压力高，压缩时间长时，可降低溶液的吸留量。例如压力达10^7Pa左右，且压缩时间很长时，吸留量可降至0.05kg/kg。由于残留液量高，考虑到溶质损失率，压榨机只适用于浓缩比接近于1时。

b. 离心机

采用转鼓式离心机时，所得冰床的空隙率为0.4～0.7。球形晶体冰床的空隙率最低，而树枝状晶体冰床的空隙较高。与压榨机不同，在离心力场中，部分空隙是干空的，冰饼中残液以两种形式被吸留。一种是晶体和晶体之间，因黏性力和毛细力而吸住液体；另一种只是因黏性力使液体黏附于晶体表面。

采用离心机的方法，可以用洗涤水或将冰融化后来洗涤冰饼，因此分离效果比用压榨法好，但洗涤水将稀释浓缩液。溶质损失率决定于晶体的大小和液体的黏度。即使采用冰饼洗涤，仍可高达10%。采用离心机有一个严重缺点，就是挥发性芳香物质的损失。这是因为液体因旋转而被甩出来时，要与大量空气密切接触。

c. 洗涤塔

分离操作也可以在洗涤塔内进行。在洗涤塔内，分离比较完全，而且没有稀释现象。因为操作时完全密闭且无顶部空隙，故可完全避免芳香物质的损失。洗涤塔的分离原理主要是利用纯冰融解的水分来排冰晶间残留的浓液，方法可用连续法或间歇法。间歇法只用于管内或板间生成的晶体进行原地洗涤。在连续式洗涤塔中，晶体相和液相做逆向移动，进行密切接触。从结晶器出来的晶体悬浮液从塔的下端进入，浓缩液从同一端经过滤器排出。因冰晶密度比浓缩液小，故冰晶就逐渐上浮到顶端。塔顶设有融化器（加热器），使部分冰晶融解。融化后的水分即下流返行，与上浮冰晶逆流接触，洗去冰晶间浓缩液。这样晶体就沿着液相溶质浓度逐渐降低的方向移动，因而晶体随浮随洗，残留溶质愈来愈少。

第五节　食品干燥机械

干燥是将食品物料中的湿分去除，生产干制品的操作。其目的是防止食品霉烂变质，能较长时间储存，减少体积和质量，便于运输；此外在干燥过程中，还可制成风味和形状各异的产品。食品干燥应用广泛，如膨化食品、烘烤食品、干果品、脱水蔬菜、乳粉、鱼干、蜂王粉及其深加工产品。

食品干燥通常采用加热去除水分的方法，即借助热能，通过介质（热空气或载热器件）以传导、对流或辐射的方式作用于物料，使其中水分汽化并排出，或将物料冻结升华去水达到干燥的要求。因原料的性状、加热方式和条件及所用设备不同，具有不同的干燥方法。目前，食品工业中常见的干燥形式根据传热方式、干燥压力的不同，可分为常压干燥、真空干燥、辐射干燥等。常压干燥机械主要包括箱式干燥机、隧道式干燥机、滚筒干燥机、流化床干燥机、喷雾干燥机等，真空干燥机械主要包括真空干燥机和真空冷冻干燥设备，辐射干燥设备主要包括微波干燥机、红外线干燥机等。

一、常压干燥机械

常压干燥主要是在正常大气压下对湿基物料加热，使水分汽化挥发去除的干燥方法。可以通过传导、对流的方式进行传热，利用热空气作为干燥介质。常压干燥机械结构相对简单，操作方便，是使用最广泛的干燥方式。

1. 箱式干燥机

箱式干燥机是一种最常见的常压干燥设备，广泛应用于食品工业生产中。它通常由一个封闭的箱体构成，内部配备有加热器、风扇和排气系统等组件。箱式干燥机的主要功能是将湿物质或液体通过热空气的作用，将其内部的水分蒸发掉，从而实现干燥的目的。它属于间歇式干燥设备。

（1）工作原理

箱式干燥机工作时，将需要进行干燥处理的食品或原料放置在干燥室中。通过加热装置，将空气加热至一定温度，通常使用电加热器、蒸汽或燃气等方式进行加热。通过风扇将加热后的空气循环流动，形成对食品或原料的热风干燥环境。在干燥室内，湿度较高的食品或原料会释放出水分。干燥室内的湿气通过通风装置排出。箱式干燥机通常配备有温度和湿度控制系统，可以根据需要调节干燥室内的温度和湿度。根据不同的食品或原料，设置干燥时间，确保食品或原料在适当的时间内完成干燥过程。经过一定时间的干燥处理，食品或原料中的水分会逐渐蒸发，达到所需的干燥程度。

（2）主要结构

箱式干燥机的结构相对简单，主要由外壳、干燥室、风道系统、加热设备和控制系统等组成。这些部件相互配合，能够提供稳定的干燥环境，满足食品加工中对干燥处理的需求。箱式干燥机的主要结构组成如图3-85所示，实物如图3-86所示。

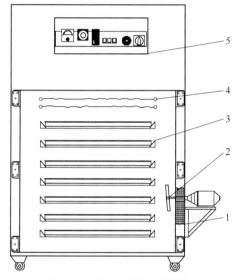

图3-85 箱式干燥机的结构

1—保温外壳；2—风扇；3—物料盘；4—加热器；5—控制面板

图3-86 箱式干燥机

干燥室内部有逐层存放物料的盘子（这些物料盘一般放在可移动的盘架上，能够移动进出干燥室）。干燥室可以用钢板、砖、石棉板等制成；物料盘可用钢板、不锈钢板、铝板、铁丝网等制成，视被干燥物料的性质而定。干燥机内热风速度通常为0.5~3m/s，一般情况下取1m/s为宜。物料盘中物料填装厚度一般为20~50mm。

（3）简单应用

箱式干燥机的应用范围非常广泛。它适用于各种不同类型的物料，包括粉状、颗粒状、块状和片状等。在食品加工行业中，它常用于干燥谷物、豆类、蔬菜、水果等食品原料。在制药工业中，它可用于干燥药材、药粉、药片等。此外，箱式干燥机还常被用于化工、冶金、建材、电子等行业中的干燥工艺。

2. 隧道式干燥机

隧道式干燥机是一种常压的食品干燥设备，它有一个狭长的干燥通道，被干燥食品物料放置在小车上一次性通过干燥通道而被干燥，因此它也叫洞道干燥。隧道式干燥机主要用于将湿度较高的食品材料通过热风进行干燥，以达到延长食品保质期、改善食品口感和增加食品附加值的目的。它属于连续式干燥设备。

(1) 工作原理

隧道式干燥机的工作原理是将待干燥的食品通过进料口送入干燥机的进料端。干燥机内部设置有加热器，加热器提供热源，使干燥机内部的空气温度升高。热空气通过风机被送入干燥机的通道内。食品被送入干燥机的通道内，随着热空气的流动，食品表面的水分开始蒸发。热空气的流动速度和温度可以根据食品的特性进行调节，以实现最佳的干燥效果。干燥过程中，食品释放的水分会被带走，形成湿空气。湿空气通过排湿装置排出干燥机，以维持干燥机内部的相对湿度。经过一段时间的干燥，食品内部的水分被蒸发至目标水分含量，干燥的食品从干燥机的出料端排出。这种连续式的干燥方式可以大大提高生产效率，适用于大规模食品加工生产。

(2) 主要结构

隧道式干燥机的结构主要由进料口、隧道、出料口、通风系统和控制系统组成。其设计合理，能够高效地完成食品的干燥工作。隧道式干燥机的主要结构组成如图3-87所示，实物如图3-88所示。

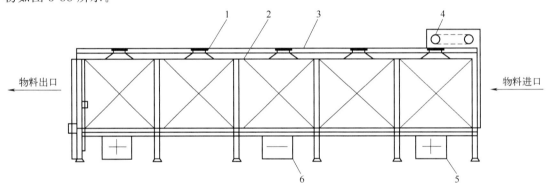

图3-87 隧道式干燥机的结构

1—单轨；2—小车；3—支架；4—推车机；5—干燥介质进口；6—废气出口

a. 隧道

隧道的四壁用砖或带有绝热层的金属材料构成。隧道的宽度主要决定于洞顶所允许的跨度，一般不超过3.5m。干燥机长度由物料干燥时间及干燥介质流速和允许阻力所确定。干燥机愈长，则干燥愈均匀，但阻力也越大。长度通常不超过50m。截面流速

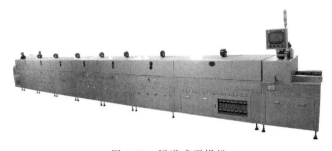

图3-88 隧道式干燥机

一般不大于2~3m/s。将被干燥物料放置在小车上，送到隧道内。载有物料的小车布满整个隧道。当推入一辆有湿物料的小车时，彼此紧跟的小车都向出口端移动，小车借助于轨道的倾斜度（倾斜度为1/200）沿隧道移动，或借助于安装在进料端的推车机推动。推车机具有压辊，它装在一条或两条链带上，这些压辊焊接在小车的缓冲器上，车身移动一个链带行程

后，链带空转，直至在压辊运动的路程上再遇到新的小车。也可在干燥机进口处，将载物料的小车相互连接起来，用绞车牵引整个列车或者用钢索从轮轴下面通过去牵引小车。

此外，也可将小车吊在单轨上（单轨式隧道干燥机），或吊在特别的平车上。隧道的门必须严密。可根据车间与洞口的大小设计成双轨式（双轨式隧道干燥机）、旁推式或升降式。对于旁推式或升降式的门，转车盘或转向平车可以紧靠干燥机，但需在门开启时留有能放置一辆或两辆车的余地。

b. 热介质

进入隧道的热源可用废气、热气、烟道气或电加热空气等。热介质经料车底部及两侧缓缓进入干燥机内。小车两侧的热介质经由竖管从喷嘴抽出，喷嘴对准每层料盘中间部位，以增大干燥机内热介质的横向流动，将层与层间水蒸气带走，降低料层间热空气内的水分压，提高干燥速率。流向可分为自然循环、一次或多次循环，以及中间加热和多段再循环等。其中，自然循环是不合理的，因为物料在设备中停留的时间长，会影响产品质量，而且消耗热能。多段再循环的主要优点是不管纵向的气流如何，都可使空气的横向速度变大，干燥效果较好，达到均匀和迅速干燥的目的。近年来，在隧道式干燥设备内采用逆流和并流操作流程。对于很多的物料，如果只采取逆流操作，可能引起局部冷凝现象，影响产品质量。如果只采用并流操作，干燥过程进行得较顺利，但在干燥过程结束时，干燥强度低。

c. 小车

隧道式干燥机中常将被干燥物料放置在小车上进行干燥。可以根据被干燥物料的外形和干燥介质的循环方向，设计不同结构和尺寸的小车。将松散状物料放置在浅盆中的情况，见浅盘式干燥物料小车和悬挂式干燥物料小车。小车的车轮结构有凸缘的，有平滑的。

（3）简单应用

隧道式干燥机的应用范围广泛，适用于各种食品材料的干燥，如谷物、坚果、蔬菜、水果、肉类等。它可以将食品中的水分迅速蒸发，减少食品的水分含量，从而达到延长食品保质期的效果。同时，隧道式干燥机还可以通过控制干燥温度和时间，调整食品的口感和质地，提高食品的风味和品质。

3. 滚筒干燥机

滚筒干燥机又称转鼓干燥机，是一种内加热传导型转动干燥设备。湿物料在转鼓外壁上获得以导热方式传递的热量，脱除水分，达到干燥所要求的湿含量。在干燥过程中，热量由鼓内壁传到鼓外壁，再穿过料膜，其热效率高，可连续操作，故广泛用于液态物料或带状物料的干燥。

（1）工作原理

滚筒干燥机是一种加热传导型的干燥机。干燥的机理是物料以薄膜状态覆盖在滚筒表面，在滚筒内通入蒸汽，加热筒壁，使筒内的热量传导至料膜，并按"索莱效应"，引起料膜内湿分向外转移，当料膜外表面的蒸汽压力超过环境空气中蒸汽分压时，则产生蒸汽和扩散的作用。滚筒在连续转动的过程中，每转一圈所黏附的料膜，其传热与传质的作用始终由里向外，同一方向进行，从而达到了干燥的目的。

筒壁上料膜的温度，处于连续变化之中。料膜内侧的温度，自始至终地升高，体现出湿含量向料膜外侧转移的过程。在料膜外侧，干燥初期的温度，低于内侧的膜温，出现较大的温度梯度，后期则逐渐减小。在刮料点处，料膜的温度，将接近于筒壁的温度，因此对于热稳定性较差的物料干燥时，控制筒壁的温度是十分必要的。

料膜干燥的全过程，可分为预热、等速和降速三个阶段。筒壁浸于料液中的成膜区域是预热段，蒸发作用尚不明显。在料膜脱离料液主体后，干燥作用即将开始，膜表面开始汽化，并维持恒定的汽化速度。当膜内扩散速度小于表面汽化速度时，则进入降速阶段的干燥。随着料膜内湿分降低达到物料干燥最终含水量，由刮刀从滚筒壁上刮出。

（2）主要结构

滚筒干燥机按进料的方法分为单滚筒搅拌浸液式进料、双滚筒浸液式进料、对滚筒喷溅式进料、单滚筒喷溅式进料等。按滚筒数量可分为单滚筒干燥机、双滚筒干燥机、多滚筒干燥机。滚筒干燥机主要结构包括热介质进出口旋转接头、旋转筒体、刮刀及调节装置刮料装、料液槽等。单滚筒干燥机的主要结构组成如图 3-89 所示，实物如图 3-90 所示。

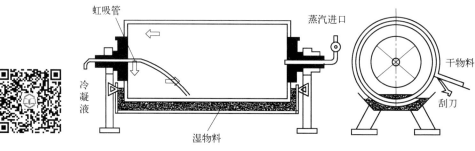

图 3-89　单滚筒干燥机的结构

图 3-90　单滚筒干燥机

a. 热介质进出口旋转接头

热介质进出口旋转接头结构主要部件有空心轴、三通、壳体、端盖、轴承、密封垫、波纹管、密封杯、密封圈、内管等。旋转接头是将流体介质从静止的管道输入到旋转或往复运动的设备中的一种连接密封装置。它是一个独立的单体产品，一端与静止管道连接，另一端与运动的设备连接，介质从其中间通过。该产品采用机械密封，不需要填料可自动同心，自动补偿，摩擦系数小，使用寿命长，彻底解决流体跑、冒、滴、漏，改善了工作环境；节省能源、减少维修工作量、降低生产成本，是理想的密封产品（国内已有定型产品可供选用）。

b. 旋转筒体

旋转筒体结构包括筒体、端盖、端轴及轴承。按供热介质不同可分为用水蒸气加热的光筒筒体，也有用导热油、热水加热或冷水冷却（结片机）的带有螺旋导流板夹套层结构的筒体。另外，还有一种带环形沟槽的筒体，特别适用于某些膏糊状的物料及需成型的物料，使干燥与造粒相结合。

铸造滚筒，筒体、端轴均分别由铸件经加工和热处理后组装而成（筒体表面渗铬）。这类滚筒筒体壁厚（15～32mm）、质量大、热阻大、导热性差，具有热容量大、传热稳定、良好的耐磨性和刚性等优点，适用于要求稳定性、无腐蚀性的物料干燥。

焊接滚筒，筒体由具有焊接性的板材卷焊加工成型。焊接筒体具有壁薄（8～15mm）、导热性好、单件加工方便、适用材料广、筒体的直径与长度范围广等特点，为各类滚筒干燥机所常用的滚筒形式。在筒体焊制加工过程中，尽量使筒体厚度均匀、椭圆度小，以保证筒壁受热均匀。同时也使布料装置和布料调控装置与圆筒之间的相对位置保持不变，防止铺在滚筒上的物料厚薄不均匀、物料层不完全而产生过热现象，直接影响产品质量。对转鼓干燥机来讲，圆筒加工的好坏，将决定干燥能力。为了在不同蒸气压和进风温度等条件下，表面不能凹曲，要有较高的制造精度及承受压力，故筒体制造要按压力容器规范来制造、验收。

c. 刮刀及调节装置

刮料装置包括刮刀刀片、支撑架、支轴和压力调节器等部件。刮刀装置按传递方式可分为直接式和杠杆式两种形式，按压力调节器作用的传递方式又可分为弹簧式（弹性）和螺杆式（刚性）两种形式。刮刀材料主要考虑耐磨性、耐腐蚀性以及与筒体表面之间的硬度。相比筒体易磨损，一般硬度控制在 $260\sim280N/mm^2$。对于镀铬或经热处理的滚筒，刮刀淬火处理硬度可达 $440\sim480N/mm^2$。一般单刀型的刮片厚度控制在 8～10mm，宽度可达到 80～150mm。单面所开刃口厚度为 1～1.5mm，刃口保证平直、光洁，做研磨处理。

（3）简单应用

滚筒干燥机操作弹性大，适应性广，可调整滚筒干燥机的诸多干燥因素，如进料的浓度、涂料料膜的厚度、加热介质的温度、滚筒的转动速度等，都可以改变滚筒干燥机的干燥效率，且诸多因素互无牵连。这给滚筒干燥操作带来很大的方便，使其能适应多种物料的干燥和不同产量的要求。

滚筒干燥机热效率高，因滚筒干燥机传热机理属热传导，传热方向在整个操作周期中保持一致，除盖散热和热辐射损失外，其余热量全部都用于筒料膜湿分的蒸发上，热效率可达 80%～90%。

滚筒干燥机干燥时间短，特别适用于热敏性物料，若将滚筒干燥机设置在真空器中，则可在减压条件下运行。滚筒刮板干燥机干燥速率大，滚筒外壁上的被干燥物料在干燥开始时能形成的湿料膜一般为 0.5～1.5mm，且传热、传质方向一致。

4. 流化床干燥机

流化床干燥机是一类能够使粉状或颗粒状物料被通入的热空气呈沸腾状态进行干燥的机械设备，因为干燥过程中呈现沸腾状态，所以也叫沸腾床干燥机或沸腾床干燥器。流化床干燥在我国是从1958年以后开始发展起来的一门技术，首先是在食盐工业上应用，后来流化床应用于干燥果汁型饮料、白砂糖、速溶乳粉、葡萄糖、汤料粉等。

（1）工作原理

在一个设备中，将颗粒物料堆放在分布板上，当气流由设备下部通入床层时，随着气流速度加大到某种程度，固体颗粒在床内就会产生沸腾状态，这种床层就称为流化床。流化床干燥机就是利用物料的流化状态进行干燥的。

流化过程可以分为固定床、松动床、流态化开始、流态化展开、气力输送等几个阶段，如图 3-91 所示。

固定床：当风速很小时，气流从颗粒间通过，气流对物料的作用力还不足以使颗粒运动，物料层静止不动，高度不变，即固定床阶段。

松动床：床层压力降随气流速度的增加而增大，当气流的速度逐渐增大至接近气流临界流化速度时，压力降等于单位面积床上物料层的实际重量时，床层开始松动，高度略有增

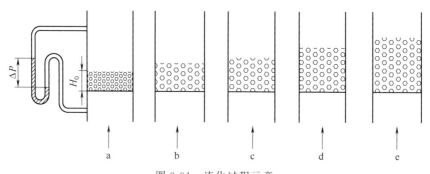

图 3-91 流化过程示意
a. 固定床；b. 松动床；c. 流态化开始；d. 流态化展开；e. 气力输送床

加，物料空隙率也稍有增加，但床层并无明显的运动，即松动层阶段。

流态化开始阶段：当气流的速度增大至气流临界流化速度，并继续增加时，颗粒开始被气流吹起并悬浮在气流中，颗粒间相互碰撞、混合，床层高度明显上升，床上物料近乎液体的沸腾状态，即流态化开始阶段。

流态化展开阶段：当气流的速度进一步增大，床上物料处于稳定的流化状态。

气力输送阶段：当气流速度再增大，气流对物料的作用力使物料颗粒被气流带走，即气力输送阶段。

流化床干燥机主要将气流速度控制在流态化开始阶段和流态化展开阶段，这样干燥效果最好。当采用热空气作为流化介质干燥湿物料时，热空气起流化介质和干燥介质双重作用。需要干燥的物料在热空气中被吹起、翻滚、互相混合和摩擦碰撞的同时，通过传热和传质达到干燥的目的。

（2）主要结构

流化床干燥机主要由风箱、流化床、抽吸罩等部分组成。其中流化床是本机最关键的部分。流化床干燥机按结构型式可分为立式和卧式及单层型、多层型和多室型等，按附加装置分为带振动器型和间接加热型。在立式流化床干燥器中，物料的通过方向主要为自上而下，与重力方向相同。下面介绍一下较为先进的卧式多室流化床干燥机。卧式多室流化床干燥机的主要结构组成如图 3-92 所示，实物如图 3-93 所示。

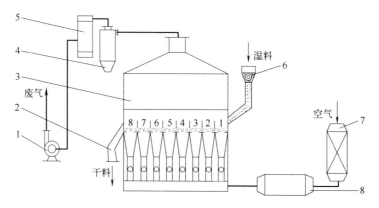

图 3-92 卧式多室流化床干燥机的结构
1—抽风机；2—卸料管；3—干燥器；4—旋风除尘器；5—袋式除尘器；
6—摇摆颗粒器；7—空气过滤器；8—加热器

卧式流化床干燥机中物料通过方向与重力方向垂直，物料的通过完全依靠外界动力，因而易于控制。为了克服多层流化床干燥器的结构复杂、床层阻力大、操作不易控制等缺点，以及保证干燥后产品的质量，开发出一种新型卧式多室流化床干燥机。这种设备结构简单、操作方便，适用于干燥各种难以干燥的粒状物料和热敏性物料，并逐渐推广到粉状、片状等物料的干燥。

图 3-93　卧式多室流化床干燥机

该干燥器为一矩形箱式流化床，底部为多孔筛板，其开孔率一般为 4%～13%，孔径一般为 1.5～2.0mm。筛板上方有竖向挡板，将流化床分隔成八个小室。每块挡板均可上下移动，以调节其与筛板之间的距离。每一小室下部有一进气支管，支管上有调节气体流量的阀门。湿料由摇摆颗粒器连续加入干燥器的第一室，由于物料处于流化状态，所以可自由地由第一室移向第八室，干燥后的物料则由第八室之卸料口卸出。

空气流经过滤器经加热器加热后，由各支管分别送入各室的底部，通过多孔筛板进入干燥室，对多孔板上的物料进行流化干燥，废气由干燥室顶部出来，经旋风分离器、袋式过滤器后，由抽风机排出。

卧式多室流化床干燥器所干燥的物料，大部分是经造粒机预制成粒径 1.4～4.75mm 的散粒状物料，其初始湿含量一般为 10%～30%，终了湿含量为 0.2%～0.3%，由于物料在流化床中摩擦碰撞的结果，干燥后物料粒度变小。当物料的粒度分布在 0.15～0.8mm 或更细小时，干燥器上部须设置扩大段，以减少细粉的夹带损失。同时，分布板的孔径及开孔率也应缩小，以改善其流化质量。

（3）简单应用

流化床干燥机广泛适用于化工、轻工、医药、食品、塑料、粮油、矿渣、制盐、烟草等行业的粉状、颗粒状物料的干燥。

流化床干燥机的优点为设备小、生产能力大、物料逗留时间可任意调节、装置结构简单、占地面积小、设备费用不高、物料易流动。设备的机械部分简单，除一些附属部件如风机、加料器等外，无其他活动部分，因而维修费用低。与气流干燥相比，因沸腾干燥的气流速度较低，所以物料颗粒的粉碎和设备的磨损也相对较小。其主要缺点是操作控制比较复杂。

流化床干燥机适用于处理粉状且不易结块的物料，物料粒度通常为 $30\mu m$～6mm，颗粒直径小于 $30\mu m$ 时，气流通过多孔分布板后极易产生局部沟流。颗粒直径大于 6mm 时，需要较高的流化速度，动力消耗及物料磨损随之增大。适用于处于降速干燥阶段的粉状物料和颗粒物料。适宜的含水范围分别在 2%～5% 和 10%～15% 之间。气流干燥或喷雾干燥得到物料，若仍含有需要经过较长时间降速干燥方能去除的结合水分，则更适于采用流化床干燥。

5. 喷雾干燥机

喷雾干燥是指将液态食品物料通过机械的作用（如使用压力和离心力等）分散成雾一样的细小液滴（直径为 $10～20\mu m$），使其表面积大幅度地增加，当把被分散的细小液滴在与热空气的接触中，水分瞬时就被去除的干燥方法，干燥后形成粉粒状或颗粒状品。喷雾干燥其特点是干燥迅速，适用于液态物料的干燥。液态物料可以是溶液、乳浊液、悬浮液及其它浆状物料。

(1) 工作原理

待干燥的湿基料液通过雾化器雾化得到直径 $10\sim100\mu m$ 的雾滴，这些具有巨大表面积的雾滴与导入干燥室的热气流接触，瞬间发生强烈的热交换和质交换，其中绝大部分水分迅速蒸发汽化并被干燥介质带走。由于水分蒸发会从液滴吸收汽化潜热，因而液滴的表面温度一般为空气的湿球温度。喷雾干燥包括雾滴预热、恒速干燥和降速干燥三个阶段，只需 $10\sim30s$ 便可得到符合要求的干燥产品。由于重力的作用，干燥后的产品大部分沉降于底部，少量微粉随废气进入粉尘回收装置得以回收，尾气处理后排空。

喷雾干燥的过程：原料液由储料罐经料液过滤器由输料泵输送到喷雾干燥机顶部的雾化器雾化为雾滴。新鲜空气由鼓风机经空气过滤器、空气加热器及空气分布器送入喷雾干燥机的顶部与雾滴接触、混合，进行传热与传质，即进行干燥。干燥后的产品由塔底引出，夹带细粉尘的废气经旋风分离器由引风机排入大气。

料液的雾化：料液雾化为雾滴，雾滴与热空气接触、混合是喷雾干燥独有的特征。雾化的目的在于将料液分散为微细的雾滴，具有很大的表面积，当其与热空气接触时，雾滴中水分迅速汽化而干燥成粉末或颗粒状产品。雾滴的大小和均匀程度对产品质量和技术经济指标影响很大，特别是对热敏性物料的干燥尤为重要。如果喷出的雾滴大小很不均匀，就会出现大颗粒还没达到干燥要求，而小颗粒却已干燥过度而变质的情况。因此，料液雾化所用的雾化器是喷雾干燥的关键部件。

雾滴和空气的接触：雾滴和空气的接触、混合及流动是同时进行的传热传质过程，即干燥过程，此过程在干燥塔内进行。雾滴和空气的接触方式、混合与流动状态决定于热风分布器的结构形式、雾化器在塔内的安装位置及废气排出方式等。在干燥塔内，雾滴和空气的流向有并流、逆流及混合流。雾滴与空气的接触方式不同，对干燥塔内的温度分布、雾滴（或颗粒）的运动轨迹、颗粒在干燥塔中的停留时间及产品性质等均有很大影响。雾滴的干燥过程也经历着恒速和降速阶段。

干燥产品与空气分离：喷雾干燥的产品大多数都采用塔底出料，部分细粉夹带在排放的废气中，这些细粉在排放前必须收集下来，以提高产品收率、降低生产成本；排放的废气必须符合环境保护的排放标准，以防止环境污染。

(2) 主要结构

喷雾干燥设备通常按照雾化方式进行分类，即按雾化器的结构分类，包括离心式（转盘式）、压力式（机械式）和气流式（多流式）喷雾干燥设备。气流式雾化器结构简单、制造方便，是我国最早工业化的喷雾干燥方式，但气流式喷雾干燥机能量消耗大，现在多用于制药和保健品行业。随着离心式、压力式喷雾干燥机的成功开发，目前离心式喷雾干燥机从每小时处理量几千克到几十吨已经形成了系列化机型，生产制造技术基本成熟。压力式喷雾干燥机所得产品为微粒状，在合成洗涤剂、乳制品、染料、水处理剂等方面都有大量应用。压力式喷雾干燥机直径可达 8m，总高达 50m 以上，每小时可以蒸发几吨水。

喷雾干燥机的种类较多，根据不同的物料或不同的产品要求，所设计出的喷雾干燥系统也有差别，但构成喷雾干燥系统的几个主要基本单元不变。喷雾干燥机主要由送风系统、供料系统、雾化器、干燥室、排料系统、排风系统等组成。其中雾化器是本机最关键的部分。喷雾干燥机的主要结构组成如图 3-94 所示，实物如图 3-95 所示。

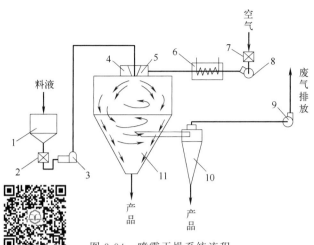

图 3-94　喷雾干燥系统流程　　　　　　　　图 3-95　喷雾干燥机

1—储料罐；2—料液过滤器；3—输料泵；4—空气分布器；
5—雾化器；6—空气加热器；7—空气过滤器；8—鼓风机；
9—引风机；10—旋风分离器；11—喷雾干燥室

a. 供料系统

供料系统将料液顺利输送到雾化器中，并能保证其正常雾化。根据所采用雾化器形式和物料性质不同，供料的方式也不同，常用的供料泵有螺杆泵、计量泵、隔膜泵等。对于气流式雾化器，在供料的同时还要提供压缩空气以满足料液雾化所需要的能量，除供料泵外还要配备空气压缩机。

b. 供热系统

供热系统给干燥提供足够的热量，以空气为载热体输送到干燥器内。供热系统形式的选定也与多方面因素有关，其中最主要因素还是料液的性质和产品的需要，供热设备主要有直接供热和间接换热两种形式。风机也是这个系统的一部分。

c. 雾化系统

雾化系统是整个干燥系统的核心，雾化系统中的雾化器是干燥专家们从理论到结构研究最多的内容。目前常用的主要有三种基本形式：离心式——以机械高速旋转产生的离心力为主要雾化动力；压力式——以供料泵产生的高压为主要雾化动力，由压力能转变成动能；气流式——以高速气流产生的动能为主要雾化动力。三种雾化器对料液的适应性不同，产品的粒度也有一定的差异。喷雾干燥机雾化器的类型如图 3-96 所示。

d. 干燥室

干燥室是喷雾干燥的主体设备，雾化后的液滴在干燥室内与干燥介质相互接触进行传热传质而达到干制品的水分要求。其内部装有雾化器、热风分配器及出料装置等，并开有进气口、排气口、出料口及入孔、视孔、灯孔等。为了防止（带有雾滴和粉末的）热湿空气在器壁结露和出于节能考虑，喷雾干燥室壁由双层结构夹保温层构成，并且内层一般由不锈钢板制成。另外，为了尽量避免粉末黏附于器壁，一般干燥室的壳体上还安装有使黏粉抖落的振动装置。

喷雾干燥室分为箱式和塔式两大类，每类干燥室由于处理物料、受热温度、热风进入和出料方式等的不同，可分为箱式干燥室和塔式干燥室等。箱式干燥室又称卧式干燥室，用于

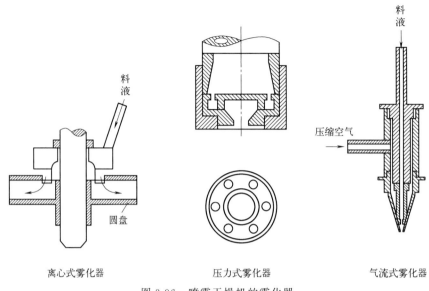

图 3-96 喷雾干燥机的雾化器

水平方向的压力喷雾干燥。塔式干燥室常称为干燥塔,新型喷雾干燥设备几乎都用塔式结构。干燥塔的底部有锥形底、平底和斜底三种,食品工业中常采用前者。对于吸湿性较强且有热塑性的物料,往往会造成干粉粘壁成团的现象,且不易回收,必须具有塔壁冷却措施。

e. 气固分离系统

雾滴被干燥除去水分(应该说是绝大部分水分)后形成了粉粒状产品,有一部分在干燥塔底部与气体分离排出干燥器(塔底出料式),另有一部分随尾气进入气固分离系统需要进一步分离。气固分离主要有干式分离和湿式分离两类。此外,有些系统还带有全自动控制装置和废热回收装置。

(3) 简单应用

喷雾干燥主要适用于食品、生物、饮料、化工、材料、制药等企业,还应用于高校、研究所的实验室,研发和生产微量颗粒粉末,对所有溶液如乳浊液、悬浮液具有广谱适用性,适用于对热敏感性物质的干燥如生物制品、生物农药、酶制剂等,因所喷出的物料只是在喷成雾状大小颗粒时才受到高温,故只是瞬间受热,能保证这些活性材料在干燥后其活性成分不受破坏。

喷雾干燥的优点为:①干燥速度快。②产品质量好。松脆空心颗粒产品具有良好的流动性、分散性和溶解性,并能很好地保持食品原有的色、香、味。③营养损失少。快速干燥大大减少了营养物质的损失,如牛乳粉加工中热敏性维生素C只损失5%左右。因此,特别适合于易分解、易变性的热敏性食品加工。④产品纯度高。喷雾干燥是在封闭的干燥室中进行的,既保证了卫生条件,又避免了粉尘飞扬,从而提高了产品纯度。⑤工艺较简单。料液经喷雾干燥后,可直接获得粉末状或微细的颗粒状产品。⑥生产率高。便于实现机械化、自动化生产,操作控制方便,适于连续化大规模生产,且操作人员少,劳动强度低。

喷雾干燥的缺点为:①投资大。由于一般干燥室的水分蒸发强度仅能达到 $2.5\sim4.0 kg/(m^3 \cdot h)$,故设备体积庞大,且雾化器、粉尘回收以及清洗装置等较复杂。②能耗大,热效率不高。一般情况下,热效率为30%~40%,若要提高热效率,可在不影响产品质量的前提下,尽量提高进风温度以及利用排风的余热来预热进风。另外,因废气中湿含量较高,为降低产品中的水分含量,需耗用较多的空气量,从而增加了鼓风机的电能消耗与粉尘回收装置的负担。

二、真空干燥机械

在常压下的各种加热干燥方法,因物料加热温度较高,食品物料的色、香、味和营养成分均有一定损失。若在低压条件下干燥,能更有效地保持食品的品质。真空干燥是将食品物料置于低气压的环境中,通过加热去除湿分的操作,由于气压较低,水分易于汽化挥发,对热敏性物料干燥效果较好。

1. 箱式真空干燥机

箱式真空干燥机是历史最悠久也是最简单的一种真空干燥机,内有多块中空加热板,加热板里面一般通蒸汽加热,也可用电加热或其它辐射加热。物料放在金属盘里置于加热板上,热量通过热传导到达物料内部,使水分加热蒸发。箱式真空干燥机目前使用仍很普遍,适用于液体、浆体、粉体和散粒食品物料的干燥。

(1) 工作原理

工作时,将被干燥的食品物料放置在密闭的干燥室内,在用真空系统抽真空的同时,对被干燥物料适当不断加热,使物料内部的水分通过压力差或浓度差扩散到表面,水分子在物料表面获得足够的动能,在克服分子间的吸引力后,逃逸到真空室的低压空气中,从而被真空泵抽走除去,进而物料被干燥。

由于在真空状态下,对流传热严重削弱,传热主要靠热传导,以及盘管和箱壁对物料的热辐射。但因为温度低,辐射传热占的比重不大。热传导占的比重较大,但物料盘和盘管的接触面积小,传热效果不好。

随着物料的干燥,底面干燥硬化,形成热阻层,降低了盘管和物料盘的传热量;上表面板结,致使内部产生的蒸汽不易排出,影响了干燥速度,并且当气泡压力足够大、冲破板结层时,物料崩出盘外,造成浪费。以下方法可用于改善箱式真空干燥设备的性能。

① 改善对流换热,根据各阶段的特点,调整每一阶段的真空度,尽可能地增大传热量。

② 改善热传导,由于物料盘难以避免物理撞击,盘底有很多突起,如果在盘管上铺一块平的薄钢板,接触面积不会很大。建议使用多孔金属板,改善热传导。

③ 破坏板结面,物料板结面的形成对热量的传递和水分的蒸发影响最大。可以用人工、机械振动、超声波等方法解决。

(2) 主要结构

箱式真空干燥机主要由干燥室、加热系统、真空系统、水蒸气收集装置、控制系统等组件组合而成。箱式真空干燥机的主要结构组成如图 3-97 所示,实物如图 3-98 所示。

a. 加热系统

干燥室通常装有放物料用的隔板或其它支撑物,这些隔板用电热或循环液体加热食品,但对上下层重叠的加热板来说,上层可以用加热板,同时还会向下层加热板上的物料辐射热量。此外,也可以用红外线、微波以辐射方式将热量传送给物料(真空微波干燥)。

b. 真空系统

真空系统是指真空获得和维持的装置,包括泵和管道,安装在真空室的外面。有的用机械真空泵,有的则用蒸汽喷射泵。

c. 水蒸气收集装置

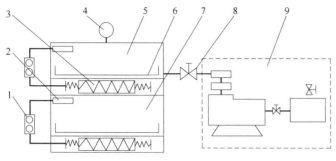 

图 3-97　箱式真空干燥机的主要结构　　　　　图 3-98　箱式真空干燥机

1—控温仪；2—温度传感器；3—电热管；4—压力表；5—上干燥箱；
6—料盘；7—下干燥箱；8—电磁阀；9—真空泵及调真空装置

冷凝器是收集水蒸气用的设备，可装在干燥室外并且还必须装在真空泵前，以免水蒸气进入泵内造成污损。用蒸汽喷射泵抽真空时，它不但从真空室内抽出空气，而且还同时将带出的水蒸气冷凝，因而一般不再需要装冷凝器。

（3）简单应用

箱式真空干燥机广泛应用于生物化学、化工制药、医疗卫生、农业科研、环境保护等研究应用领域，供粉末干燥、烘焙以及各类玻璃容器的消毒和灭菌使用。它还可用于高附加值且具有热敏性的农副产品、保健品、食品、药材、果蔬、化工原料等的脱水干燥；用于化工产品的低温浓缩、结晶水的脱除、酶制剂的干燥等以及中草药的真空提取，还适用于科研院校的实验室使用。

2. 真空冷冻干燥设备

真空冷冻干燥，简称冻干，是将待干燥的湿物料放在较低温度下（-109~-50℃）冻结成固态后，在高真空度（0.133~133Pa）的环境下，将已冻结了的物料中的水分，不经过冰的融化而直接从固态升华为气态，从而达到干燥的目的，因此真空冷冻干燥也叫升华干燥。这种干燥方法由于处理温度低，对热敏性物质特别有利。随着科学技术发展和人们对高品质食品的追求，真空冷冻干燥技术已被列入了高新技术的行列。真空冷冻干燥设备是一个集真空、制冷、干燥及清洁消毒于一体的设备。

（1）工作原理

根据水的相平衡关系，在一定的温度和压力条件下，水的三种相态之间可以相互转化。当水的温度和压力与其三相点温度和压力相等时，水就可以同时表现出三种不同相态。而在压力低于三相点压力时，或在温度低于三相点温度时，改变温度或压力，就可以使冰直接升华成水蒸气，这实际上就是真空冷冻干燥的根本原理。

真空冷冻干燥设备工作时，将含水的湿基物料先行冻结，然后在高真空的环境下，并且精细供热，使已冻结的食品物料的水分不经过冰的融化，而直接从冰态升华为水蒸气，从而使食品物料干燥。因此，真空冷冻干燥的基本原理实际是在低温低压下进行传热传质。湿基物料先行冻结是通过制冷系统实现物料中液态水分变成固态的冰；高真空的环境需要使用抽真空系统，使干燥室内的气压低于三相点压力；精细供热需要通过加热系统，提供冰的升华热；升华后的水蒸气由抽真空系统抽出，实现物料的干燥。在水的三相图上，真空冷冻干燥的机理示意如图 3-99 所示。

真空冷冻干燥过程有三个阶段，即预冻阶段、升华干燥阶段和解析干燥阶段。

预冻阶段要求冻结彻底后再抽真空，通过预冻将湿基物料中的自由水固化，使干燥后的产品与干燥前具有相同的形态，防止起泡、浓缩、收缩和溶质移动等不可逆变化产生，减少因温度下降引起的物质可溶性降低和生命特性的变化。预冻温度必须低于产品的低共熔点温度，一般预冻温度比低共熔点温度要低 5~10℃，预冻速度一般控制在 1~4℃/min，同时还应保温 2h 以上。

升华干燥阶段又称第一阶段干燥，是将冻结后的产品置于密闭的真空容器中加热，其冰晶就会升华成水蒸气逸出而使产品干燥。当冰晶全部升华逸出时，第一阶段干燥结束，此时产品全部水分的 90% 左右已经脱除。为避免冰

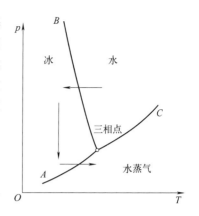

图 3-99 真空冷冻干燥的机理

晶融化，该阶段操作温度和压力都必须控制在低共熔点以下，同时升华室内必须保持升华所需要的真空度，同时要不断抽去漏入的空气和升华时产生的大量水汽。

解析干燥阶段又称第二阶段干燥。水分升华干燥阶段结束后，干燥物质的毛细管壁和极性基团上还吸附有一部分水分并未冻结。为了改善产品的储存稳定性，延长其保存期，需要除去这些水分。由于吸附水的解析需要足够的能量，因此在不燃烧和不造成过热变性的前提下，本阶段物料的温度应足够高。同时，为确保解析出来的水蒸气有足够的推动力逸出，箱内环境需保持在高真空状态。干燥产品的含水量需视产品种类和要求而定，一般在 0.5%~4%。

(2) 主要结构

真空冷冻干燥设备主要由制冷系统、冷凝器、真空系统、加热系统、干燥系统和控制系统等组成。真空冷冻干燥设备的主要结构组成如图 3-100 所示，常见真空冷冻干燥机实物如图 3-101 所示。

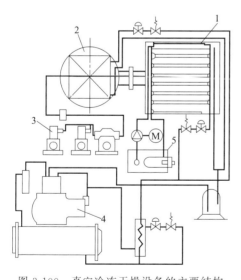

图 3-100 真空冷冻干燥设备的主要结构
1—干燥箱；2—冷阱；3—真空系统；4—制冷系统；5—加热系统

图 3-101 真空冷冻干燥机

a. 冷冻干燥室

冷冻干燥室有圆形、箱形等。干燥室要求能制冷到 -40℃ 或更低温度，也能加热到

50℃左右，同时完成抽真空。一般在室内做成数层搁板，室内通过一个装有真空阀门的管道与冷凝器相连，排出的水由该管道通往冷凝器。其上开有几个观察孔，并装有测量真空和冷冻干燥结束时的温度的传感器等。

b. 冷凝器

冷凝器是一个真空密封的容器，内部装有表面积很大的金属管路连通冷冻机，可制冷到$-80 \sim -40$℃，从而将干燥室内物料蒸发出的水蒸气冷凝下来，以降低干燥室的蒸汽压力，利于干燥过程的进行。

c. 真空系统

真空系统由冷冻干燥室、冷凝器、真空阀门、管道、真空设备和真空仪表等组成。真空冷冻干燥过程中，干燥室中的压力应为冻结物料饱和蒸气压的$1/4 \sim 1/2$，一般情况下干燥箱中的绝对压力为$1.33 \sim 13.3 Pa$。在实际操作中，为了提高真空泵的性能，可在高真空泵排出口再串联一个粗真空泵，也可串联多级蒸汽喷射器以获得较高真空度。

d. 制冷系统

制冷系统由冷冻机组、冷冻干燥箱以及冷凝内部的管道等组成。冷冻机可以是互相独立的两套，即一套冷冻干燥室，一套冷凝器，也可合用一套冷冻机组。制冷方式有蒸汽压缩式制冷、蒸汽喷射式制冷、吸收式制冷等。最常用的是蒸汽压缩式制冷。冷冻机可根据所需要的不同低温，采用单级压缩、双级压缩或者复叠式制冷机。

e. 加热系统

加热系统的作用是加热冷冻干燥箱内的搁板，促进冻结后的制品水分不断升华出来，必须要不断提供水分升华所需的热量，故供热系统的作用是供给干燥器内的冰以升华潜热，并供给冷阱内的积霜以溶解热。供给升华热时，应保证传热速率使冻结层表面达到尽可能高的蒸气压，但又不致使它融化。所以，热源温度应根据传热速率来决定。为供给升华潜热促进干燥的加热方法，可分为直接加热和间接加热两种方法。直接加热法用电直接在箱内加热；间接法则利用电或其他热源加热传热介质，再将其通入搁板。

f. 控制系统

由各种开关、安全装置、自动监控元件和仪表等组成自动化程度较高的控制系统，有效地控制加热温度、真空度以及自动记录仪等，以保证产品质量，提高效率。

（3）简单应用

真空冷冻干燥过程中物料在低压下干燥，使物料中的易氧化成分不致氧化变质，同时因低压缺氧能杀菌或抑制某些细菌的活力，微生物的生长和酶的作用受到抑制；物料在低温下干燥，使物料中的热敏性成分能保留下来，营养成分和风味损失很少，可以最大限度地保留食品原有成分、味道、色泽和芳香物质；由于物料在升华脱水以前先经冻结，形成稳定的固体形态，所以水分升华以后，固体形态基本保持不变，干制品不失原有的固体结构，保持着原有形状，具有理想的速溶性和快速复水性；物料中原溶于水中的无机盐类溶解物质被均匀分配在物料之中，升华时溶于水中的溶解物质就地析出，避免了一般干燥方法中因物料内部水分向表面迁移所携带的无机盐在表面析出而造成表面硬化的现象；脱水彻底，质量轻，适合长途运输和长期保存而不变质的产品；由于操作是在高真空和低温下进行的，需要一整套高真空制取设备和制冷设备，故设备投资和运转费用高，产品成本高。

由于上述特点，真空冷冻干燥在食品工业中常用于肉类、水产类、蔬菜类、蛋类、速溶咖啡、速溶茶、水果粉等的干燥。此外，在军需食品、远洋食品、登山食品、宇航食品和婴儿食品等行业也有很好的发展前景。

三、辐射干燥设备

辐射干燥是利用电磁感应加热（如微波等）或红外线辐射效应，对物料实施加热干燥处理的方法。这种干燥方法会使物料中的极性分子（主要是水分子）在剧烈的运动中产生摩擦而发热，因此它有别于其它的外热加热干燥方法，物料从外部到内部同时均匀受热，因而食品物料在干燥过程中不会因过热变质或焦化，同时干燥处理方法时间短，其干制品的质量好，外部形状的保持也比其它干燥方法好。

1. 微波干燥机

自20世纪60年代后期以来，微波技术在食品工业中的应用得到进一步发展，应用领域扩展到食品的杀菌、消毒、脱水、烘烤等。在干燥技术上，由于微波干燥的效率高，得到了广泛的应用。

（1）工作原理

微波辐射的效应是使食品物料中的极性分子（主要是水分子）在剧烈的运动中产生摩擦而发热，物料的加热和干燥是整体上的，可使物料从外部到内部同时均匀发热。

微波等电磁辐射是一种能量而不是一种热量，它可以在电介质中转化为热量，这种能量转化的机理有多种，如离子传导、偶极子转动、界面极化、磁滞、压电现象、电致伸缩、核磁共振、铁磁共振等，其中广泛认为离子传导和偶极子转动是微波加热的主要原因。

微波干燥机工作时，磁控管通电后，由电能转化为微波能，待干燥物料吸收微波能后，产生热量，湿分被蒸发出去，从而食品物料被干燥。

（2）主要结构

常见的微波干燥设备主要有箱式微波干燥机、隧道式微波干燥机等。箱式微波干燥机也称箱式微波加热器，是微波加热应用较为普遍的一种加热装置，属于驻波场谐振腔加热器。家用微波炉就是典型的箱式微波加热器。隧道式微波干燥机为连续式谐振腔干燥机，可以看作为数个箱式微波加热器打通后相连的形式，是一种目前食品工业加热、杀菌、干燥操作常用的装备。

它们主要结构都是由直流电源、微波发生器（磁控管、调速管等）、冷却系统、微波传输元件、加热器、控制及安全保护系统等组成。微波发生装置由直流电源提供高压并转换成微波能，目前用于食品工业的微波发生装置主要为磁控管。冷却装置主要用于对微波发生装置的腔体和阴极等部位进行冷却，方法为风冷和水冷，一般为风冷。微波传输元件是将微波传输到微波炉对被干燥物料进行干燥的元件。

箱式微波干燥机是一个矩形的箱体，主要由矩形谐振腔、输入传导、反射板和搅拌器等组成。箱体通常用不锈钢或铝制成。谐振腔腔体为矩形腔体，从不同的方向都有微波的反射，同时，微波能在箱壁的损失极小。这样，使被干燥物料在谐振腔内各方向都可以受热，而又可将没有吸收到的能量在反射中重新吸收，有效地利用能量进行干燥。箱体中设有搅拌器，作用是通过搅拌不断改变腔内场强的分布，达到干燥均匀的目的。而箱内水蒸气的排除，则由箱内的排湿孔在送入的经过预热的空气或大的送风量来解决。箱式微波加热器由于在操作中其谐振腔是密封的，所以微波能的泄漏很少，安全性较高。箱式微波干燥机的主要结构组成如图3-102所示，常见箱式微波干燥机实物如图3-103所示。

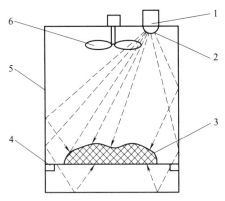
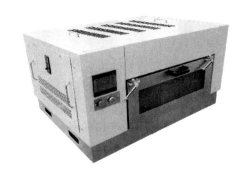

图 3-102 箱式微波干燥机的主要结构　　　　图 3-103 箱式微波干燥机
1—磁控管；2—微波发射器；3—被干燥物料；
4—工作面；5—腔体；6—电场搅拌器

（3）简单应用

微波干燥机是一种新型的干燥设备，广泛应用于生产和生活中。它可用来烘干食品、药材、木材等物料，与传统烘干设备相比，微波干燥速度快、效率高、环保节能，是低碳经济的新型设备。微波干燥方法是从物料外部、内部同时均匀加热，物料干燥程度一致，而且这种干燥处理方法时间短，不会因过热变质，其干燥制品的质量好，尤其是热敏性食品的干燥效果更加令人满意。

2. 红外线干燥机

红外干燥是 20 世纪 70 年代以来在红外技术基础上发展起来的一项技术。它利用红外辐射发出的红外线被加热物质所吸收，直接转化为热能，使物体升温而达到加热干燥的目的。

（1）工作原理

红外线，是在电磁波谱中，波长介于红光和微波间的电磁辐射。在可见光的范围以外，波长比红光要长，有显著的热效应。红外线干燥技术正是利用其特有的热效应。红外线容易被物体吸收并且其有辐射、穿透力与电磁波对极性物质，如水分子有特别的亲和力的特点，深入物料内部，转化为物体的内能，使物体在极短的时间内获得干燥所需的热能，内外同时作用，更为有效，彻底地除去物料中的结合水，从而达到更为理想的干燥效果，从而避免加热热传媒体导致的能量损失，有利于节约能量，与此同时红外线产生容易，可控性良好，加热迅速、干燥时间短。

红外线的波长区间大致为 $0.75\mu m$ 至 $1000\mu m$，因其波长位于红色光波长（$0.6\mu m$ 至 $0.75\mu m$ 左右）外而得名。在低于 2000℃ 的常规工业热范围内，红外线是最主要的热射线。人们有时将红外线又划分为"近红外""中红外""远红外"等若干小区间，所谓的远、中、近，是指其在电磁波谱中距红色光的相对距离远近而言的。红外辐射属于热辐射，热辐射的若干基本概念均适用于红外辐射传热过程。

红外加热的基本原理就是：当被加热物体中的固有振动频率和射入该物体的红外线频率一致时，就会产生强烈的共振，使物体中的分子运动加剧，因而温度迅速升高，即物体内部分子吸收到红外辐射能直接转变为热能而实现干燥。

物质并非对所有红外线波长都可以进行吸收，而是在某几个波长范围内吸收比较强烈，通常称为物质的选择性吸收；而对辐射体来说，也并不是对所有波长的辐射都具有很高的辐射强度，也是按波长不同而变化的，辐射体的这种特性称为选择性辐射。当选择性吸收和选择性辐射一致时，称为匹配辐射加热。在红外加热技术中，达到完全匹配是不可能的，只能做到接近于匹配辐射。从原理上看，辐射波长与物品的吸收波长匹配越好，辐射能被物料吸收得就越快，则辐射的穿透就越浅，对于比较薄的物料干燥就有利。如对蛋卷类食品的烘烤中就比较适合。对导热性差又要求心部均匀加热、形状厚大的食品物料（如面包），则宜使用一部分辐射能匹配较差、穿透性较深的波长，以增加物料内部的吸收。因此，在应用红外加热技术过程中，应考虑波长与物料两者间的"最佳匹配"。对于只要求表面层吸收的物料，应使辐射峰带正相对应，使入射辐射在刚进入物料浅表层时，就引起强烈的共振而被吸收，转变为热量，这种匹配方法称为"正匹配"；对于要求表里同时吸收、均匀升温的物料，应根据物料的不同厚度，使入射的波长不同程度地偏离吸收峰带所在的波长范围，一般说来，偏离越远，则透射越深，这种匹配方法称为"偏匹配"。

(2) 主要结构

红外干燥机目前主要有远红外线烘箱、连续红外干燥机等。远红外线烘箱在一个密闭的箱体内配置红外辐射体、气流循环装置及物料承载装置，其操作方式为间歇式，结构简单，造价低，适合多种物料，目前在实验室广泛应用。连续红外干燥机可实现连续生产，生产率高，产量大，劳动强度低，这种干燥机由于可以从上、下和侧面各方向照射，因此适用于复杂的场合，一机多用，调整方便，操作简易。远红外线烘箱的主要结构组成如图 3-104 所示，实物如图 3-105 所示；连续红外干燥机的主要结构组成如图 3-106 所示，实物如图 3-107 所示。

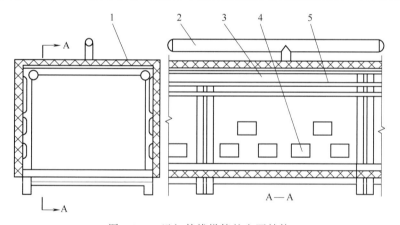

图 3-104　远红外线烘箱的主要结构　　　　　图 3-105　远红外线烘箱
1—石棉板；2—排气管；3—热空气循环管；4—远红外辐射板；5—物料干燥处理轨道

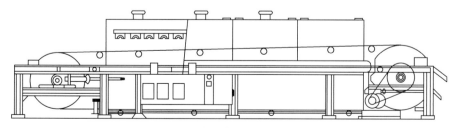

图 3-106　连续红外干燥机的主要结构

这些红外干燥设备主要都是由辐射器、干燥室、反射集光装置等组成的。

a. 辐射器

图 3-107 连续红外干燥机

它是能将红外加热设备的电能或热能转变为辐射能的设备。

b. 干燥室

将辐射器装入干燥室即组成了干燥机。由于辐射器可以组装成多种形状，而且安装方便，几乎可以用在所有形状的干燥室中（气流干燥和喷雾干燥除外）。

c. 反射集光装置

整个红外区的辐射线都是直线传播的电磁波，在其传播的过程中，在不同介质的分界面处会有反射、吸收和透射现象发生。利用这一特性，在红外线和远红外干燥机中，为了加强辐射效力，常用具有很高反射系数的金属来制作反射集光装置。

反射器按不同的需要可做成各式各样形状。按不同的特征可有不同的分类方法。按反射镜的平面张角来分，有浅镜深反射镜和深镜深反射镜。前者平面张角小于180°，后者的平面张角大于180°。按反射器剖面的形状来分，有平面镜和曲面镜两类。可用几块平面镜按不同的角度拼成角反射镜，以改变光路方向。但反射的次数不宜过多，以免损失太大。曲面镜又有球面、抛物面、椭球面和双曲面之分。使用最广的为球面镜和抛物面镜。在这两种反射镜的焦点上放上点光源，可以反射出平行光束。相反，可以把平行光束集中到焦点上。

灯式红外辐射器的反射镜常做成旋转抛物面、旋转双曲面或球面。将发生器置于反射镜的焦点处，反射以后成为平行光束向前传播，这样能量强度随照射距离的变化很小。

管式辐射器一般选配剖面为抛物线形的长式反射器，其辐射线由发热体本身直接辐射到前部以及通过反射器反射到前部组成复合光线，由于辐射线大部分为扩散光线，只有反射光是平行光线，辐射线强度由逆二次方定律可知随距离增大而很快下降。实验表明，反射器的断面抛物线的标准方程为 $y^2 = 32x$ 时效果较好。

（3）简单应用

红外线干燥机干燥速度快、生产效率高，特别适用于大面积、表层的加热干燥。红外线干燥机设备小，建设费用低，特别是远红外，热源及风道可小到原来的一半以上，有时甚至可以不占用任何空间，只安装在干燥室顶部即可，因而建设费用低。若与微波干燥、高频干燥、电子束干燥等相比，红外加热干燥装置更简单、廉价。红外线干燥质量好，由于物料表面和内部的物质分子同时吸收远红外辐射，因此加热均匀，产品外观好。红外线干燥设备建造简便，易于推广，远红外或红外辐射元件结构简单，烘道设计方便，便于施工安装。由于这种干燥方法具有高效快速干燥、节约能源、热源简单、占地小、干燥质量好等优点，特别适用于各种有机物、高分子物质的干燥，在食品干燥方面的应用也十分广泛。

在食品干燥方面主要用于茶叶、干菜及各种水果的脱水干燥，面包、饼干的烘烤，食品保温加热，罐头内层涂漆烤干，果脯、方糖烘烤，酒的陈化，花生、瓜子、板栗、大米等无砂红外炒熟等。

1. 切分机械的特点是什么？

2. 简述蘑菇定向切片机的工作原理。
3. 常见的块状类切碎机有哪些？其区别及应用有何不同？
4. 简述粗粉碎机的分类及各自的特点。
5. 低温粉碎所针对的原料有什么特殊要求？简述低温粉碎机的工作原理。
6. 过滤与压榨的主要区别在于何处？
7. 简述超临界流体萃取的工作原理。
8. 按照操作原理，离心机分哪几类？
9. 根据膜的构成，膜组件被分为哪几类？在应用中有何主要区别？
10. 搅拌混合机理有哪几种类型？并说明其内涵。
11. 搅拌器的结构有哪几种形式？各有何特点？
12. 比较螺带式混合机和桨叶式混合机结构上的异同，并说明其混合机理。
13. 简述立式打蛋机搅拌器的组成及作用。
14. 简述和面机的结构及其工作原理。
15. 浓缩设备有哪些类型？简述选择浓缩设备时所要考虑的因素。
16. 简述冷冻浓缩原理及其系统组成。
17. 试分析传导、对流、辐射三种加热方式分别适合哪些干燥机类型和物料类型。
18. 在红外线干燥机中，如何实现均匀加热？
19. 试设计一种闭风结构，实现真空连续干燥中连续进料和出料。
20. 试设计一种降低冷冻干燥成本的干燥机械组合。

第四章 食品贮藏包装机械与设备

学习目的与要求

① 掌握食品杀菌、冷藏机械的工作原理和设计思路。
② 熟悉食品杀菌、冷藏机械的结构。
③ 了解食品杀菌、冷藏、包装机械的使用范围。

食品原料经过深加工过后已经达到食用的品质要求,但不耐久藏,还需要进行杀菌、冷藏、包装,才能延长保质期、利于商品流通、提高产品价格。因此本章介绍食品杀菌机械、食品冷藏机械与设备、食品包装机械与设备。

第一节 食品杀菌机械

食品经过深加工过后,还需要进行杀菌处理才能达到食品的卫生标准。常用的杀菌方式有加热杀菌、欧姆杀菌、高压杀菌、高压脉冲电场杀菌等。加热杀菌是应用最多的杀菌方法,它是通过对食物加热,杀死食品中所污染的致病菌、腐败菌,而且破坏酶的活性,从而保证食品的安全卫生要求。加热杀菌包括直接加热杀菌和间接加热杀菌。

一、直接加热杀菌机械

直接加热杀菌是食品物料与加热介质(如水蒸气)直接接触进行换热,主要有两种形式:蒸汽喷射式和被加热食品注入式直接加热杀菌。喷射式杀菌是把蒸汽喷射到被杀菌的料液中进行加热杀菌;注入式杀菌则是把食品物料注入热蒸汽中进行杀菌。直接加热杀菌法加热时间短,接触面积大,高温处理在瞬间进行,能最大限度地减少对热敏性制品的影响。

1. 蒸汽喷射杀菌装置

蒸汽喷射杀菌是常见的直接杀菌方法,将蒸汽喷射到被杀菌的料液中直接加热杀菌。这种方法适用于液体、半固体、粉末状物料,对细菌、病毒、真菌等有特殊要求的物品可进行灭菌处理。在最后的灭菌阶段将产品与蒸汽在一定的压力下混合,蒸汽释放出潜热将产品快速加热至灭菌温度。这种直接加热系统加热产品的速度比其它任何间接系统都要快,能加工黏度高的产品,尤其对那些不能通过板式热交换器进行加热杀菌的产品来说,它不容易形成结垢。

(1) 工作原理

蒸汽喷射杀菌装置工作时,蒸汽通过蒸汽喷射器强制喷射到物料中去,使物料瞬间加热到杀菌温度,然后通过一定的保温时间对物料进行杀菌处理。物料在进入喷射器前的压力一般保持在 0.4MPa 左右,以防止物料在喷射器内沸腾。蒸汽的压力在 0.48~0.5MPa 之间,且必须是高纯度的,不含任何固体颗粒。

(2) 主要结构

蒸汽喷射杀菌装置由预热器、蒸汽喷射杀菌器、膨胀罐、冷凝器、保温管及泵等组成。蒸汽喷射杀菌装置的主要设备是蒸汽喷射器,主要结构如图 4-1 所示。蒸汽喷射器外形是一不对称的 T 形三通,内管管壁四周有许多直径小于 1mm 的细孔。

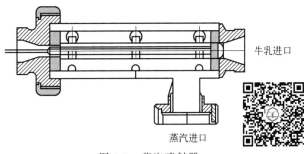

图 4-1 蒸汽喷射器

如图 4-2 所示的流程图用于牛乳、果汁饮料等食品物料的杀菌。其工作流程为:物料从平衡槽 1 中用泵 2 送到预热器 3 和 5 中预热(预热器 3 由真空罐 10 或 13 提供过热蒸汽,预热器 5 由生蒸汽提供热源),然后用高压离心泵 6 把物料抽送到喷射器 7 中,和净化的高压蒸汽混合,瞬时把食品物料加热到杀菌温度。在保温管 8 内停留数秒杀菌,杀菌后的物料经转向阀 9 进入真空罐 10,对物料进行蒸发浓缩及降温冷却,调节到杀菌前的浓度和温度进入冷却器 12 中冷却后成为灭菌乳进入下一工序。没有达到杀菌温度的物料由控制器调节转向阀 9 进入真空罐 13,通过无菌泵 14 和冷凝器 15 回流到平衡槽中。

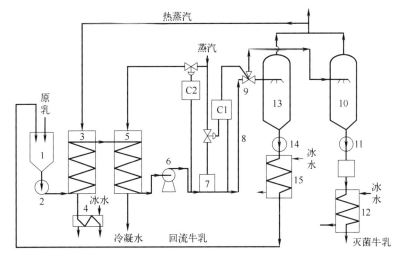

图 4-2 蒸汽喷射杀菌流程

1—平衡槽;2—泵;3,5—预热器;4,15—冷凝器;6—高压离心泵;7—喷射器;
8—保温管;9—转向阀;10,13—真空罐;11,14—无菌泵;12—冷却器

2. 注入式杀菌装置

注入式直接加热杀菌装置是把食品物料注入过热蒸汽中，由蒸汽瞬间加热到杀菌温度，保温一段时间完成杀菌过程。注入式杀菌设备的主要部件是注入器，它相对喷射器来说价格低廉，但设备体积大。操作时所需蒸汽压力较低，使蒸汽和物料间的温差较小，尤其适合热敏性物料。

（1）工作原理

注入式杀菌装置工作时，食品物料从上端注入，蒸汽从中间喷入，蒸汽与物料直接接触发生热交换，杀菌好的产品从底部排出。注入式超高温杀菌工作原理如图 4-3 所示。

（2）主要结构

典型的注入式杀菌设备是拉吉奥尔装置，主要由两台预热机、两个容器和一台冷却器组成。拉吉奥尔超高温装置流程图如图 4-4 所示。

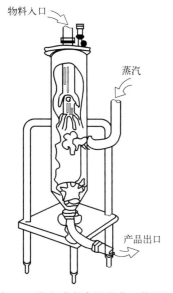

图 4-3 注入式超高温杀菌工作原理

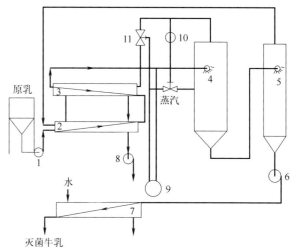

图 4-4 拉吉奥尔超高温装置流程图

1—高压泵；2—第一管式热交换器（水汽）；3—第二管式热交换器（蒸汽）；4—加热器；5—闪蒸罐；6—无菌泵；7—冷却器；8—真空泵；9，10—调节器；11—自动阀门

原料用高压泵 1 从平衡桶送到第一管式热交换器 2（在热交换器中，传热介质来自闪蒸罐 5 的热水汽）进行预热，然后经第二管式热交换器 3（传热介质为加热器 4 排出的废蒸汽）进一步加热到大约 75℃。最后，料液注入加热器 4，加热器内充满温度为 140℃ 的过热蒸汽，并利用调节器 10 保持这一温度不变。细小的料液珠溅落到容器底部时，瞬间加热到杀菌温度。在压力作用下强制喷入闪蒸罐 5 水蒸气、空气及其它挥发性气体，一起从顶部排出，并进入第二管式热交换器 3 预热。加热器 4 来的热料液在闪蒸罐中急剧膨胀，由于突然减压，其温度很快地降到 75℃ 左右。同时，大量水汽从闪蒸罐顶部排出，在第一管式热交换器 2 处冷凝，从而在闪蒸罐 5 内造成部分真空。用真空泵 8 将加热器和闪蒸罐的不凝性气体抽出，还会进一步降低两容器内的压力。

凝聚在闪蒸罐 5 底部的灭菌料液用无菌泵抽出，在进灌装之前先在另一管式无菌冷却器用冰水冷却到大约 4℃。

当料液注入装置中时，水分会增加，而膨胀时又把大量的水分除掉。保持料液中的水分或总固形物含量不变，是利用调节器9操纵自动阀门11对废蒸汽流速进行调节来实现的。

二、间接加热杀菌机械

间接加热杀菌是食品物料与加热介质不直接接触，通过容器壁进行间接换热的，可分板式杀菌机、管式杀菌机、卧式杀菌锅等。间接加热杀菌的食品物料与加热介质不接触，不会对食品产生影响，应用范围广，还可以对包装后的食品进行杀菌。

1. 板式杀菌机

板式杀菌机是间接式杀菌设备，其关键部件是板式换热器，由许多冲压成型的金属薄板组合而成。板式杀菌机广泛用于乳品、果汁、饮料、清凉饮料以及啤酒等食品的高温短时（HTST）和超高温（UHT）瞬时杀菌。采用超高温杀菌处理方法，使液体乳制品、果汁饮料等达到严格的灭菌要求，进而转入无菌包装，其杀菌温度为135~140℃，保温时间为3~5s，从而保持饮料、乳品的原有营养及风味。板式杀菌机具有热回收率高、结构紧凑、美观、温度控制方便等特点。

（1）工作原理

板式杀菌机由许多不锈钢薄板重叠组合在一起，板与板之间放置橡胶垫圈，以保证密封并使两板间有一定空隙，压紧后所有板块上的角孔形成流体通道，冷流体与热流体就在传热板两边流动，进行热交换，将物料加热至杀菌温度。

（2）主要结构

板式杀菌机的关键部件就是板式换热器，它由多块经冲压成型的金属薄板组合而成。由板式换热片、分界板、导杆、压紧板、支架、压紧螺杆、密封垫圈及温控装置等所组成。板式换热器的结构如图4-5所示，实物图如图4-6所示。

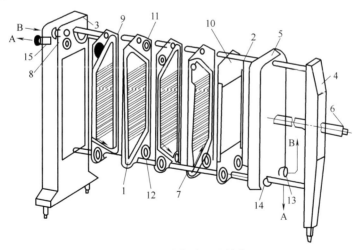

图4-5 板式换热器的结构

1—传热板；2—导杆；3—前支架（固定板）；4—后支架；5—压紧板；6—压紧螺杆；7—板框橡胶垫圈；
8，13~15—连接管；9—上角孔；10—分界板；11—圆环橡胶垫圈；12—下角孔

传热板1悬挂在导杆2上，前端为固定板3，旋紧后支架4上的压紧螺杆6后，可使压紧板5与各传热板1叠合在一起。板与板之间有板框橡胶垫圈7，以保证密封并使两板间有

图 4-6 板式换热器

一定空隙。压紧后所有板块上的角孔形成流体的通道,冷流体与热流体就在传热板两边流动,进行热交换。拆卸时仅需松开压紧螺杆 6,使压紧板 5 与传热板 1 沿着导杆 2 移动,即可进行清洗或维修。

(3) 应用特点

① 板式换热器的优点

a. 传热效率高。由于板与板之间的空隙小,流体可获得较高的流速,且传热板上压有一定形状的凹凸沟纹,流体形成急剧的湍流现象,因而获得较高的传热系数 K。一般 K 可达 $3500\sim4000\text{W}/(\text{m}^2\cdot\text{K})$。而其它换热设备一般在 $2300\text{W}/(\text{m}^2\cdot\text{K})$ 左右。

b. 结构紧凑,设备占地面积小。1m^3 空间的板式换热器可容纳高达 200m^2 的传热面积,充填系数是管式换热器的 4～7 倍。

c. 适宜于热敏性物料的杀菌。由于流体在板式换热器内以高速、薄层流过,加热时间短,不会产生过热现象,适用于热敏性的物料如牛乳、果汁等食品的杀菌。

d. 有较强的适应性。只要改变传热板的片数或改变板间的排列和组合,则可满足多种不同工艺的杀菌要求和实现自动控制。

e. 操作安全、卫生,容易清洗。在完全密闭的条件下操作,能防止污染;结构上的特点又保证了两种流体不会相混;即使发生泄漏也只会外泄,易于发现;板式换热器装拆简单,便于清洗。

f. 节约热能。通过采用将加热和冷却组合在一套换热器中的方法,只要把受热后的物料作为热源则可对刚进入的流体进行预热,一方面受热后的物料可以冷却,另一方面刚进入的物料被加热,节约热能。

② 板式热交换器的缺点

a. 密封垫圈容易从波纹片上脱落,特别是在温度达到 60℃ 以上。

b. 垫圈易变形、老化,需经常更换。

c. 承压不高,工作温度受到限制。

2. 管式杀菌机

管式杀菌机也是常见的间接加热杀菌设备,是管式热交换器在食品工业中的应用之一。管式杀菌机有立式与卧式两种,食品工业中多为卧式。管式杀菌机适用于高黏度液体的杀菌,如番茄酱、果汁、咖啡、饮料、人造奶油、冰淇淋等的杀菌。

(1) 工作原理

管式杀菌机工作过程中,物料被高温泵送入不锈钢加热管内,蒸汽通入壳体空间后将管内流动的物料加热,物料在管内往返数次后达到杀菌所需的温度和保持时间后成产品排出。若达不到要求,则由回流管回流重新进行杀菌操作。

(2) 主要结构

管式杀菌机由加热管、前后盖、器体、旋塞、高压泵、压力表、安全阀等部件组成,如图 4-7 所示。基本的结构:壳体内装有不锈钢加热管,形成加热管束;壳体与加热管束间用管板进行连接。常见自动管式杀菌机实物如图 4-8 所示。

(3) 应用特点

管式杀菌机的优点:①加热器由无缝不锈钢环形管制造。没有密封圈和"死角",因而可以承受较高的压力。②在较高的压力下可产生强烈的湍流,保证了制品的均匀性和具有较

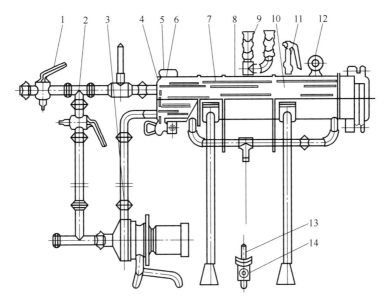

图 4-7 管式杀菌机的主要结构

1—旋塞；2—回流管；3—离心式乳泵；4—两端封盖；5—密封圈；6—管板；7—加热管；8—壳体；
9—蒸汽截止阀；10—支脚；11—弹簧安全阀；12—压力表；13—冷凝水排出管；14—疏水器

长的运行周期。③在密封的情况下操作，可以减少杀菌产品受污染的可能性。其缺点为：换热器内管内外温度不同，以致管束与壳体的热膨胀程度有差别，所产生的应力使管子易弯曲变形。

3. 卧式杀菌锅

卧式杀菌锅是采用热蒸汽进行加热杀菌的间壁式杀菌设备，只用于高压杀菌，而且容量较立式杀菌锅大，因此多用于生产肉类和蔬菜罐头为主的大中型罐头厂。

图 4-8 管式杀菌机

（1）工作原理

卧式杀菌锅内通入热蒸汽，热蒸汽与罐头食品进行热交换，达到所要求的杀菌温度时，关小蒸汽阀，并保持一定的恒温时间。一批罐头杀菌后，停机取出，换另一批进行杀菌，属于间歇性杀菌。为了保证杀菌均匀和杀菌的效率，卧式杀菌锅工作时有一套流程，如下：

a. 准备工作

先将一批罐头装在杀菌车上，再送入杀菌器内，随后将门锁紧，打开排气阀、泄气阀、排水管，同时关闭进水阀和进压缩空气阀。

b. 供气和排气

将蒸汽阀门打到最大，按规定的排气规程排气，蒸汽量和蒸汽压力必须充足，使杀菌器迅速升温，将杀菌器内空气排除干净，否则杀菌效果不一致。排气结束后，关闭排气阀。当达到所要求的杀菌温度时，关小蒸汽阀，并保持一定的恒温时间。

c. 进气反压

在达到杀菌的温度和时间后,即向杀菌器内送入压缩空气,使杀菌器内的压力略高于罐头内的压力,以防罐头变形胀裂,同时具有冷却作用。由于反压杀菌,压力表所指示的压力包括杀菌器内蒸汽和压缩空气的两种压力,故温度计和压力计的读数,其温度是不对应的。

d. 进水和排水

当蒸汽开始进入杀菌器时,因遇冷所产生的冷凝水,由排水管排出,随后关闭排水管。在进气反压后,即启动水泵,通过进水管向杀菌器内供充分的冷却水,冷却水和蒸汽相遇,将产生大量气体,这时需打开排气阀排气。排气结束再关闭排气阀。冷却完毕,水泵停止运转,关闭进水阀,打开排水阀放净冷却水。

e. 启门出车

冷却过程完成后,打开杀菌器门,将杀菌车移出,再装入另一批罐头进行杀菌。

(2) 主要结构

卧式杀菌锅结构如图4-9所示,常见卧式杀菌锅实物图,如图4-10所示。

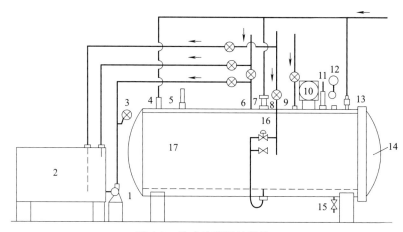

图4-9 卧式杀菌锅的结构

1—水泵;2—水箱;3—溢流管;4,7,13—放空气管;5—安全阀;6—进水管;8—进气管;9—进压缩空气管;10—温度记录仪;11—温度计;12—压力表;14—锅门;15—排水管;16—薄膜阀门;17—锅体

图4-10 卧式杀菌锅

锅体与锅门的闭合方式与立式杀菌锅相似。锅内底部装有两根平行的轨道,供装载罐头的杀菌车进、出之用。蒸汽从底部进入锅内的蒸汽分布管,对锅内物料进行加热,蒸汽分布管是由两根平行的开有若干小孔的细管组成的。蒸汽管在导轨下面。当导轨与地平面成水平时,才能使杀菌车顺利地推进推出,因此有一部分锅体是处于车间地平面以下。为便于杀菌锅的排水,开设一地槽。

锅体上装有各种仪表与阀门。由于采用反压杀菌,压力表所指示的压力包括锅内蒸汽和压缩空气的压力,致使温度与压力不能对应,因此还要装设温度计。

上述以蒸汽为加热介质的杀菌锅,在操作过程中,因锅内存在着空气,使锅内温度分布不均,故影响产品的杀菌效果。为避免因空气而造成的温度"冷点",通过安装在锅体顶部的排气阀排放蒸汽来挤出锅内空气和通过增加锅内蒸汽的流动来解决。但此过程要浪费大量的热量，一般约占全部杀菌热量的 1/4～1/3，并给操作环境造成噪声和湿热污染。

三、欧姆杀菌机械与设备

欧姆杀菌是利用电极，将 50～60Hz 的低频交流电直接导入食品原料，在食品内部将电能转化为热能，引起食品温度升高，从而直接均匀加热食品达到杀菌的目的。如图 4-11 所示。采用欧姆杀菌方法可获得比常规方法更快的加热速率（1～2℃/s），可缩短加热杀菌时

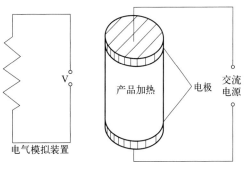

图 4-11 欧姆杀菌热处理原理图

间，得到高品质产品。杀菌过程中食品杀菌温度变化除了与电学性质有关外，还与物料的密度、比热容和热导率等热学性质有关。

1. 欧姆杀菌的工作原理

欧姆杀菌本质就是电阻通电产热的原理，因此也叫电阻加热杀菌。利用食品本身所具有的电不良传导性所产生的电阻来加热食品，使食品不分液体、固体均可受热一致。杀菌器内的欧姆加热柱以垂直或接近垂直的方式安装，杀菌物料自下而上流动，加热器顶端的出口阀始终充满物料，在此过程中物料受热杀菌，操作连续进行。

采用欧姆加热操作系统对食品进行杀菌时，首先要对系统进行预杀菌。欧姆加热组件、保温管和冷却器的预杀菌是用电导率与待杀菌物料相接近的一定浓度的硫酸钠溶液循环来实现的。通入电流达到一定的杀菌温度，通过压力调节阀控制杀菌方式完成。储罐至充填机及其管路的杀菌则采用传统的蒸汽杀菌方法。采用电导率与产品电导率相近的杀菌剂溶液的目的是使下一步从设备预杀菌过渡到产品杀菌期间避免电能的大幅度调整，以确保平稳而有效地过渡，且温度波动很小。一旦系统杀菌完毕，循环杀菌液由循环管路中的片式热交换器进行冷却。当达到稳定状态后，排出预杀菌液，同时将产品引入物料泵的进料斗。

在转换过程中，利用无菌的空气或氮气，调节收集罐和无菌储罐上方的压力，依此对反压进行控制。处理高酸性制品时，反压应维持在 0.2MPa，杀菌温度 90～95℃；处理低酸性制品时，反压应维持在 0.4MPa，杀菌温度达 120～140℃。反压是防止制品在欧姆加热中沸腾所必需的。物料通过欧姆加热系统时，逐渐被加热到所需的杀菌温度，然后进入一个温热的保温系统，达到要求的杀菌强度，再经列管式热交换冷却器，最终进入无菌储罐，以便进行无菌灌装。

生产结束后，切断电源并用水清洗设备，然后用 80℃ 的 2kg/L 的氢氧化钠溶液循环清洗 30min。清洗液的加热用系统中的片式换热器，因氢氧化钠溶液的电导率很高，不宜用欧姆加热。

欧姆加热器可装备不同规格的电极室和连接管，可达到 3t/h 的生产能力，具体情况可根据产量所要求达到的杀菌温度而定。实验室研究用的欧姆加热器为 5kW，50kg/h。

2. 欧姆杀菌机械的主要结构

欧姆杀菌系统主要由泵、柱式欧姆加热器、保温管、控制仪表等组成，如图 4-12 所示。其中最重要的部分是由 4 个以上电极室组成柱式欧姆加热器。电极室由聚四氟乙烯固体块切削而成并包以不锈钢外壳，每个极室内有一个单独的悬臂电极。电极室之间用绝缘衬里的不

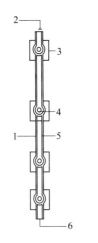

图 4-12 欧姆杀菌系统主要结构示意图
1—不锈钢外套；2—产品出口；3—绝缘腔；
4—电极；5—绝缘衬里；6—产品进口

锈钢管连接。可用作衬里的材料有聚偏二氟乙烯（PVDF）、聚醚醚酮（PEEK）和玻璃。

3. 欧姆杀菌的应用

欧姆加热处理的食品与传统灭菌的食品相比，欧姆加热是连续性灭菌处理，可使产品品质获得很大的改善。具体表现为微生物安全性、蒸煮效果及营养保留方面大大优越于传统法。其主要优点如下：可生产新鲜、味美的大颗粒产品；能使产品产生高的附加值；因不存在传热面，就不存在结垢而影响传热的问题，能连续对食品进行加热；可加工对剪切敏感的产品；热量可在产品固体中产生，不需要借助液体的对流或传导来传递热量；系统操作稳定；操作控制简单，且可快速启动或关闭；维护费用低。

四、超高压杀菌技术

食品超高压加工技术的提出始于 1914 年，当时美国物理学家 P. W. Briagman 提出了静水压 500MPa 下卵蛋白变性凝固，700MPa 下形成凝胶的报告，在以后较长时间内，这一现象未应用到食品加工中，直到 1986 年日本京都大学林立九助教发表了高压食品加工的研究报告后，在日本掀起了高压食品研究的高潮，日本明治屋食品公司将这一技术首先应用于食品加工中，生产出世界上第一种高压果酱食品。至此，超高压食品加工技术在世界范围内得到广泛研究和发展，近年来逐步完善成为崭露头角的一种新型杀菌技术。由于其独特而新颖的杀菌方法，简单易行的操作，引起食品界的普遍关注，是当前备受各国重视、广泛研究的一项食品高新技术，被简称为高压加工技术（high pressure processing，HPP）或高静水压技术（high hydrostatic pressure，HHP）。日本、美国、欧洲等国家和地区在高压食品的研究和开发方面走在世界前列，1990 年 4 月，高压食品首先在日本诞生。目前，在全球范围内，食品的安全性问题日益突出，消费者要求营养、原汁原味的食品呼声越来越高，高压技术则能顺应这一趋势，不仅能保证食品在微生物方面的安全性，而且能较好地保持食品固有的营养品质、质构、风味、色泽、新鲜程度。利用超高压可以达到杀菌、灭酶和改善食品品质的目的，在食品超高压技术研究领域的一个重要方向即超高压杀菌。在一些发达国家，高压技术已应用于食品（鳄梨酱、肉类、牡蛎）的低温消毒，而且作为杀菌技术也日趋成熟。

超高压杀菌是指将食品物料以柔性材料包装后，置于压力在 200MPa 以上的高压装置中高压处理，使之达到杀菌目的的一种新型杀菌方法。在加压处理下，维持一定时间后，使食品中的酶、蛋白质和淀粉等生物大分子改变活性、变性或糊化，并杀死食品中的微生物，以达到食品杀菌、钝化酶活的目的，并最大限度地改善或保持食品原有价值的一种食品加工技术。

1. **超高压杀菌的工作原理**

高压杀菌的基本原理就是压力对微生物的致死作用。高压可导致微生物的形态结构、生物化学反应、基因机制以及细胞壁膜发生多方面的变化，从而影响微生物原有的生理活动机能，甚至使原有功能被破坏或发生不可逆变化，导致微生物死亡。

(1) 勒夏特列原理

根据勒夏特列（Le Chatelier）定律，外部高压促使反应体积朝着减小的方向移动，分子构象发生变化，细胞体积缩小变形，导致微生物灭亡。共价键中离子共用电子对很难被压缩，其体积基本不受压力影响，因此由共价键组成的小分子物质如糖、维生素、色素及香气成分在 HHP 处理过程中基本不受影响。

(2) 帕斯卡原理

根据帕斯卡（Pascal）原理，液体压力瞬间均匀地传递到整个样品，该技术具有传压迅速和均匀的特点，处理食品不受体积和形状的限制。由于超高压处理破坏的是酶蛋白、多糖等大分子三级结构的盐键、疏水键以及氢键等，对酶蛋白及多糖等大分子的共价键影响小。因此，超高压杀菌的同时会最大限度地保留食品原有的特性。

2. 超高压杀菌设备的组成

超高压杀菌设备主要由超高压处理容器、加压装置及其辅助装置构成。

(1) 超高压处理容器

食品的超高压杀菌处理要求数百兆帕的压力，所以采用特殊技术制造压力容器是关键。通常压力容器为圆筒形，材料为高强度不锈钢。为了达到必需的耐压强度，容器的器壁很厚，这使设备相当笨重。最近有改进型超高压容器出现，在容器外部加装线圈强化结构，与单层容器相比，线圈强化结构不但实现安全可靠的目的，而且也实现了装置的轻量化。

(2) 加压装置

不论是直接加压方式还是间接加压方式，均需采用油压装置产生所需的超高压，前者还需超高压配管，后者则还需加压液压缸。

(3) 辅助装置

超高压处理装置系统中还有许多其它辅助装置，主要包括恒温装置、测量仪器、物料的输入输出装置几个部分。恒温装置：为了提高超高压杀菌的作用，可以采用温度与压力共同作用的方式。为了保持一定温度，要求在超高压处理容器外带一个夹套结构，并通以一定温度的循环水。另外，压力介质也需保持一定温度。因为超高压处理时，压力介质的温度也会因升压或减压而变化，控制温度对食品品质的保持是必要的。测量仪器包括热电偶测温计、压力传感器及记录仪，压力和温度等数据可输入计算机进行自动控制。还可设置电视摄像系统，以便直接观察加工过程中食品物料的组织状态及颜色变化等情况。物料的输入输出装置由输送带、机械手、提升机等构成。

3. 超高压杀菌的特点

超高压技术属于非热加工纯物理过程，最大限度地保持食品原有的营养、风味、色泽等有效成分，减少热敏成分的损失；还可以改变食品原料的内部组织结构，获得新物性的食品；压力能瞬时一致地向食品中心传递，被处理的食品所受压力的变化是同时发生的，是均匀的；耗时少，周期短，节约能源；提高原料的加工利用率；无"三废"污染。

五、高压脉冲电场杀菌技术

高压脉冲电场（PEF）杀菌是把液态食品作为电解质置于杀菌容器内，与容器绝缘的两个放电电极通以高压电流，产生电脉冲进行间隙式杀菌，或者使液态食品流经高压脉冲电场进行连续杀菌的加工方法。高压脉冲电场技术用于液态食品杀菌，是目前杀菌工艺中最为活跃的技术之一，其主要处理对象包括啤酒黄酒等酒类、果蔬汁饮料、矿泉水及其他饮用水、牛乳、豆乳等。

1. 高压脉冲电场杀菌的原理

微生物细胞膜保持完整性，对维持正常的细胞生命活动起着极其重要的作用。当微生物被置于脉冲电场中时，细胞在脉冲电场的作用下，细胞膜被破坏，从而导致细胞内容物外渗，引起微生物死亡。关于脉冲电场杀菌的机理，有多种假说，目前已形成了几种代表性的观点：跨膜电位效应、细胞膜穿孔效应、电介质效应及电磁效应等。

（1）跨膜电位效应

脉冲电场对微生物的作用主要集中在细胞膜上，微生物的许多功能依赖于细胞膜。当细胞处于脉冲电场中，细胞膜上积聚电荷，在 $10\sim20ns$，细胞膜上将产生 $100\sim170mV$ 的跨膜电位，细胞内的大分子经受强电场的作用，产生不可逆的构型变化，从而引起细胞功能的改变。细胞膜在脉冲电场的作用下，形成"微孔"，在电场强度较低的情况下，微孔的形成是可逆的，能自行修复；但在强场的作用下，膜的破坏是不可逆的。膜的不可逆击穿，导致膜短路，失去细胞膜的功能。在细胞膜脂质中含有大量不饱和脂肪酸，使细胞膜对外界环境因素具有高度灵敏性，染色体在细胞核内呈离心状态分布，并在多处与核膜接触，在膜内强电场作用下，核膜上一旦发生脂质过氧化，就会产生各种活性氧自由基及其非自由基产物，这些物质将直接损伤 DNA。

（2）细胞膜穿孔效应

Tsong（1991）从液态镶嵌模型出发，提出了"细胞膜的电穿孔效应"。他认为，细胞膜是由镶嵌于蛋白质的磷脂双分子层构成的，它带有一定的电荷，具有一定的通透性和强度。膜内外表面之间具有一定的电势差，当外加一个电场，这个电场将使膜内外电势差增大，细胞膜的通透性也随之增加。当电场强度增大到一个临界值时，细胞膜上的蛋白质通道打开，导致蛋白质的永久性变形；磷脂双分子层对电场比较敏感，施加电场能够改变磷脂双分子层的结构，扩大细胞膜上原有的膜孔并产生新的疏水性膜孔，这些疏水性膜孔，最终转变成结构上更为稳定的亲水性膜孔，使细胞膜的通透性剧增，膜上出现许多小孔，膜的强度降低。同时由于所加电场为脉冲电场，电压在瞬间剧烈波动，在膜上产生振荡效应。孔的加大和振荡效应二者共同作用，使细胞发生崩溃，从而达到杀菌目的。

（3）电介质效应

Zimmermann（1986）提出了电介质破坏理论。该理论首先假设细胞为球形，细胞膜的磷脂双分子层结构为一等效电容。由于磷脂双分子层生物薄膜内部充满着电解质和带电荷的离子，当细胞受到外界低电场作用时，膜内带电物质在电场作用下，按电场作用力方向移动，这种移动现象称为极化。在极短的时间内，各带电物质移至膜两侧，形成一个微电场，微电场之间形成跨膜电位。随着电场强度的增大或处理时间的延长，细胞膜极化加剧，形成的电场强度增大，由于膜两侧的离子电荷相反，产生相互吸引力，使膜受到两侧的挤压，跨膜电位不断加大，引起细胞膜厚度的减小，当跨膜电位达到 1V 时，挤压力大于膜的恢复力，细胞膜被局部破坏。当电场强度进一步增强时，膜完全破裂，从而导致细胞死亡。另外，电极附近介质中的电解质产生阴阳离子，这些阴阳离子在强电场作用下极为活跃，能够穿过电场作用下通透性提高的细胞膜，与细胞的生命物质如蛋白质、核糖核酸结合而使之变性。这种由于电场所产生的电解质效应可以将微生物细胞的正常生命活动抑制或破坏。

(4) 电磁效应

电磁效应理论是建立在电极释放的电场能量和磁场能量之间可以互相转化的基础上。在两个电极反复充电与放电的过程中,磁场起了主要杀菌作用,而脉冲电场的能量持续不断地向磁场转换,保证磁场杀菌作用。

磁场对微生物杀灭的原因主要有三方面:当用脉冲磁场辐射细胞时,由于磁场的瞬间出现和消失,必然在细胞内产生一瞬间的磁通量,细胞在磁场的辐射下产生的感应电流与磁场相互作用的力就可将细胞破坏;在磁场作用下,细胞中的带电粒子(尤其是质量小的电子和离子),由于受到洛伦兹力的影响,其运动轨迹被束缚在一定范围内,并且磁场强度越大,电子和离子活动范围越小,导致了细胞内的电子和离子不能正常传递,从而影响细胞正常的生理功能;对于带有不同电荷基团的大分子,如酶等,由于在磁场的作用下,不同电荷的运动方向不同,因而导致大分子构象的扭曲或变形,从而改变了酶的活性,因而细胞正常的生理活动受到影响。

总之,关于脉冲电场杀菌机理有多种假说,除有如上所述的跨膜电位效应、细胞膜穿孔效应、电介质效应和电磁效应外,目前还有另外一些支持脉冲电场杀菌的理论。黏弹极性形成模型认为:细菌的细胞膜在受到强烈的脉冲电场作用时,产生剧烈振荡,使细胞膜遭到破坏;在强烈电场作用下,介质中产生等离子体,并且等离子体发生剧烈膨胀,产生强烈的冲击波,超出细菌细胞膜的可塑性范围,从而将细菌击碎。臭氧效应理论认为:在电场作用下液体介质电解产生臭氧,在低浓度下臭氧本身能有效杀灭细菌。

归纳起来,脉冲电场杀菌作用主要表现在以下两个方面:①磁场的作用,脉冲电场产生磁场,这种脉冲电场和脉冲磁场交替作用,使细胞膜透性增加,振荡加剧,膜强度减弱,甚至被破坏,膜内物质容易流出,膜外物质容易渗入,细胞膜的保护作用减弱甚至消失。②电离作用,附近物质电离产生的阴、阳离子与膜内生命物质作用,因而阻断了膜内正常生化反应和新陈代谢过程等的进行;同时,液体介质电离产生 O_3 的强烈氧化作用,能与细胞内物质发生一系列反应。这两种因素的联合作用,致使微生物死亡。以上关于脉冲电场杀菌机理均有其独到之处,但都不十分完善。要完整而准确地理解脉冲电场对细胞的杀灭作用机理,还需要做许多工作。

2. 高压脉冲电场杀菌系统的组成

PEF 处理系统的实验装置出 7 个主要部分组成:高电压电源,能量储存电容,处理室,输送食品使其通过处理室的泵,冷却装置,电压、电流、温度测量装置和用于控制操作的电脑。用来作为电容充电的高电压电源是一个普通直流(DC)电源。另一种产生高电压的方法是用一个电容器充电电源,即用高频率的交流电输入然后供应一个重复速度高于直流电源的指令充电。储存在电容中的能量几乎以一个非常高的能量水平被瞬间(100^{-6} s 内)释放。需要使用能够在高能量和高重复速度下具有可靠操作性的高电压开关才能实现放电。开关的种类可以从气火花隙、真空火花隙、固态电闸、闸流管和高真空管中选择。

3. 高压脉冲电场杀菌的特点

(1) 能耗低、杀菌时间短

一般为 μs 到 ms 级,能耗很低,杀死 99% 的细菌,每毫升所需能量为数十到数百焦耳。每吨液态食品灭菌耗电为 1.8~7.2MJ,是高温杀菌能耗的千分之一。

(2) 对食品的营养、物性影响小

杀菌时的温升一般<5℃,可有效保存食品的营养成分和天然特征。

（3）杀菌效果明显

细菌的存活率可下降9个对数周期 [$\lg(N/N_0) = -9$，其中，N、N_0 分别为处理后及处理前的活菌数目] 或更多。若杀菌条件适当，杀菌率可达到商业无菌的要求。

第二节　食品冷藏机械与设备

为了更好地保持食品的品质，延长食品的贮藏时间，往往需要对食品进行冷藏处理。食品冷藏是将食品降低到一定温度，抑制酶的活性，限制微生物的活动，从而保藏食品的方法。食品冷藏机械主要包括制冷机、冷冻机械、食品气调保藏设备、解冻机和冷饮食品机械等。食品冷藏既不改变食品中的水分，也不需要添加其它防腐剂或电解质等物质，因此是一种绿色高效的优良的食品贮藏方法。

一、蒸汽压缩式制冷机

制冷是指利用制冷机的相态变化产生冷效应的方法。制冷有电制冷、磁制冷、机械压缩制冷等多种方式，而机械压缩制冷是目前应用最为普遍的一种人工制冷方法。机械压缩制冷是利用压缩机、冷凝器、膨胀阀和蒸发器等构成的蒸发式制冷方式。

1. 蒸汽压缩制冷的基本原理

（1）逆卡诺循环

根据热力学第二定律，热量总是自发地从高温物体传向低温物体，就像水总是由高处自动流向低处一样，但是热量不能自发地从一个低温物体传向另一个高温物体，正如水不能自发地由低处流向高处一样，这并不是说水在任何条件下都不能由低处往高处运动，只要外界给水一个提升力还是可以实现的。正卡诺循环是正向循环，它是使高温热源的工质通过动力装置对外做功，然后再流向低温热源，使热能转化为机械能，也称动力循环。逆卡诺循环是逆向循环，它是使制冷剂在吸收低温热源的热量后，通过制冷装置并以消耗机械功作为补偿，即可流向高温热源。

蒸汽压缩制冷循环就是按逆卡诺循环进行的，逆卡诺循环是由两个定温和两个绝热过程组成的。逆卡诺循环的 P-V 图和 T-S 图如图4-13所示。经过一个循环，制冷剂从冷源吸收热量，并和外功一并向热源放热。在湿蒸气区域内进行的逆卡诺循环的必要设备是压缩机、冷凝器、膨胀阀和蒸发器。蒸汽压缩制冷循环示意图如图4-14所示。

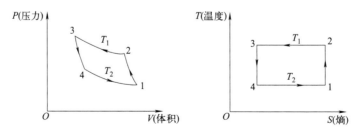

图4-13　逆卡诺循环的 P-V 图和 T-S 图

从 P-V 图和 T-S 图可以看出，从4到1，压力减小、体积增大、温度不变、熵增大，这是液态制冷剂汽化吸热的过程，对应蒸汽压缩制冷循环的蒸发器；从1到2，压力增大、体积减小、温度升高、熵不变,这是气态制冷剂被压缩做功的过程,对应蒸汽压缩制冷循环的压缩机;从2到3,压力增大、体积减小、温度不变、熵减小,这是气态制冷剂液化放热的过程,对应蒸汽压缩制冷循环的冷凝器;从3到4,压力减小、体积增大、温度降低、熵不变,这是液态制冷剂膨胀失压的过程,对应蒸汽压缩制冷循环的膨胀阀。经过一个循环,制冷剂从食品物料中吸收热量,并和外功一并向热源放热,实现制冷作用。

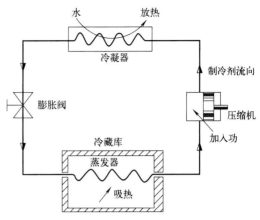

图 4-14　蒸汽压缩制冷循环示意图

（2）制冷剂

制冷剂是实现制冷循环的工作物质,制冷剂在制冷系统中循环流动,通过其状态变化来传递能量。蒸汽压缩式制冷系统中,制冷剂在低温下汽化,从被冷却介质吸收热量,再到高温环境中凝结,向环境介质放出热量。所以,只有在一定温度范围能汽化和凝结的物质才有可能作为制冷剂使用,而且要求制冷剂汽化热要大,冷凝压力不应过高,沸点应适当低,临界温度应高一些,安全廉价易得。常用的制冷剂有氨、氟利昂、水等。

（3）载冷剂

制冷装置通常有直接冷却和间接冷却两种方式。直接冷却是利用制冷剂的蒸发直接吸收被冷却物体的热量,使其冷却到所需温度。直接冷却需要把制冷剂用管道输送到蒸发器中去,当蒸发器距离冷冻机较远时,不仅需要足够的制冷剂,而且对输送系统要求也较高。在这种情况下通常采取间接冷却,间接冷却就需要载冷剂。

载冷剂又称冷媒,是用于将制冷系统产生的冷量传给被冷却物体的中间介质。载冷剂在制冷系统的蒸发器中被冷却,然后被输送至冷间的冷却排管内,载冷剂在冷却排管内吸收被冷却物体的热量,温度升高后返回到蒸发器中,并将热量传递给制冷剂,载冷剂温度降低了,再被送入冷间冷却排管内,如此往复循环,而使冷间温度不断降低。

载冷剂应具备以下条件:凝固温度应低于最低工作温度;安全性好;无毒、化学稳定、不燃不爆,对金属腐蚀甚少;价廉易得;热容量大。常用的载冷剂有三类:水、盐水及有机物载冷剂。

2. 单级压缩制冷循环

单级压缩制冷是指制冷剂经过一次压缩机压缩,压缩机一次做功。图 4-14 所示的制冷循环是理论上的一种制冷循环。实际上,这种循环实现起来有许多实际问题,例如,蒸发器中抽取出来的制冷剂蒸气常带有雾滴,带有雾滴的制冷剂蒸气不能使压缩机正常工作,又如压缩机中的润滑油会随温度的升高而汽化进入系统中,使得冷凝器和蒸发器的热交换效率大大降低;再如,由于没有制冷剂的储存设备,整个系统工作会变得不稳定。因此,实际制冷循环系统需克服以上存在的问题。单级氨压缩制冷系统,增加了分油器、贮氨器、氨液分离器等部件。单级压缩制冷循环如图 4-15 所示。

这些部件可以保证制冷循环正常运行。氨蒸气中携带的雾滴由氨液分离器消除,保证了压缩机的正常工作;冷凝器之前的除油装置,使得压缩机润滑油不再进入系统,从而提高了冷凝器和蒸发器的换热效率;冷凝器之后需安装一台（套）储液罐,起两方面的作用,一是

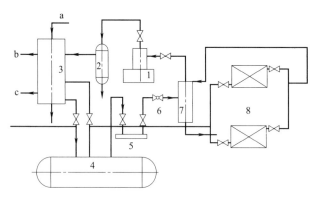

图 4-15 单级压缩制冷循环示意图

1—压缩机；2—分油器；3—冷凝器；4—贮氨器；5—总调节站；6—膨胀阀；7—氨液分离器；8—蒸发器；a—水；b—放空气；c—放油

保证系统运行平稳，二是可以方便地为多处用冷场所提供制冷剂。

3. 双级压缩制冷循环

制冷循环若以压缩机和膨胀阀为界，可粗略地分成高压、高温和低压、低温两个区。高压端压强对低压端压强的比值称为压缩比。压缩比由高温端的冷凝温度和低温端蒸发温度确定，蒸发温度越低，压缩比越高。高压缩比情形下，若采用单级压缩，运行会有困难，这时可采用多级压缩，以双级压缩较为常见。

所谓双级压缩，是指在制冷循环的蒸发器与冷凝器之间设两个压缩机，并在两压缩机间再设一个中间冷却器。一般而言，当压缩比>8时，采用双级压缩较为经济合理。对氨压缩机来说，当蒸发温度在-25℃以下时，或冷蒸气压强>1.2MPa时，宜采用双级压缩制冷。双级压缩制冷循环的原理如图 4-16 所示。

双级压缩制冷循环中，蒸发器形成的低压、低温制冷剂蒸气被低压压缩机吸入，经绝热压缩至中间压力的过热蒸气而排出，进入同一压力的中间冷却器，被冷却至干饱和状态。接着，高压压缩段吸入干饱和蒸气，在高压段压缩机中被压缩到冷凝压力的过热蒸气，在冷凝器中等压冷却到干饱和蒸气，并进一步等压冷凝成饱和液体。然后分成两

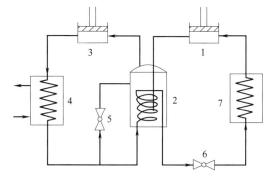

图 4-16 双级压缩制冷循环示意图

1—低压压缩机；2—中间冷却器；3—高压压缩机；4—冷凝器；5—膨胀阀Ⅰ；6—膨胀阀Ⅱ；7—蒸发器

路：一路便是上面所讲的，经膨胀阀节流降压后的制冷剂，进入中间冷却器；一路先在中间冷却器的盘管内进行过冷，过冷后的制冷剂再经过膨胀阀节流降压，节流降压后的制冷剂进入蒸发器，蒸发吸热，产生冷效应。

4. 蒸汽压缩制冷机的结构组成

蒸汽压缩制冷机主要是由压缩机、冷凝器、膨胀阀和蒸发器这四个关键部件组成的。

（1）压缩机

压缩机是制冷机的主要设备，它的主要功用是吸取蒸发器中的低压低温制冷剂，将其压缩成高压高温的过热蒸气。这样便可推动制冷剂在制冷系统内循环流动，并能在冷凝器内把从蒸发器中吸收的热量传递给环境介质（空气或水），以达到制冷的目的。常见的制冷压缩机如图 4-17 所示。

图 4-17 制冷压缩机

（2）冷凝器

冷凝器是制冷装置中的一种换热器，其作用是将经过压

缩的制冷剂蒸气冷却到饱和温度并冷凝成液体。在冷凝器中，制冷剂放热，并将热量经间壁交换给空气或水等冷流。常见的制冷冷凝器如图 4-18 所示。

（3）膨胀阀

膨胀阀又称节流阀，其作用是使制冷剂降压和控制其流量。膨胀阀的工作原理是高压液态制冷剂被迫通过一个节流小孔，冷凝压力骤然降到蒸发压力，液体制冷剂沸腾吸热汽化进入湿汽状态，同时温度降低。常见的制冷膨胀阀如图 4-19 所示。

（4）蒸发器

蒸发器的作用是使低温低压下的制冷剂液体汽化，以吸收环境被冷却物体的热量，达到制冷目的。常见的冰箱蒸发器如图 4-20 所示。

图 4-18　冷凝器　　　　　　　图 4-19　膨胀阀　　　　　　　图 4-20　蒸发器

二、食品冷冻设备

食品冷冻设备主要是利用制冷机得到的冷源，通过热交换对食品物料进行冷冻，所以冷冻设备的主体实际上是制冷循环中的蒸发器，为了适应多种食品物料的冷冻或速冻的需求，冷冻机有很多形式，如隧道式冻结装置、喷淋式液氮冻结装置等。

1. 隧道式冻结装置

隧道式冻结装置是一种结构较为简单的高效速冻装置。根据输送带的不同，可分为隧道网带速冻机和隧道板带速冻机。主要适合于海产品、禽肉、蔬菜、水果、面食、乳制品等食品的速冻加工。它是一种常用于食品加工行业中的冷冻设备，主要通过空气循环对食品进行迅速的冷却和冷冻，以延长食品的保鲜期。

（1）工作原理

隧道式冻结装置内设有冷冻板和送风机，被冻物品在传送带上通过隧道时，传送带下的冷冻板进行传导冷却，并吹入冷风使其速冻。隧道式冻结装置由于食品置于传送带上，不受食品形状限制，劳动强度较小。该装置大多使用轴流风机，风速大、冻结速度快（但食品干耗较大），蒸发器融霜采用热氨和水同时进行，所以融霜时间短，其特点是风量大，冻结速度快。

（2）主要结构

隧道式冻结装置由主动轮、调速电机、隔热层、冷风机、从动轮、传动带清洗刷、冷冻板、不锈钢传送带等组成。隧道式冻结装置的结构如图 4-21 所示，常见隧道式冻结装置实物图如图 4-22 所示。

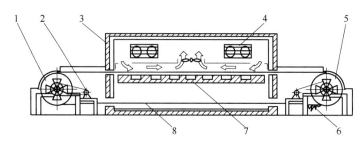

图 4-21 隧道式冻结装置的结构

1—主动轮；2—调速电机；3—隔热层；4—冷风机；5—从动轮；6—传送带清洗刷；7—冷冻板；8—不锈钢传送带

图 4-22 隧道式冻结装置

不锈钢带连续式冻结装置换热效果好，待冷却食品的下部与钢带直接接触，进行导热交换，上部为强制空气对流传热，故冻结速度快。在空气温度为 $-35 \sim -30$℃时，冻结时间随冻品的种类、厚度不同而异，一般在 $8 \sim 40$min。为了提高冻结速度，在钢带的下面加设一块铝合金平板蒸发器（与钢带相紧贴），这样换热效果比单独钢带要好，但安装时必须注意钢带与平板蒸发器的紧密接触。

2. 喷淋式液氮冻结装置

喷淋式液氮冻结是指液氮经喷嘴成雾状与食品进行热交换，液氮吸热蒸发成氮气，氮气又被用来预冷新进入的食品，使食品迅速冻结的一种速冻方式。

喷淋式液氮冻结装置属于直接接触冻结装置，与一般的冻结装置相比，这类冻结装置的冻结温度更低，所以常称为低温冻结装置或深冷冻结装置，其特点是没有制冷循环系统，在冻结剂与待冻食品物料接触的过程中实现冻结。

（1）工作原理

待冻食品由输送带送入，先后经过预冷区、喷淋冻结区和均温区，从另一端送出。

在预冷区，搅拌风机将温度为 $-10 \sim -5$℃ 的氮气搅拌，与输送带送入的食品接触，经充分换热而预冷。

进入喷淋冻结区后，食品受到雾化管喷出的雾化液氮的冷却而被冻结。冻结温度和冻结时间可根据食品的种类、形状，通过调整液氮喷射量以及调节输送带速度来加以控制，以满足不同的冻结工艺要求，由于食品表面和中心的温度相差很大，所以完成冻结过程的冻品需在均温区停留一定时间，使内外温度趋于均匀。

由于液氮冻结速度极快，在食品表面与中心产生极大瞬时温差，食品容易产生龟裂，所以过厚的食品不宜采用，一般厚度小于 100mm。工作温度限制在 $-120 \sim -60$℃。

液氮的汽化潜热为 199J/kg，定压比热容为 1.034J/(kg·K)，沸点为 -196℃。从沸点到 -20℃冻结终点所发挥的制冷量为 383kJ/kg。对于 50mm 厚的食品，经过 $10 \sim 30$min 即可完成冻结，其表面温度为 -30℃，中心温度达 -20℃。冻结每千克食品的液氮耗用量为 $0.7 \sim 1.1$kg。

（2）主要结构

喷淋式液氮冻结装置由隔热隧道式箱体、喷淋装置、不锈钢丝网格输送带、传动装置、搅拌风机、电器控制柜等组成。喷淋式液氮冻结装置的结构如图 4-23 所示，常见喷淋式液氮冻结装置实物图，如图 4-24 所示。

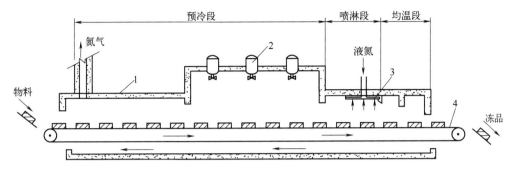

图 4-23　喷淋式液氮冻结装置的结构
1—隔热箱体；2—轴流风机；3—液氮喷嘴；4—传送带

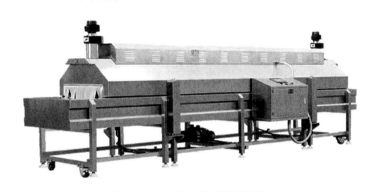

图 4-24　喷淋式液氮冻结装置

为减少因温度应力而引起的温度变形，隧道式箱体由若干段组成，各段之间用硅橡胶密封条和黏结剂密封。箱体外壳为隔热层，隔热材料为 15cm 厚的聚氨酯泡沫塑料，隔热层的保护层为不锈钢薄板。每段箱体装有检修门，输送带下方设有长方形浅槽，用于盛接喷淋后残留的液氮。

（3）简单应用

喷淋式液氮冻结装置生产的冻品质量高，由于液氮与食品直接接触，以 200℃ 以上的温差进行强烈的热交换，故冻结速度极快，每分钟能降温 7～15℃。食品内的冰结晶细微而均匀，解冻后易于恢复到原来的新鲜状态。例如用液氮冷冻后再加压的烤鸭，其质量与用新鲜鸭烤制并无多大差别，另外，食品在惰性气体环境下冻结，能防止氧化变色，且能保持食品制作时的香味。由于食品迅速达到低温，故微生物及细菌数量较少。冻结食品的干耗小，用一般冻结设备冻结的食品，其干耗率在 3%～6% 之间，而用液氮冻结，食品的干耗率为 0.6%～1%，宜用于冻结一些含水分较高的食品，如杨梅、柑橘、蔬菜、蟹肉等。液氮冻结成本高，不宜用于冻结价廉的食品，应用受到限制。

三、食品气调保藏设备

气调保藏是将冷藏与气调储藏相结合组成，使库内的氧和二氧化碳的含量有适当的配合，并保持一定湿度的保藏方法，主要用于果蔬储藏，能获得良好的保鲜效果。产品在储藏中的损失甚小，据有的国家统计，冷藏库产品的损失率为 21.3%，而气调冷藏库产品的损失率为 4.8%。现在这种储藏在英国、法国、意大利等国应用较广。我国目前的果蔬储藏除冷藏外，多采用薄膜封闭气调，有垛封和袋封两种方法，垛封是将消石灰撒在垛内以吸收 CO_2，袋封是定期开袋换入新鲜空气。这类方法成本较低，使用方便，近几年还研制出与薄膜封闭配合使用的分子筛气调机，即 CO_2 吸附机组，也取得成效。自 1985 年开始国内自行设计建造了 500～1000t 的气调冷藏库，后来又引进一些 1000～2000t 的气调冷藏设备。

1. 气调保藏的原理

气调保藏是一种采用控制气体组成来延长食品保鲜期的方法。其原理是通过调节储存空间的氧气、二氧化碳和温湿度等环境因素，达到抑制微生物生长和保持食品品质的效果。

控制氧气含量：氧气是微生物生长和食品氧化的主要因素之一。降低氧气含量可以抑制微生物的生长和食品的氧化反应，从而延长食品的保鲜期。常见的方法是通过加入氮气或二氧化碳来降低氧气含量。

控制二氧化碳含量：二氧化碳可以抑制微生物的生长和食品的酶促反应，起到保鲜的作用。同时，适量的二氧化碳还可以调节食品的酸碱度，延缓食品的褐变和质地变化。

控制湿度：湿度是影响食品质量的重要因素之一。适当的湿度可以减缓食品的水分流失，保持食品的水分含量和质地，延长保鲜期。

2. 气调保藏设备的组成

气调保藏设备主要包括库房、制冷机组、N_2 发生器、CO_2 吸附机组和其它装置，如图 4-25 所示。

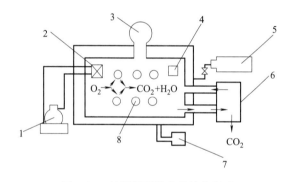

图 4-25 气调保藏设备的结构组成
1—制冷机；2—空气冷却器；3—气袋；4—脱臭器；5—N_2 发生器；6—CO_2 吸附器；7—气体分析器；8—果蔬

（1）库房和制冷系统

气调冷藏库的库房结构和制冷设备，与一般机械冷藏库基本相同。但要求库房有更高的气密性，可在四壁内侧和顶板加衬金属薄板或不透气的塑料板，或喷涂塑料层，库门等都要有气密装置，严防漏气。

（2）氮发生器

氮发生器又称催化降氧机，它的作用主要用于产生 N_2，冲淡库内的 O_2，主要由反应器、电炉、风机和水洗塔等组成。反应器由抗热合金制造，上部装有铂等催化剂，以降低燃烧温度，避免产生有毒的氮氧化合物和其它物质。下部是一个管状气体热交换器。工作流程是来自库内的气体或库外空气，通过风机与液化石油气或其他可以气化的燃料如丙烷、煤油等混合，进入反应器燃烧，烧掉空气中的氧气，其余的气体经水洗冷却净化后，除残留很少的 O_2（1%～4%）外，主要是 N_2。燃烧还生成 CO_2，也是气调储藏所需要的。冷风通过管式换热器，吸入燃烧过程中的热量，变为热风，用来预热进入反应器的气体，以节约热能。

（3）二氧化碳吸附机组

它的作用是排除库内过多的 CO_2，并净化气体，常用的为干式 CO_2 吸附器。吸附机组由两个吸附罐、空气循环的风机、吸入新鲜空气的风机及导管、阀门等组成。吸附罐是一个密封的圆筒形容器，罐上下装有滤网，罐内装满吸附剂（活性炭等）。两个吸附罐通过柔性导管和转换阀门连接，阀门由电器控制。工作时从气调库来的空气经风机进入罐内，其中

CO_2 被活性炭吸附后,再回到气调库中。罐内活性炭吸附 CO_2 达饱和时,用新鲜空气吹洗,使 CO_2 脱附。当一个罐吸附 CO_2 时,另一罐同时进行脱附。

(4) 其它装置

a. 湿度调节器

因气调库内制冷系统的蒸发器不断结霜,使库内空气相对湿度过低,不符合果蔬储藏要求,故在库内装加湿器或在净化空气回库之前通过加湿器。

b. 气压袋

气调库内,当排除 CO_2 时会出现负压,这对库房气密性不利,故设置气压袋。气压袋用不透气的聚乙烯制成,体积为库容积的 1%~2%,装在库外,与库内相通。当库内气压变化时,气压袋自动收缩或膨胀,以确保库内外气压平衡。

c. 温度、氧气、二氧化碳检测分析仪器

包括温度检测和自动记录仪器,以及 O_2、CO_2 分析和记录仪器,即时检测和调节库内的气体参数。

3. **气调保藏设备的应用**

气调保藏技术广泛应用于肉类、水果、蔬菜、海鲜等食品的保鲜和贮存过程中。下面以肉类和水果为例,介绍其应用。

(1) 肉类

在肉类保鲜过程中,常使用气调保藏技术来延长保鲜期。控制包装中的氧气和二氧化碳含量,可以抑制肉类中细菌的生长,并减缓脂肪的氧化反应,保持肉类的鲜嫩口感。

(2) 水果

水果的保鲜期相对较短,容易受到氧化和微生物污染的影响。气调保藏技术可以通过控制包装内的氧气和二氧化碳含量,减缓水果的呼吸作用和成熟速度,延长保鲜期。同时,适当的湿度也可以保持水果的水分含量和口感。

四、食品解冻设备

解冻是将冻结的食品融解恢复到冷冻前的新鲜状态,由于冻结食品自然放置时也会融解,所以解冻易被人们忽视。在食品工业中,需要大量冻结食品作原料,必须重视解冻方法,了解解冻对食品质量的影响。冻结时,物料中的水分由液体变成固体,失去热量。在解冻时,物料中的水分由固体变成液体,吸收热量。

根据传热的介质和方式的不同,可分为空气解冻、水解冻、电解冻等。从提供热能的方式来看,解冻有两类方法:由温度较高的介质向冻结品表面传热,热量由表面逐渐向中心传递,即所谓的外部加热法,主要有空气解冻、水解冻、水蒸气解冻等;通过高频、微波、加电等加热方法使冻结品各部位同时加热,即所谓的内部加热法;另外,还有真空解冻、超声波解冻、远红外线解冻等。

1. **空气解冻**

以空气为加热介质进行解冻,常见解冻方式有静止空气式、流动式和加压式等,设备简单,应用普遍。常温自然对流的空气传热效果差,解冻速度慢,冻品质量也受到影响。若用风机使空气强制流动,并且控制温度、湿度,则可加快解冻速度。高湿度空气解冻系统如图 4-26 所示。

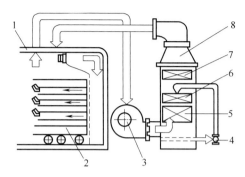

图 4-26 高湿度空气解冻系统的结构组成
1—解冻库；2—台车；3—风机；4—泵；
5—热交换器；6—液接触装置；
7—空气净化器；8—加湿塔

一般要求空气温度为 14～15℃、相对湿度为 90%～98%、风速为 2m/s 左右。风向有水平、垂直或可换向送风。实验证明，采用一定气流速度来融化圆柱体的肉制品和乳制品可获得最大的对流传热系数。与静止空气相比，融化时间分别减少至少 1/5 和 1/3，产品质量较好。解冻后的水分能够充分被组织吸收，而且成本低、操作方便，适合于体积较大的肉类。但是采用空气解冻也存在一些问题，一方面，由于空气的导热性较差、比热容小，因此解冻速率慢，解冻时间长，肉的表面易变色，干耗较严重，易受灰尘和微生物的污染；另一方面，虽然通过加快空气流动可以缩短解冻时间，但水分蒸发和汁液流失又会加大产品的质量损失。

目前主要有低温微风解冻装置和压缩空气解冻装置，前者利用 1m/s 左右的低风速加湿空气解冻，解冻均匀，效果好；后者利用压力升高、冰点减低的原理，有效缩短解冻时间，更好地保持产品的原有品质。

2. 水解冻

冷冻物料在静止或流动的水中解冻，静水解冻又分为常压水解冻和高压静水解冻两种方式。物料表面与水的传热速率是在空气中传热速率的 10～15 倍，在较低的温度下，也有较快的解冻速率。没有酸化和干燥的问题，但裸露的表面容易吸水，营养成分损失严重。解冻用水有微生物污染的危险性，另外还有污水排放的问题。此法多用于水产品的解冻。鱼和贝类特别是虾和贝类，在空气中解冻时，易发生变色和变臭，在水中解冻比较合适。图 4-27 所示为喷淋冲击解冻装置。

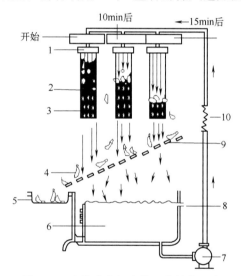

图 4-27 喷淋冲击解冻装置的结构组成
1—喷淋器；2—冻虾块；3—冰；4—虾；
5—移动篮子；6—水槽；7—水泵；
8—进水口；9—滑运道；10—加热器

喷淋冲击并不是具有巨大冲击力的猛烈喷淋，而是具有对被解冻鱼块最适合的冲击力的喷淋。喷淋解冻的时间、水温对它有一定的影响，喷水量也有一定的相关关系，但与喷淋流速完全无关。喷淋冲击解冻的优点是：解冻时间短、解冻均匀，解冻鱼的品质好。喷淋冲击解冻与流水、静水、室温放置解冻相比较，其鲜度是最好的，感官评价也是最高的。

3. 电解冻

电解冻包括高压静电解冻和低频（50～60Hz）、高频（0.01～300MHz）以及微波（915MHz 或 2450MHz）等不同频率的电解冻。

（1）**高压静电（电压 5～10kV，功率 30～40W）强化解冻技术**

这种技术是指在 −3～0℃ 低温环境中将高压电场（如 10kV）作用于食品，使其解冻。该法解冻速度快，食品对热量的吸收均匀，汁液流失少，能有效防止食品的油脂酸化，并且能有效抑制微生物的繁殖，是一种有着广阔应用前景的新技术。高压静电解冻装置如图4-28所示。

（2）低频解冻

低频解冻是将冻结食品视为电阻，利用电流通过电阻时产生的焦耳热，使冰融化。Cheol-GooYun研究表明先利用空气解冻或水解冻使冻结食品表面温度升高到-10℃左右后，再进行低频解冻，不但可以改善电极板与食品的接触状态，同时还可以减少随后解冻中的微生物繁殖。而在低电压时采用此法处理样品，其解冻后汁液流失率低，持水能力也得到较大的改善。

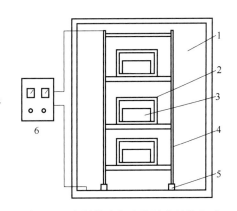

图4-28 高压静电解冻装置的结构组成
1—冷藏库；2—铝箱；3—冷冻物料；
4—金属框；5—绝缘支撑；6—高压静电场发生器

（3）高频解冻

高频（0.01～300MHz）解冻是在交变电场作用下，利用水的极性分子随交变电场变化而旋转的性质，产生摩擦热使食品在极短的时间内完成加热和解冻。食品表面与电极并不接触，解冻更快，一般只需真空解冻时间的20%。而且解冻后汁液流失少，操作简单、安全卫生。目前国内外已有30kW左右的高频解冻设备投入市场，可以大量快速地对冷冻食品进行解冻。

（4）微波解冻

微波解冻（915MHz或2450MHz）是在交变电场作用下，利用物质本身的带电性质来发热使冻结产品解冻。微波解冻设备有间歇和连续式两种。微波解冻时，食品表面与电极并不接触，从而防止了介质对食品的污染，并且微波作用于食品内部，使食品内部分子相互碰撞产生摩擦热使食品解冻。微波解冻速度快，食品营养物质的损失率低。频率是微波解冻中一个关键因素。一般说来，频率越高，其加热速度越快，但穿透深度越小，且微波频率对微波解冻食品的质量有很大影响。Jong Kyung Lee等人发现915MHz微波解冻比传统解冻的速度要快，与4℃以上的传统解冻相比，微波解冻后食品的汁液失率减少；但用2450MHz微波解冻后汁液流失率高达17%。另外，也有实验证明，微波解冻后的质量损失率与解冻时间有关，随着微波时间的延长，损失率增加。

4. **真空解冻**

真空解冻是利用真空中水蒸气在冻结食品表面凝结所放出的潜热进行解冻。在密封的容器中，当真空度达到93.9kPa时，水在40℃就可以沸腾，并产生大量低温水蒸气，水蒸气分子不断冲击冷冻原料的表面，进行热交换，从而促使原料快速解冻。真空解冻温度较低，适合一些热敏性的食品。它的优点是：食品表面不受高温介质影响，而且解冻快；真空低氧，可防止食品解冻过程中的氧化劣变，也可抑制一些好氧性微生物的繁殖；食品解冻后汁液流失少。缺点是解冻食品外观不佳，大块肉的内层深处的升温较慢，且成本高。

5. **超声波解冻**

超声波解冻是根据食品已冻结区对超声波的吸收比未冻区对超声波的吸收要高出几十倍，而食品初始冻结点附近对超声波的吸收最大来进行解冻的，从超声波的衰减温度曲线来看，超声波比微波更适用于快速稳定地解冻。Mile等发现在低频时（<430Hz），使用强度0.5～2W/cm^{2}超声波会使肉制品发生空化现象，导致表面过热和很差的超声波穿透性。高

频时（>740kHz）随着频率的增加衰减变大，也会产生表面过热。选用500kHz、0.5W/cm^2的超声波解冻，表面过热效应最小，冻结的牛肉、猪肉等样品在2.5h内解冻深度达到7.6cm。张绍志、陈光明等以牛肉为样品，对超声波解冻进行了研究，以80kHz超声波进行实验，得出理论计算值与实验结果总体上是一致的，证实了超声波的可行性。

6. 远红外线辐射解冻

远红外线解冻是利用波长3~10μm的远红外线能被水很好地吸收，并使水分子振动产生内部能量而促进冷冻肉解冻。这种方法在肉制品解冻中已经有一定的应用，如远红外线烤箱中的食品解冻。李建林、孙朗等对远红外辐射加热解冻进行了模拟实验，指出与传统方法相比，它提高了吸收能量的效率，但是由于冻结食品传热特性的限制，当中心达到相应温度时，食品表面的温度升高太多，利于细菌的繁殖，从而影响食品品质。所以在应用时，应选择低温远红外线辐射加热器作为热源，且食品表面应有低温介质作为保护。

五、冷饮食品机械

冷饮食品机械是利用制冷机产生的冷源对液体食品混合物料冷冻，使其达到冷凝的状态和口感的机械。主要包括冰淇淋凝冻机、雪糕冻结机等。冷饮食品机械不是为了冷却保藏食品而是为了生产冷饮食品。

1. 冰淇淋凝冻机的简介

冰淇淋凝冻机是利用制冷原理将配制好的冰淇淋浆料进行冷却，同时进行适当的搅拌，待浆料冷却达到适当的温度，即可制成冰淇淋制品。冰淇淋凝冻机属于冷饮食品机械，可以用来生产软冰淇淋、硬冰淇淋、水果冰淇淋、各种花色冰淇淋等冷饮制品。

2. 冰淇淋凝冻机的工作原理

冰淇淋可分为软冰淇淋和硬冰淇淋，软冰淇淋是由冰淇淋原料凝冻后不经过硬化成型而直接销售的冰淇淋，其中心温度约为-5℃，冰结晶含量约为40%~50%，一般需要约3min的凝冻时间。硬冰淇淋在凝冻后需要硬化，-40~-30℃的硬化温度让包装好的冰淇淋中的绝大部分水分被冻结，形成一种固体型冷冻甜品，口感特别坚硬。与硬质冰淇淋相比较，软冰淇淋的生产具有投资小、占地面积小、经济效益高的优点，且现产现销，可以根据消费者的需要随时调整花色品种，因此软冰淇淋深受消费者喜欢。

以软冰淇淋生产为例，说明冰淇淋凝冻机的工作原理。将冰淇淋原料加入原料缸，原料在空气奶浆泵的作用下与空气混合均匀并被输送到冷冻缸，膨化后的奶浆在冷冻缸内被搅拌并逐渐降温，同时黏度增加。当达到所需的黏度后在螺旋输送器的作用下被推送到出口，打开出口，机器就挤出冰淇淋成品。冷冻缸内物料冷冻温度受制冷系统控制，制冷系统主要是利用的蒸汽压缩式制冷。

3. 冰淇淋凝冻机的主要结构

冰淇淋凝冻机可以分为多种类型，按照所出冰淇淋的形态可以分为软冰淇淋机器和硬冰淇淋机器；按照冰淇淋机的形状可分为台式冰淇淋机器和立式冰淇淋机器；按照冰淇淋的口味可以分为台式单头冰淇淋机器、台式三头冰淇淋机器、立式三头冰淇淋机器。

冰淇淋机的核心结构主要由原料缸、冷冻缸、制冷系统、搅拌刮刀架、输送装置以及控制系统构成，图4-29是冰淇淋凝冻机的构成原理示意图，常见的冰淇淋凝冻机实物如图4-30所示。

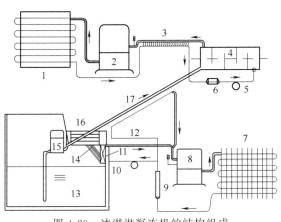

图 4-29 冰淇淋凝冻机的结构组成

1，7—冷凝器；2，8—制冷压缩机；3—回热器；4—冷冻缸；
5，10—毛细管；6，9—干燥过滤器；11—原料缸蒸发器；
12—副毛细管；13—原料缸；14—风扇；15—奶浆/空气泵；
16—电动机；17—奶浆输送管

图 4-30 冰淇淋凝冻机

原料缸用于对冰淇淋原料进行混合并暂时贮存所形成的奶浆，运行时通过热敏电阻控制制冷系统的运转，将原料缸的温度控制在 $-0.5\sim6.5$℃ 之间。输送装置的关键设备是空气/奶浆混合泵，它将奶浆输送至冷冻缸，其运转由压力开关控制。一般空气和液体奶浆按各自的通路同时进入混合区，随后通过输送管道进入冷冻缸。贮存奶浆的原料缸的制冷系统中的制冷剂在干燥过滤器出口处分为两路，一路经主毛细管进入原料缸蒸发器，另一路经副毛细管进入奶浆输送管外壁与管道内奶浆进行热交换，将进入冷冻缸的奶浆进行预冷，使其温度保持在 4℃ 左右，确保产品品质和食品安全。

冷冻缸的内壁面即是其工作表面，奶浆和空气经搅拌后膨化，在冷冻缸内壁面上被冷却形成奶昔。经过 $7\sim11$min 之后，当产品达到所需的黏稠度，由螺旋形刮刀刮下送到出口，通过拉下出手柄即可以产出产品。产品的标准温度约为 $-8\sim-7$℃。

冷冻缸内的搅拌刮刀架由搅拌电机通过减速箱、传动轴驱动，用于搅拌奶浆，使奶浆与空气充分混合，螺旋形刮刀同时刮下缸壁上形成的小冰晶并将形成的奶昔推向冷冻门。软冰淇淋由产品的成形度和黏稠度来判定，冷冻缸制冷系统通过搅拌电机的电流控制。当搅拌电机的电流达到设定值时，制冷系统压缩机停止工作，同时搅拌电机也停止工作。

第三节 食品包装机械与设备

食品包装是食品加工的一个重要工序，是将食品物料按照一定规格要求充入包装容器中的操作。包装可以防止食品腐败变质，延长食品货架期，利于食品流通、提高商品价格。包装可分为内包装和外包装，按包装材料的不同可分为塑料、金属、纸质、玻璃、陶瓷和木质等包装，按包装容器形状分为袋、包、瓶、盒、箱、坛、罐、缸等包装，按食品物料性质又可分为液体、膏体、块状固体、粉体等包装，还可按包装的功能分为保鲜、抗菌、环保、真空、充气、气调等多种包装。

食品包装机械是完成食品包装操作的机械，主要由计量、充入（灌装或充填，有时还包括容器成型、清洗杀菌和空气净化等）和密封（封口或裹包）等多道工序组成。随着自动化和智能化的发展，食品包装机械已由手工操作、半机械化、机械化不断走向自动化、数字化。由于食品包装方法、包装材料和食品的种类繁多，因此食品包装机械也种类繁多，本节主要介绍液体灌装机械、常压充填包装机械、真空包装机械、无菌包装机械等，简要说明包装机的结构组成、工作原理、主要功能用途等。

一、液体灌装机械

液体灌装是指将液体（或半流体）按一定的量灌入到容器内的操作，容器可以是玻璃瓶、塑料瓶、金属罐及塑料软管、塑料袋等。液体灌装的整个工作过程包括空瓶的平移输送、上下升降及定量灌装等，并由其执行机构来完成。影响灌装精度和速度的主要因素是黏度，其次为是否含有气体、起泡性、微小固体物含量等。按液体灌装方法可分为：常压灌装机、等压灌装机、负压灌装机等。液体灌装机械广泛应用在罐头、饮料、酒类、乳制品等产品的加工生产中。

1. 常压灌装机

常压灌装机是指在大气压力下，依靠被灌料液的自重，使料液流入容器内而完成灌装操作的设备，主要用于各种不含气、黏度低的饮料灌装。其工艺过程包括：①进液排气，即液料进入容器的同时将容器内的空气排出；②停止进液，即容器内的液料达到定量要求时，进液自动停止；③排除余液，即排除排气管中的残液。

（1）工作原理

通过进瓶输送装置送来的空瓶，由进瓶拨轮拨送到回转灌装装置的升瓶机构上，瓶子在绕灌装机回转的同时逐渐被抬升，当瓶口升至与灌装阀紧密接触时灌装阀打开，环形贮液箱中的液料自动灌入瓶中，灌装结束后瓶子由升瓶机构送到水平位置，经出瓶拨轮送出到封盖工位。该灌装机工作结束后可进行自动清洗，清洗液由管进入贮液箱中，再经清洗阀和洗涤泵、排水管排出机外。

图 4-31 常压灌装机

（2）主要结构

常压灌装机主要由储液箱、进出瓶拨轮、托瓶盘、灌装阀、主轴及传动系统组成。常见的常压灌装机实物图如图 4-31 所示。主轴直立安装，下面装有轴承支撑，储液箱位于主轴上顶端，储液箱下共配置多个灌装阀，进、出瓶拨轮在同一水平面，与灌装阀对应的托瓶盘分别安装在升降杆上，通过下部轨道实现升降运动。电动机和传动系统装置安装在机架内。

空瓶由进瓶拨轮送入到托瓶盘上，托瓶盘和储液箱固定在主轴上，电动机经传动装置带动主轴转动，使托瓶盘和储液箱绕主轴回转。同时，托瓶盘沿固定凸轮上升，当瓶口对准灌装头并将套管顶开后，储液箱中液体流入瓶中，瓶内空气由灌装阀中部的毛细管排出，并进行定量。灌装完成后，瓶子即将接近终点时在固定凸轮的作用下下降，再由出瓶拨轮拨出，送至压盖工位，完成一个灌装循环。

2. 等压灌装机

对于含汽饮料如汽水、啤酒等，一般采用等压灌装的方法。这种方法是先利用贮液箱上部气室的压缩空气对包装容器内充气，使两者的气压相等后，在高于大气压的条件下，依靠自重将被灌液料装入包装容器内即完成灌装。其工艺过程分四步，即充气等压、进液回气、停止进液、释放压力。等压灌装的高压环境能有效地保持产品中二氧化碳气体的含量，并防止灌装过程中过量起泡而影响产品的定量精度与质量。

（1）工作原理

经预处理的瓶子由容器供送螺杆和进瓶拨瓶星轮送到托瓶台上，瓶子上升后瓶口与灌装阀紧密接触，使瓶子中气体的压力达到储液箱液面上气体的压力（即液料所溶气体达到饱和状态下的压力），然后再利用含气液料的自重而流入瓶中，进行等压灌装，灌装结束后，由出瓶拨瓶星轮将瓶子送到压盖机上。

（2）主要结构

目前等压灌装机都是把灌装机和封盖机制成一台机械，故可称为灌装封盖机，适用于中型啤酒、汽水厂的含气饮料灌装与压盖。常见的等压灌装机实物图如图 4-32 所示。

该灌装机主要由进瓶装置、拨瓶星轮、升降瓶机构、灌装阀、高度调节装置、回气管、中心进液管、进气管、压缩空气管、环形储液箱、压盖装置、出瓶星轮和机体等组成。输送来的清洁瓶子进入灌装机后，首先被变螺距螺杆按灌装节拍进行分件送进，经匀速回转进瓶星轮将瓶拨到与灌装阀同速回转的托瓶机构上，每个灌装阀对应一个托瓶机构的瓶托板，托瓶气缸在压缩空气作用下将空瓶顶起，使灌装阀中心管伸入空瓶内，直到瓶顶到灌装阀中心

图 4-32 等压灌装机

定位的胶垫为止，同时顶开灌装阀碰杆，使等压灌装阀完成充气-等压-灌装-排气的顺序操作。

上述过程完成后，托瓶升降导板将托瓶机构压下，灌毕的瓶子下降到工作台平面，被拨瓶星轮拨到压盖机的回转工作台上。此时，压盖机上的下盖槽将经搅拌装置搅拌而定向排列好的皇冠形瓶盖滑送到压盖头，由压盖机构驱动压盖，最后由出瓶星轮把瓶拨出灌装机，进入下道工序。

3. 负压灌装机

负压灌装机是指灌装时使储液箱和容器都处于负压状态，料液依靠重力流入容器内，或者只对容器内抽气，形成一定的真空度，料液依靠储液箱和容器内的压力差流入容器内。此灌装法适用于黏性稍大的料液（如油类、糖浆）、蔬菜汁、果汁、乳类饮料等不含汽料液的灌装。

（1）工作原理

空瓶由链带送入，再由拨轮送到托瓶机构上，瓶子随瓶托回转的同时，由升瓶导轮带动上升，当瓶口顶住灌装阀密封圈时，瓶内空气被真空吸管、真空气缸吸走，瓶内形成一定的真空度。在压差作用下，储液箱内液体被吸液管吸入瓶内，进行灌装。灌装结束后，瓶子在凸轮导轮带动下第一次下降，使液管内存在的料液流入瓶内；瓶托再下降，瓶子进到水平位

置，由出瓶拨轮将瓶子送到压盖机上。

(2) 主要结构

负压灌装机结构主要由进瓶链带、不等距螺杆、进瓶拨轮、托瓶机构、灌装阀、吸气管、真空气缸、储液箱、吸液管、液位控制装置、托瓶盘升降导轮、涡轮减速箱、电动机等组成。常见的负压灌装机实物图如图 4-33 所示。

托瓶盘装在下转盘上，它的升降是由升降导轮来驱动的。储液箱中的液位是由液位控制装置控制的。灌装阀固定在上转盘上，上转盘的高度可由高度调节装置来调节，以适应不同瓶高的要求。

瓶子在机械式升降机构的作用下，被顶杆托盘抬起并贴紧橡皮碗头，吸气管对空瓶吸气，当瓶内达到所规定的真空度时，吸液管便由处于常压状态下的储液箱吸液，并流经阀体和输液管灌入瓶内，当瓶内液面上升到吸气嘴时，吸气孔内就吸入液体，一直到吸气管内液面与回流管内液面高度相同时，灌入停止，瓶内出现第一次液面，当瓶子在升降机构控制下第一次下降一定高度，此时输液管仍插在瓶内，吸气管内的料液被吸到真空室中，并通过回流管回到储液箱中，而阀体内的存液一部分经吸液管回流，另一部分经输液管又流入瓶内，瓶内将出现第二次液面，也就是灌装实际要求的液面。

图 4-33 负压灌装机

二、常压充填包装机械

常压充填包装是指在正常大气压下将一定量的食品装入容器中的操作，主要包括计量和充填。主要用于粉末状、颗粒状、块状物料的包装，包装容器包括袋、盒、杯、箱等。充填包装机械一般由物料供送装置、计量装置、下料装置等组成。按照计量的原理可分为容积式充填机、称重式充填机、计数式充填机等。

1. 容积式充填机

容积式充填机械是将物料按预定容量充填至包装容器内的设备，特点是结构简单、体积较小、计量速度高、计量精度低。但要求被充填物料单位体积的质量稳定，否则会产生较大的计量误差，精度一般为 ±(1.0%～2.0%)，其精度比称重式设备要低。在进行充填时多采用振动、搅拌、抽真空等方法，使被充填物料压实而保持一定体积的稳定质量。容积式充填机常用于表观密度较稳定的粉末、细颗粒、膏状物料或体积比质量要求更为重要的物料，如面粉、五香粉、豆奶粉、奶粉、咖啡、砂糖、小麦、大豆、鸡精、果酱、番茄酱等产品的计量。

容积式充填的方法很多，但从计量原理上可分为两类：①控制物料的流量和时间来实现定量充填的包装机；②用一定规格的计量筒来计量充填的包装机。

容积式充填包装机每次计量的质量取决于每次充填的体积与充填物料的表观密度，常用的充填计量装置类型有量杯、螺杆、柱塞、计量泵、插管等，特点是构造简单、造价低、计量速度快，但精度稍低。

(1) 量杯式充填包装机

量杯式定容计量与充填装置主要由料仓、料盘、量杯活门底盖等组成，通过调节上量杯和下量杯的相对位置改变计量杯的体积大小，用以补偿物料表观密度变化造成的数量差。微调时，可以手动，也可以自动，自动调整的信号可以根据对最终产品的质量或物料密度检测获得。量杯式定容计量与充填装置主要结构如图 4-34 所示。

量杯式充填机适合于小粒状、碎片状及粉末状且流动性能良好的物料充填，计量范围一般在 200mL 以内为宜。生产中又因一些物料的表观密度稳定性较好，某些物料的表观密度稳定性较差，所以量杯有固定式和可调式两种。固定量杯式只有一种定量，通常适用于表观密度非常稳定的粉料充填。如果体积的大小不同，则可以更换量杯。

（2）螺杆式充填机

螺杆式充填机的基本原理是，螺杆每圈螺旋槽都有一定的理论容积，在物料视密度恒定的前提下，控制螺杆转数就能同时完成计量和充填操作。由于螺杆转数是转速与时间的函数，因此，实际控制中螺杆转数可通过控制转速与转动时间实现。充填时，物料先在搅拌器作用下进入导管，再在螺杆旋转的作用下通过阀门充填到包装容器内。螺杆可由定时器或计数器控制旋转因数，从而控制充填容量。螺杆式充填机的主要结构如图 4-35 所示。

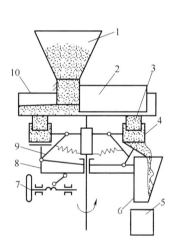

图 4-34 量杯式定容计量与充填装置的主要结构
1—料仓；2—刮板；3—上量杯；4—下量杯；5—容器；
6—输送带；7—手轮；8—凸轮；9—底门；10—料盘

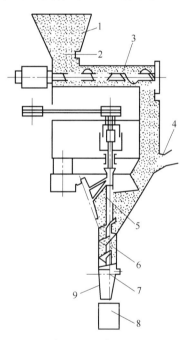

图 4-35 螺杆式充填机的主要结构
1—料仓；2—插板；3—水平螺旋给料器；
4—料位检测器；5—搅拌器；6—垂直螺旋给料器；7—闸门；8—容器；9—输出导管

螺杆式充填机又称电子包装秤，主要用于小颗粒状物料或粉料的计量，如粮食、面粉、大米、食盐、咖啡、味精等的包装，但不宜用于装填易碎的片状物料或视密度变化较大的物料。其主要优点是结构紧凑、充填速度快、无粉尘飞扬，且充填精度高，可通过改变螺杆的参数来扩大计量范围。对流动性好的物料，如各种颗粒状物料的精度为 0.2%，饮料粉的精度为 1%，奶粉的精度为 2%；此外还与包装容器的大小有关，每次称量的质量越大则精度越高，一般计量范围在 0.5～50kg，称量速度约 5～50 次/min。对于设备本身来说，很重要的因素是电子定时器的精度，定时器定时范围一般采用 0～1s，定时器采用集成电路。

（3）转鼓式充填机

转鼓形状有圆柱形、菱柱形等，定量容腔在转鼓外缘。容腔形状有槽形、扇形和轮叶形，容腔容积有定容和可调两种。通过调节螺钉改变定量容腔中柱塞板的位置，可对其容量进行调整。转鼓式充填机的主要结构如图4-36所示。

（4）柱塞式充填机

柱塞式充填机通过柱塞的往复运动进行计量，其容量为柱塞两极限位置间形成的空间大小。柱塞的往复运动可由连杆机构、凸轮机构或气缸实现。通过调节柱塞行程可改变单行程取料量，柱塞缸的充填系数 K 需由试验确定，一般可取 $K=0.8\sim1.0$。柱塞式充填机的应用比较广泛，粉、粒状固体物料及稠状物料均可应用。柱塞式充填机的主要结构如图4-37所示。

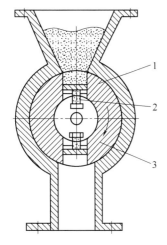

图4-36 转鼓式充填机的主要结构

1—柱塞板；2—调节螺钉；3—转鼓

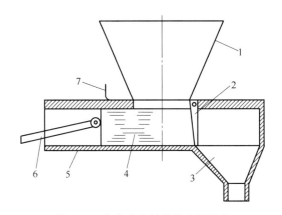

图4-37 柱塞式充填机的主要结构

1—料斗；2—活门；3—漏斗；4—柱塞；
5—柱塞缸；6—连杆机构；7—调节阀门

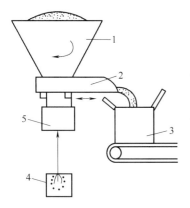

图4-38 定时充填机的主要结构

1—料斗；2—振动供料器；3—容器；
4—定时器；5—振动器

（5）定时充填机

定时充填机是通过控制产品流动的时间或调节进料管流量面量取产品，并将其充填到包装容器内的机械。利用振动供料机保持稳定供料的定时充填机中，定时器控制振动料斗的启停，充填入容器内的物料容积基本上与振动供料器每次供料的时间长短成正比。这种充填机计量精度是很差的，可作为称重式充填机的预计量。定时充填机的主要结构如图4-38所示。

2. 称量式充填机

由于容积式充填机计量精度不高，不适于对一些流动性差、密度变化较大或易结块物料的充填包装，因此，对计量精度要求较高的各类物料的充填包装，就采用称重式或重量式定量充填机，其计量精度一般可达0.1%。它是将产品按预定质量充填到包装容器内的机械，可分为毛重式充填机和净重式充填机。

(1) 毛重式充填机

毛重式充填机是在充填过程中,产品连同包装容器一起称重的机械。毛重式充填机结构简单、价格较低,包装容器本身的质量直接影响充填物料的规定质量。它不适用于包装容器质量变化较大、物料质量占整个质量百分比很小的场合;适用于价格较低的自由流动的物料及黏性物料的充填包装。毛重式充填机的主要结构如图4-39所示。

(2) 间歇式净重充填机

净重式充填机是首先将物料称量后再充入包装容器中的机械,由于称重结果不受容器质量变化的影响,称量精确,净重式充填机可分为间歇式充填机和连续式充填机两类。

间歇式净重充填机用一个进料器把物料从储料斗运送到计量斗中,由普通电子秤或机械电子秤间隔完成物料的称量,通过落料斗充填到包装容器中。进料可用旋转进料器、皮带、螺旋推料器或其它方式完成,用电子秤控制称量以达到规定的质量。为了提高充填计量精度并缩短计量时间,可采用分级进料的方法,即大部分物料高速喂料,剩余小部分物料微量喂料。在采用电脑控制的情况下,对粗加料和精加料分别称量、记录、控制,多用于奶粉、咖啡等较贵物料的称量,也可用于膨化玉米、油炸土豆片、炸虾片等的称量包装。间歇式净重充填机的主要结构如图4-40所示。

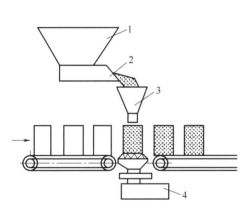

图4-39 毛重式充填机的主要结构
1—料斗;2—加料器;3—漏斗;4—秤

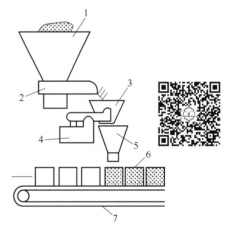

图4-40 间歇式净重充填机的主要结构
1—储料斗;2—进料器;3—计量斗;4—电子秤;
5—落料斗;6—包装容器件;7—传送带

(3) 连续式净重充填机

连续式净重充填机在连续输送过程中通过对瞬间物流质量进行检测,并通过电子检控系统调节控制物料流量为给定量值,最后利用等分截取装置获得所需的每份物料的定量值。连续式称重装置按输送物料方式分为电子皮带秤和螺旋式电子秤两类。

电子皮带秤采用电子自动检测、控制物料流量的计量方法,并通过物料分配机构来实现等量供料。电子皮带秤的结构是由供料斗、秤体、传感器、阻尼器、输送带、电子控制系统及物料下卸分配机构等部分组成的。秤体分主秤体和副秤体两部分,其中主秤体由平行板弹簧与秤架组合而成,做近似直线运动,副秤体是围绕支点转动的杠杆,作配重用。电子皮带秤的主要结构如图4-41所示。

3. 计数式充填机

计数式充填机是按预定件数将产品充填至包装容器的充填机。按计数的方式不同,可分

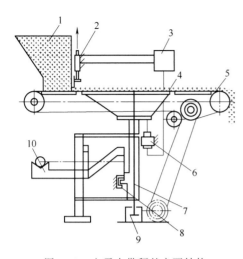

图 4-41 电子皮带秤的主要结构
1—料斗；2—闸门；3—称重调节器；4—秤盘；
5—输送带；6—传感器；7—主秤体；
8—限位器；9—阻尼器；10—副秤体

为单件计数充填机和多件计数充填机两类。单件计数式采用机械计数、光电计数、扫描计数方法，对产品逐件计数。多件计数式则以数件产品作为一个计数单元。多件计数充填机常采用模孔计数装置、推板式计数装置、容腔计数装置。

（1）模孔计数装置

模孔计数法适用于长径比小的颗粒物料，如颗粒状巧克力糖的集中自动包装计量。这种方法计量准确、计数效率高，结构也较简单、应用较广泛。模孔计数装置按结构形式分为转盘式、转鼓式和履带式等。

转盘式模孔计数装置，在计数模板上开设有若干组孔眼，孔径和深度稍大于物料粒径。每个孔眼只能容纳一粒物料。计数模板下方为带卸料槽的固定承托盘，用于承托充填于模孔中的物品。模板上方装有扇形盖板，用于刮除未落入模孔的多余物品。在计数模板转动过程中，某孔组转到卸料槽处，该孔组中的物品靠自重而落入卸料漏斗进而装入待装容器；卸完料的孔组转到散堆物品处，依靠转动计数模板与物品之间的搓动及物品自重自动充填到孔眼中。随着计数模板的连续转动，便实现了物品的连续自动计数、卸料作业。转盘式模孔计数装置的主要结构如图 4-42 所示。

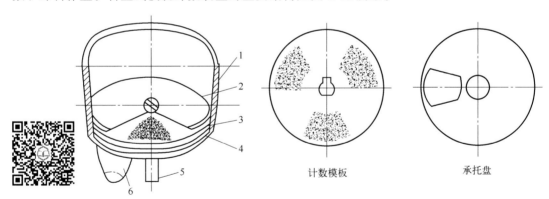

图 4-42 转盘式模孔计数装置的主要结构
1—料斗；2—盖板；3—计数模板；4—承托盘；5—轴；6—卸料漏斗

（2）推板式计数装置

规则块状物品有基本一致的尺寸，当这些物品按一定方向顺序排列时，则在其排列方向上的长度就由单个物品的长度尺寸与物品的件数之积所决定。用一定长度的推板推送这些规则排列物品，即可实现计数给料的目的。该装置常用在饼干、云片糕等的包装上，或用于茶叶小盒等的二次包装场合。推板式计数装置主要结构如图 4-43 所示。

（3）容腔计数装置

容腔计数装置根据一定数量成件物品的容积基本为定值的特点，利用容腔实现物品定量计数。物品整齐地放置于料斗中，振动器促使物品顺利落下充满计数容腔。物品充满容腔后,闸板插入料斗与容腔之间的接口界面,隔断料斗内物品进入计数容腔的通道。此后,柱塞式冲头将计量容腔内的物品推送到包装容器中。然后,冲头及闸板返回,开始下一个计数工作循环。这种装置结构简单、计数速度快,但精度低,适用于具有规则形状的棒状物品且计量精度要求不高的场合的计数。容腔计数装置的主要结构如图4-44所示。

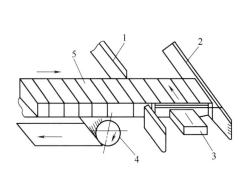

图4-43 推板式计数装置的主要结构
1,2—挡板;3—计数推板;4—输送装置;5—物品

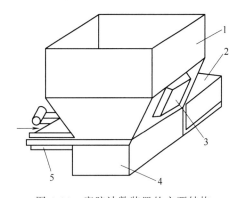

图4-44 容腔计数装置的主要结构
1—料斗;2—冲头;3—振动器;4—计量容器;5—闸板

三、真空包装机械

1. 真空包装的简介

真空包装是将食品物料装入包装容器后,抽去容器内的空气,达到预定的真空度后再完成封口工序的包装方法。

包装容器主要是以塑料或塑料铝箔薄膜为主要材料的真空袋,可以对液体、粉状、糊状的肉品、粮食、果品、酱腌菜、果脯、调味料等进行真空包装,经真空包装的物品可以防止氧化、霉变、虫蛀、腐烂、受潮,延长保质保鲜期限。

2. 真空包装的原理

真空包装的主要作用是除氧,有利于防止食品变质,其原理也比较简单,因食品霉腐变质主要由微生物的活动造成,而大多数微生物(如霉菌和酵母菌)的生存是需要氧气的,而真空包装就是运用这个原理,把包装袋内和食品细胞内的氧气抽掉,使微生物失去适宜生存的环境。实验证明:当包装袋内的氧气浓度$\leqslant 1\%$时,微生物的生长和繁殖速度就急剧下降,氧气浓度$\leqslant 0.5\%$时,大多数微生物将受到抑制而停止繁殖。

真空除氧除了抑制微生物的生长和繁殖外,另一个重要功能是防止食品氧化。如油脂类食品中含有大量不饱和脂肪酸,受氧的作用而氧化,使食品变味、变质。此外,氧化还使维生素A和维生素C损失,食品色素中的不稳定物质受氧的作用,颜色变暗。所以,除氧能有效地防止食品变质。

另外,有许多食品不适宜采用真空包装而必须采用真空充气包装。如松脆易碎食品、易结块食品、易变形走油食品、有尖锐棱角或硬度较高会刺破包装袋的食品等。食品经真空充气包装后,包装袋内充气压强大于包装袋外大气压强,能有效地防止食品受压破碎变形且不影响包装袋外观及印刷装潢。

真空充气包装在真空后再充入氮气、二氧化碳、氧气等单一气体或两三种气体的混合气体。氮气是惰性气体,起充填作用,使袋内保持正压,以防止袋外空气进入袋内,对食品起到保护作用。二氧化碳能够溶于各类脂肪或水,生成酸性较弱的碳酸,有抑制霉菌、腐败细菌等微生物的活性。氧气能够抑制厌氧菌的生长繁殖,保持水果、蔬菜的新鲜及色彩,高浓度氧气可使新鲜肉类保持其鲜红色。

3. 常见真空包装机械

真空包装机是实现物料真空包装的机械,首先将物料按一定的量装入真空袋内,然后将真空袋放入真空室内,真空泵工作抽出真空室内的空气,再通过热压封口系统将真空袋封上,从而实现物料的真空包装。真空充气包装是在抽真空后,充入适合的惰性气体,然后再封口。真空袋内的真空度与物料的性质和生产工艺有关,不同的真空度可以通过调整真空泵的抽气时间来实现。真空充气包装充入气体也与物料的性质和生产工艺有关。封口的热熔温度和时间与真空袋的厚度、材质有关。

常见真空包装机有间歇性真空包装机、全自动连续真空包装机、充气真空包装机等。真空包装机大都是由真空系统、抽充气密封系统、热压封合系统、电器控制系统等组成的。其具体结构的组成为:真空泵、电机、真空室、热封条、电磁阀等。

目前用得比较多的是间歇性真空包装机,例如有单室式和双室式等,如图 4-45、图 4-46 所示。单室真空包装机只有一个包装室,充填好物料的容器在开口状态下放入包装机的真空室,合上盖使腔室密封,然后打开阀门,由真空泵抽气,当真空表所示的真空度已达到要求,关闭阀门,对容器进行封口,之后打开阀门,导入大气,打开腔室取出产品,完成一个包装循环。双室真空包装机有两个真空室,它们共用一套抽真空系统,双室可交替工作,一个真空室抽真空、封口,另一个真空室可以放置包装袋,即辅助时间与抽真空重合,从而提高了生产能力。

图 4-45 单室真空包装机

图 4-46 双室真空包装机

全自动连续真空包装机能够使用机械手将真空包装袋自动取袋,自动撑开,自动打印生产日期及批号,自动上料,自动真空包装,完全实现无人操作,真正实现自动化包装。包装袋范围长 100~260mm,宽 60~200mm,包装效率 2000~3600 袋/h。其机器不但可包装固体、液体、软物体、易碎品等,还可进行真空软膜包装、硬膜充气包装、泡罩包装等。使用卫生、高效、节省人工,而且成本较低。适合于冷冻分割肉、冷却肉、肉制品、豆制品、海产品、休闲食品等行业产品的真空或气调包装,这种包装已成为今后食品包装的潮流。常见的全自动连续真空包装机如图 4-47 所示。

充气真空包装机就是在抽真空后,充入适合的惰性气体,然后再封口的真空包装机,常见的机型如图 4-48 所示。

图 4-47　全自动连续真空包装机

图 4-48　充气真空包装机

四、无菌包装机械

无菌包装机械是在无菌环境下,把无菌的或预杀菌的食品物料充填到无菌的容器中,并加以密封,做成在室温状态下可以储藏、运输和销售且能达到商业无菌的产品。无菌包装主要由以下三部分操作构成:一是使食品物料达到商业无菌的预杀菌操作,液体物料通常由超高温瞬时杀菌(UHT)来实现;二是包装容器的灭菌,一般用过氧化氢、蒸汽或热空气杀菌来实现;三是充填密封环境的无菌,一般用正压无菌空气来实现,有的同时用过氧化氢、蒸汽或热空气杀菌。

无菌液体包装设备的设计基础和理论依据来自德国机械设备制造业联合会的文件,所应用的技术包括如下几个方面:①食品科学——对设备需求和要求的提出;②机械设计——按食品科学和微生物学原理的要求进行图纸设计;③机械制造组装——按图纸进行机械制造和组装,并不断完善;④自动化控制——按食品科学和机械原理的要求进行自动化控制的设计与程序设计;⑤微生物科学——对无菌设备的完美性进行指导与测试。另外还包括真空技术、流体力学、膜过滤、UHT、CIP、电学、光学、空气压缩等相关技术。

我国无菌包装机主要应用在软饮料行业,常见的类型主要有:①罐型无菌包装机,例如乐美罐(Lamican)无菌灌装机;②预制纸盒无菌包装设备,典型的是德国的康美无菌包装设备;③卷材成型无菌包装设备,例如瑞典 TBA 砖型、枕型无菌包装设备;④塑料袋无菌包装机,例如伊莱克斯德无菌包装机;⑤箱中衬袋无菌大包装设备。另外,还有热灌装无菌包装机、如新美星聚对苯二甲酸乙二醇酯(PET)瓶热灌装无菌包装机、埃洛帕克屋顶纸盒无菌热灌装包装机、国际纸业无菌热灌装机等,下面做简要介绍。

1. 乐美罐无菌包装机

乐美罐为圆柱形、光滑、没有死角,是理想的硬纸盒包装,是和常规的马口铁罐头相似的纸罐。它便于存储,容易开盖和饮用,适合生产常温环境运输、销售的长货架期液体产品,如果汁、奶、水、酒、冰茶、咖啡、酸奶饮料、运动饮料和含小颗粒的产品等。乐美罐的包材分别由纸、木浆纸、聚合物、铝箔、黏合剂等复合而成,根据所包装产品种类的不同,货架期长短不同,铝箔也可以不用。不用铝箔的乐美罐可以直接微波炉加热。

2. SIG 康美盒无菌灌装机

送进灌装机的包装材料是已经印刷好的，且其中缝已经黏结好的复合材料（纸板/塑料/铝膜）折叠的纸盒筒，纸盒筒在进入机器时准确地被打开，推进到成型杆并对其底部进行封口。底部封结好的纸盒被传输进套链，对内部进行灭菌、烘干，然后灌装充入产品，进行顶部密封，最后传到输出传送带输出。其包装盒成型由成型杆部分、套链部分、电气部分、无菌空气系统四个主要部分组成。成型杆部分：在这一部分，纸盒的底部被折叠并封口。套链部分：在这一部分，纸盒被清理干净并被消毒，然后灌装产品并完全封口。电气部分：机器的控制核心，包含 PLC、电源供应、操作面板及其他电气控制元件。无菌空气系统：无菌空气系统向灌装机提供无菌空气以保证机器的无菌环境。

3. 利乐系列无菌灌装机

利乐无菌包装设备是进入中国最早的无菌包装设备。利乐无菌灌装机是稳定、可靠的灌装机，而且成本低、易于操作。它可以生产品质卓越的无菌包装产品，市场上常见的产品有利乐枕和利乐砖。其中 TBA3 利乐无菌枕灌装机是枕式纸盒无菌包装的典型机型，是利乐公司于 20 世纪 80 年代推出的产品，其特点是结构简单、操作方便、生产效率高。利乐枕无菌包装采用特别研制的包装材料，能保证包装的产品在长期储存下保持良好品质。TBA3 型无菌灌装机经不断改进，成为一套可靠的系统，标准生产能力为 3600 包/h，结构更加简单。利乐枕无菌灌装机的无菌原理和利乐砖相似。系统设计基于成型-填充-密封的操作，包装材料由预切割坯料提供或直接从卷材供料，无菌仓用过热无菌正压空气形成，卷轴型的包材经过过氧化氢水浴杀菌，进入无菌区域形成纸筒，经 UHT 后的液体饮料经管道进入无菌区域里的无菌纸筒，液面下进行封口、切割与成型，充满经消毒的无菌冷却产品，然后密封和排出，都在一个受控的无菌环境中进行。

4. 其它形式无菌包装设备

除了以上介绍的采用多层复合纸（或膜）袋（盒）形式的典型无菌包装设备以外，其它包装形式的包装容器（塑料瓶、玻璃瓶、塑料盒和金属罐等）也有相应的无菌包装设备。以塑料瓶为包装容器的无菌包装设备有两种形式。第一种形式直接以塑料粒子为原料，先制成无菌瓶，再在无菌环境下进行无菌灌装和封口。第二种是预制瓶无菌包装设备，这种无菌包装设备先用无菌水对预制好的塑料瓶和盖进行冲洗（不能完全灭菌），然后在无菌条件下将热的食品液料灌装进瓶内并封口，封口后瓶子倒置一段时间，以保证料液对瓶盖的热杀菌。这种无菌包装系统只适用于酸性饮料的包装。使用玻璃瓶和金属罐的无菌包装设备工作原理相类似，均可用热处理（如蒸汽等）方法先对包装容器（及盖子）进行灭菌，然后在无菌环境下将预灭菌食品装入容器内并进行密封。另外，前述的全自动热成型包装机如果配有无菌系统，也可成为无菌包装机。

本章习题

1. 比较蒸汽喷射杀菌和注入式杀菌的原理。
2. 比较板式和管式杀菌机的装置特点和工艺流程的异同，并分析它们的优缺点。
3. 分析杀菌锅的蒸汽杀菌、水浴杀菌的传热原理。
4. 简述新型非热力杀菌的种类及原理特点。

5. 简述逆卡诺循环中工质温度和压力的变化过程。
6. 制冷系统的四大机械部件是哪些设备?
7. 单级压缩制冷和双级压缩制冷有什么不同?
8. 氨压缩制冷系统通常由哪些设备构成?
9. 解冻方法主要有哪些?
10. 简述气调保鲜的机理。
11. 液体灌装机械主要有哪些?
12. 物料充填包装的方法有哪些?
13. 简述真空包装机的工作原理。
14. 简述无菌包装的操作构成。

第五章 食品加工典型生产线

学习目的与要求

① 熟悉典型的食品工艺流程及生产线组成。
② 了解食品加工的操作要点,以及关键设备在生产线中的地位和作用。

前面的章节介绍了食品初加工、深加工以及贮藏包装的机械与设备,主要是从单机的原理、结构、应用等几方面进行介绍。在现代化食品加工过程中,往往需要将多个机械设备连接在一起组成生产线、流水线,实现食品的快速化、流水线化、自动化生产。为此本章将介绍典型的食品加工生产线,主要从工艺流程、操作要点与关键设备、生产线图等几方面展开。主要包括饮料产品加工生产线、果蔬产品加工生产线、面食制品加工生产线、乳制品加工生产线、肉制品加工生产线等。

第一节 饮料产品加工生产线

一、纯净水(矿泉水)生产线

国家标准 GB 17323—1998《瓶装饮用纯净水》对瓶装饮用纯净水(bottled purified water for drinking)的定义是:"符合生活饮用水卫生标准的水为水源,采用蒸馏法、去离子法或离子交换法、反渗透法及其他适当的加工方法制得的,密封于容器中,且不含任何添加物,可直接饮用的水。"

国家标准 GB 8537—2018《食品安全国家标准 饮用天然矿泉水》对饮用天然矿泉水的定义是:"从地下深处自然涌出的或经钻井采集的,含有一定量的矿物质、微量元素或其他成分,在一定区域未受污染并采取预防措施避免污染的水;在通常情况下,其化学成分、流量、水温等动态指标在天然周期波动范围内相对稳定。"

目前市场上与矿泉水相关的产品主要有以下几种:①天然饮用矿泉水,根据各种矿泉水

的特点，可分为高、中、低矿化度矿泉水，高钠、极低钠、某种微量元素特种含量矿泉水，含气或不含气、增香或不增香、增味、高氧、高能矿泉水等，此外还有儿童、老年、妇女、运动员、宇航员等专用矿泉水。②矿泉饮料，以天然饮用矿泉水为水基，配制成各种不同口味、含气或不含气、含果汁、含果粒矿泉饮料等。③人工矿化水及饮料，以自来水经人工净化、矿化、消毒后的矿化水或配制成各种不同口味的含气、不含气、含果汁、含果肉等的矿化水饮料。

1. **工艺流程示例**

水源→锰砂过滤→精密过滤→中空超滤→缓冲→紫外线杀菌→无菌储藏→桶装线

2. **操作要点及关键设备**

（1）过滤

水源中有可见杂质、微生物等，必须去除才能进一步加工，而且有些离子、高分子物质还要进行分离。因此需要对水源进行粗过滤、微滤、超滤、渗析等操作。

锰砂过滤器：通过过滤可除去可见杂质，降低锰含量，达到澄清目的，与砂棒过滤器相比较为优越。

精密过滤器：精密过滤器是用微孔膜制作的过滤介质，是现代过滤的先进设备。该设备适用于矿泉水的精滤、澄清及除菌过滤，和同类产品相比性能优越。

中空纤维过滤器：中空纤维过滤器是以高分子材料采用特殊工艺制成的不对称半透膜，在压力作用下，原液在膜内或膜外流动，其中的高分子物质以及胶体粒子则被阻止在膜面，被循环流动的原液带走而成为浓缩液，从而达到了物质的分离、浓缩和提纯的目的。

（2）杀菌

天然矿泉水并非无菌，取自矿源处的矿泉水的细菌总数一般为 1~100cfu/mL，绝大多数低于 20cfu/mL。国标对饮用天然矿泉水的细菌指标规定为 5cfu/mL，而大肠菌群则不得检出。在水质处理过程中，大部分微生物已被去除，但即使是采用微滤、超滤等方法处理水时，水中的细菌物质也不能全被去除，因此必须对矿泉水进行杀菌处理。杀菌方法除普通的加热杀菌外，还有氯杀菌、紫外线杀菌、臭氧杀菌、超滤除菌等，目前多采用紫外线杀菌和臭氧杀菌。

紫外线杀菌器：采用高强度、寿命长的高压紫外线杀菌灯管，整个装置合理、紧凑，在结构上采用二次杀菌，杀菌效果更佳。

（3）灌装

若原水中不含二氧化碳，产品又不要求含二氧化碳，则将原水进行过滤、灭菌处理后即可进行灌装；若原水中含有硫化氢、二氧化碳等混合气体，则需经曝气工艺脱气，成为不含气瓶装矿泉水。含气碳酸泉中往往拥有质量高、数量多的二氧化碳气体，碳酸泉矿泉水生产企业可以回收利用这些气体。由于这种天然碳酸气比较纯净，可直接用来生产矿泉汽水或充气矿泉水。

QGF大桶灌装线：材质为不锈钢，由灌装、压盖组成，采用气电程序控制，具有连锁、信号自测等安全装置。

3. **生产线图示例**

纯净水（矿泉水）典型生产线见图 5-1。

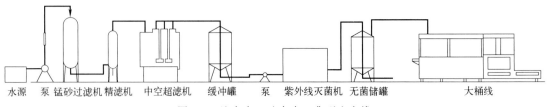

图 5-1 纯净水（矿泉水）典型生产线

二、果蔬汁生产线

果蔬汁是在果汁（浆）或蔬菜汁中加入水、糖液、酸味剂等调制而成的制品。依据国家标准 GB/T 31121—2014《果蔬汁类及其饮料》，果蔬汁类及其饮料分为 3 大类，分别为果蔬汁（浆）、浓缩果蔬汁（浆）、果蔬汁（浆）类饮料。果蔬汁（浆）包括原榨果汁（非复原果汁）、果汁（复原果汁）、蔬菜汁、果浆/蔬菜浆、复合果蔬汁（浆）；果蔬汁（浆）类饮料包括果蔬汁饮料、果肉（浆）饮料、复合果蔬汁饮料、果蔬汁饮料浓浆、发酵果蔬汁饮料、水果饮料。

原榨果汁：以水果为原料，采用机械方法直接制成的可发酵但未发酵的、未经浓缩的汁液制品。采用非热处理方式加工或巴氏杀菌制成的原榨果汁（非复原果汁）可称为鲜榨果汁。

浓缩果蔬汁：以水果或蔬菜为原料，从采用物理方法制取的果汁（浆）或蔬菜汁（浆）中除去一定量的水分制成的、加入其加工过程中除去的等量水分复原后具有果汁（浆）或蔬菜汁（浆）应有特征的制品。

果蔬汁（浆）类饮料：以果蔬汁（浆）、浓缩果蔬汁（浆）、水为原料，添加或不添加其他食品原辅料和（或）食品添加剂，经加工制成的制品。

1. 工艺流程示例

原料→清洗→挑选→破碎→榨汁→过滤→调配→灭酶→蒸发浓缩→杀菌→无菌灌装→封口→贴标签→成品

2. 操作要点及关键设备

（1）破碎与榨汁

对清洗预处理后的果蔬进行机械破碎，利于果蔬汁液流出，再进行榨汁，进行汁渣分离，将汁液作为果蔬汁的主要原料。如果是果蔬汁调配饮料，可以直接使用浓缩果汁，不需要对鲜果蔬进行压榨。

破碎机：旋转刀绕自身轴线在固定不动的底刀空隙内旋转，从而使果蔬破碎，转子上由四组飞刀、底刀为一组，视果蔬种类不同，出料斗有斗式和管式两种型式。在进料斗上部加上缓冲设备，可得到粒度更细的物料。

榨汁机：启动机器以后，电机带动刀网高速旋转，把蔬菜水果从加料口推向刀网，刀网的尖刺将果菜削碎，在刀网高速运转所产生的离心力的作用下，果渣飞出刀网进入渣盒，而果汁穿出刀网流入果汁杯。

（2）调配

该步骤中的关键是化糖，化糖时应注意保证糖彻底溶解，特别是冷法化糖更应注意，调配前应用折光计检测糖液是否达到理论浓度，然后再泵入调配罐。

液体调配罐：采用最多的是机械法化糖，将糖加入带有强力搅拌装置的化糖罐中，罐中事先加入一定量热水，边加边溶解，然后泵入糖液贮罐中，重复该操作，糖液贮罐配有搅拌器，必要时糖液可在两罐之间循环，加速糖的溶解。如甜味剂、酸等物质最后溶解。糖、酸等完全溶解后立即经双联过滤器过滤后泵入调配罐与果蔬汁混合。一些混浊型果汁饮料或果肉果汁饮料需要添加增稠剂，通常将增稠剂与糖按一定比例干法混合后与糖一起溶解。

(3) 过滤、均质、灭酶、脱气

果汁调配好后通常需经双联过滤器过滤后送入杀菌机。对于混浊及果肉型的果汁通常杀菌前需进行均质处理。灭酶主要是通过加热法钝化酶的活性。另外，果蔬汁中通常含有大量空气会影响杀菌效果并可能影响产品的品质，因此也需进行脱气。果蔬汁先泵入杀菌机中预热，然后送入真空脱气罐中脱气，脱气罐顶部装有冷凝装置，可以使抽出的香气成分等冷凝回加到产品中。脱气后进行均质，通常均质压力 20MPa 左右。

过滤机：过滤泵将待滤液经进液管泵入罐内并充满，在压力的作用下，滤液中的固体杂质被滤液上的滤网截留，并在滤网上形成滤饼，滤液透过滤网经滤咀进入出液管流出罐体，从而得到澄清的滤液。

板式灭酶换热器：板式换热器的各种板片之间形成薄矩形通道，通过板片进行热量交换。工作流体在两块板片间形成的窄小而曲折的通道中流过。冷热流体依次通过流道，中间有一隔层板片将流体分开，并通过此板片进行换热，加快生产效率。

超滤机：超滤原理也是一种膜分离过程原理，超滤是利用一种压力活性膜，在外界推动力（压力）作用下截留水中胶体、颗粒和分子量相对较高的物质，而水和小的溶质颗粒透过膜的分离过程。

(4) 杀菌

根据果蔬汁饮料的形式不同采取的杀菌工艺也不同。果汁饮料大多为酸性饮料，通常采用高温短时杀菌，一般采用 91～95℃，时间 15～30s，特殊情况下也采用 120℃以上 3～10s。对于某些蔬菜汁饮料 pH>4.6，则应采用高温杀菌，以杀灭芽孢。

高温杀菌机：利用高温原理杀菌，主要包括再生、加热和冷却等三个部分，且板片和管路式杀菌能够以多种形式组合，并带有两个独立的加热和冷却部分。

(5) 灌装

果蔬汁饮料的包装形式多样，目前主要有两大类：纸质容器和塑料容器。纸质容器主要是无菌灌装。无菌灌装机是冷灌装，通常灌装时饮料温度不应高于 35℃。塑料容器包装通常根据工艺及材料的需求分高温热灌装、中温灌装和冷灌装等。采用热灌装的产品灌装完毕后，通常应在输送带上倒瓶对瓶盖进行杀菌，然后冷却。

3. 生产线图示例

果蔬汁典型生产线见图 5-2。

三、茶饮料生产线

茶饮料是指用水浸泡茶叶，经抽提、过滤、澄清等工艺制成的茶汤或在茶汤中加入水、糖液、酸味剂、食用香精、果汁或植（谷）物抽提液等调制加工而成的制品。茶饮料具有茶叶的独特风味，含有天然茶多酚、咖啡碱等茶叶有效成分，兼有营养、保健功效，是清凉解渴的多功能饮料。茶饮料可以是热饮或冷饮，可以添加其它成分如糖、水果、奶等进行调配。

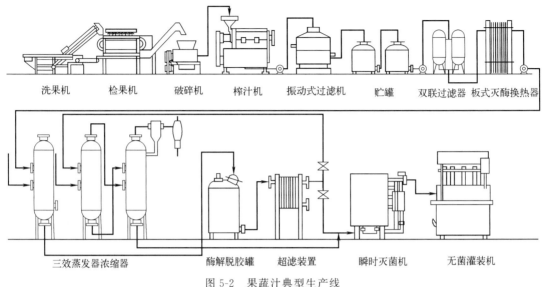

图 5-2 果蔬汁典型生产线

根据茶饮料国家标准《茶饮料》(GB/T 21733—2008) 的规定：茶饮料按产品风味分为茶饮料（茶汤）、调味茶饮料、复（混）合茶饮料及茶浓缩液四类。茶饮料（茶汤）分为红茶饮料、绿茶饮料、乌龙茶饮料、花茶饮料及其他茶饮料。调味茶饮料分为果汁茶饮料、果味茶饮料、奶茶饮料、奶味茶饮料、碳酸茶饮料及其他调味茶饮料。

1. 工艺流程示例

茶叶→浸泡→茶汤→过滤→杀菌→超滤→灌装封口→成品

2. 操作要点及关键设备

（1）过滤

通过粗过滤、精密过滤、活性炭吸附过滤去除茶汤中的杂质、胶体类、异色异味物质。

精密过滤器：精密过滤器是用微孔膜制作的过滤介质，是现代过滤的先进设备。本设备适用于茶饮料的精滤、澄清及除菌过滤，和同类产品相比性能优越。

活性炭过滤器：经活性炭吸附过滤器处理后水质余氯含量，≤0.1μg/mL，而且对去除茶饮料中异味、有机物、胶体、铁及余氯等性能卓著。对于降低茶饮料水体的浊度、色度，净化水质，减少对后续系统（反渗透、超滤、离子交换器）的污染等也有很好的作用。

（2）杀菌

高温瞬时杀菌广泛应用于果汁、茶饮料等产品的灭菌工作。UHT 杀菌机集加热、杀菌、冷却、热回收为一体，触摸屏在线显示实时生产数据。该设备适用于对果蔬汁、茶饮料进行连续杀菌，可对物料进行高温瞬时杀菌，在极短的时间内进行快速的灭菌，确保物料的营养成分不受损，不流失，且产品颜色不改变。

UHT 杀菌机主体分为：冷热物料热回收段、预热段、杀菌持温段、冷却段。整个杀菌过程全自动控制，人机界面可灵活设定杀菌温度。生产中杀菌温度上下温差波动不超过 0.5℃，配带压力多功能罐，生产时缓冲物料和物料回流，生产结束后可用作 CIP 清洗罐。

3. 生产线图示例

茶饮料典型生产线如图 5-3 所示。

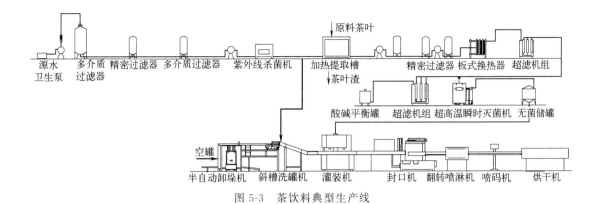

图 5-3 茶饮料典型生产线

四、功能饮料生产线

功能饮料是指通过调整饮料中营养素的成分和含量比例，在一定程度上调节人体功能的饮料。功能饮料主要有运动饮料、能量饮料、营养素饮料、其他类型功能饮料。

运动饮料（GB 15266—2009）定义为：营养素及其含量能适应运动员或体力活动人群的生理特点，能为机体补充水分、电解质和能量，可被迅速吸收的饮料。运动饮料属于功能性特殊饮料中具有特定功用，能使运动员或参加体育运动的人员在饮用后迅速补充水分和多种营养元素的饮品。目前，运动饮料的消费量约占整个功能饮料的50%以上。现今运动饮料按产品性状分为充气运动饮料和不充气运动饮料两大类，其中不充气运动饮料又分为液体和固体两种。由于碳酸气会引起胃部的胀气和不适，大量饮用碳酸饮料有可能引起胃痉挛甚至呕吐等症状，同时为了饮用方便，运动饮料逐渐向不充气的液体饮料形式发展。

能量饮料：英国 Canadean 公司将能量饮料定义为一种果汁风味或无果汁风味、能够提供能量的一类软饮料，多数充有碳酸气，但也有不充气以及粉状产品。产品一般含有牛磺酸、咖啡因、瓜拉纳提取物、葡萄糖和植物萃取物以及矿物质、维生素。含有咖啡因、具有提神功能的能量饮料原产于日本和泰国，全球市场消费量增长迅速。

营养素饮料是指在饮料中加入人体日常所需要的一些维生素及矿物质，具有和保健品类相似的功效，大多以抗疲劳、提精神为主。通过饮料等食品途径补充适量微量成分及其他钙、钾等人体易缺乏成分，不仅有益人体健康，而且对厂家开发新产品也是一条新思路。天然产物中硒含量普遍较低，通过人工法变无机硒为有机硒，不仅提高硒的生理活性和吸收率，同时可降低其毒性。目前各种转化方法跟饮料相关的就是富硒茶叶的栽培与富硒茶的开发。又如蘑菇、银耳含丰富多糖与硒、锗，加入甜味剂、防腐剂、香精香料，也可加入黄芪、灵芝、刺五加、枸杞等制作功能饮料。

其它类型功能饮料：除了上述主要的几种功能性饮料外，还有添加膳食纤维、低聚糖（双歧杆菌增殖因子）、活性益生菌饮料和微量元素（Zn 和 Se）等的功能性饮料。膳食纤维饮料，如大豆膳食纤维饮料、魔芋可食性膳食纤维饮料和果皮膳食纤维饮料等，含有益生菌的饮料如酸乳饮料。益生菌是一类通过改变宿主某一部位菌群的组成，从而产生有利于宿主健康作用的单一或组成明确的混合微生物。益生菌可促进乳糖消化，有效缓解乳糖不耐症，此外，益生菌还可减缓过敏反应，通过菌体代谢降低血清胆固醇水平，调节血脂、减少心血管疾病的发生，并有明显的抗氧化作用。

1. 工艺流程示例

糖浆、食品添加剂和营养强化剂→调配
↓
源水→过滤→除盐软化→杀菌→混合→过滤→脱气→杀菌→灌装→封口→成品

2. 操作要点及关键设备

（1）源水处理

水处理工段包括过滤、除盐软化、杀菌三个过程。在此工段内，源水（河水、井水、泉水等）先后经过多介质过滤器、纤维过滤器、混合离子交换器、精密过滤器、中空纤维超滤器和紫外线杀菌器的处理，得到符合工艺要求的纯水。从紫外线杀菌器出来的水分为两路，一路进入饮料混合机，另一路直接作为化糖和调糖浆用的净水。

多介质过滤器：去除水中的泥砂、悬浮物、胶体等杂质和藻类等生物，降低对反渗透膜元件的机械损伤及污染。

精密过滤器：是用微孔膜制作的过滤介质，是现代过滤的先进设备。它适用于饮料的精滤、澄清及除菌过滤，和同类产品相比性能优越。

（2）化糖配制

首先在溶糖罐内加入水，再按照一定比例投入砂糖进行加热及搅拌，制得浓糖液，经过滤后，在溶糖罐内按顺序加入用少量水溶化的糖精、防腐剂、柠檬酸等物料，料液冷却后通过离心泵泵入调配罐中，在调配罐中加入在高温下容易破坏的香精、色素，搅拌得到调配糖浆。

（3）调配与混合

糖浆、食品添加剂和营养强化剂在调配罐中进行调配，调配至合格的比例。然后将水、糖浆、食品添加剂和营养强化剂在饮料混合机中进行混合。

饮料混合机是为提高水、糖浆比例精确性而精心设计制作的，采用静态混合器来减薄水层，增加碳化时间，确保饮料混合效果；优质的水泵和电器等组成完善的自动控制系统，具有动作协调、外形美观、清洗便利、自动化程度高等优点，适用于多种类型饮料的混合，如汽水、果汁饮料等软硬饮料。

（4）脱气

在杀菌前使用真空脱气机进行脱气。真空脱气机是通过产生真空，将水中的游离气体和溶解气体释放出来，再通过自动排气阀排出系统，脱气后的水再注入系统。

（5）杀菌

采用瞬时灭菌机进行灭菌。瞬时灭菌机使用 SUS304 或 316L 不锈钢制作，杀菌温度、速度可根据工艺要求设定。该机运行平稳，噪声低，不锈钢网带强度高，伸缩性小，不易变形，易保养。解决了杀菌过程中因为自动化程度低而造成的随意性，加强了一致性，大大提高了杀菌的成功率。

（6）无菌灌装

经杀菌后用无菌灌装机进行灌装。采用全自动控制与机电整合作业技术，通过对包装材料的灭菌，在封闭的无菌环境中一次性完成封合、灌装与成型，实现液态食品的无菌包装，所包装的食品无需冷藏，常温下保存即可。用于饮料、乳制品等液态食品的灌装。

3. 生产线图示例

功能饮料典型生产线见图 5-4。

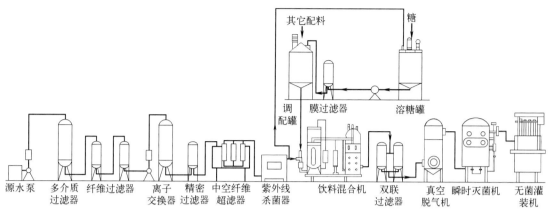

图 5-4　功能饮料典型生产线

五、植物蛋白饮料生产线

植物蛋白饮料是以植物果仁、果肉及豆类为原料（如大豆、花生、杏仁、核桃仁、椰子等），经加工、调配后，再经高压杀菌或无菌包装制得的乳状饮料。以其不含或较少的胆固醇含量，富含蛋白质和氨基酸，适量的不饱和脂肪酸，营养成分较全等特点，深受消费者欢迎。

根据植物蛋白饮料原材料的不同可将其简单地分成四大类型：

豆乳类植物蛋白饮料：在以大豆为主要原料经磨碎、提浆、脱腥等工艺制得的浆液中加入水、糖液等调制而成的制品，如纯豆乳、调制豆乳、豆乳饮料。

椰子乳植物蛋白饮料：在以新鲜、成熟适度的椰子为原料，取其果肉加工制得的椰子浆中加入水、糖液等调制而成的制品。

杏仁乳植物蛋白饮料：在以杏仁为原料，经浸泡、磨碎等工艺制得的浆液中加入水、糖液等调制而成的制品。

其它植物蛋白饮料：在以核桃仁、花生、南瓜子、葵花子等为原料经磨碎等工艺制得的浆液中加入水、糖液等调制而成的制品。

1. 工艺流程示例

原料→清杂→干燥→脱皮→浸泡软化→磨浆→离心分离→调配→脱臭→过滤→均质→杀菌→灌装→二次杀菌→产品

2. 操作要点及关键设备

（1）原料预处理（清杂，干燥，脱皮）

原料需要清除杂质，除杂后还要烘干处理，使水分降低至12%以下，然后脱皮处理。

豆类筛选机：分离杂质、分类分级、清洗除尘、去除破损豆粒。

鼓风烘干机：将除杂后的原料放入鼓风干燥室中，在105℃下烘干。

脱皮分离机：利用物理或化学方法去除豆类、谷物或坚果表面的外皮或壳，使产品的外观更加美观，同时也能提高口感和食用价值。

（2）浸泡软化

将去皮的豆类送入浸泡失活槽内，在温度 $85\sim90℃$、浓度 0.50×10^{-2} mol/L 的 NaH-

CO_3 碱性环境中，经过 50~90s 的酶失活处理后，豆类被软化，其中产腥因子被钝化、失活。失活软化的压力为 0.25~0.3MPa。

(3) 磨浆

将水加入浸泡好的样品中（质量比 1:12），用磨浆机进行磨浆，磨浆温度在 60℃ 左右，磨浆后用筛网过滤。

(4) 调配

在分离后的蛋白浆液中添加调味剂、甜味剂、营养成分等，进行均匀混合，采用带搅拌的调配罐。

(5) 脱臭

采用真空高温脱臭罐，通过高温加热，去除料液中的异味和杂味，使产品更加清香和可口，还能够有效地杀灭料液中的细菌和微生物，提高产品的卫生安全性。

(6) 均质

为了增加混合液稳定性，降低分散物尺度，采用高压均质机进行均质，均质温度 70~75℃。将料液混合均匀，研磨成更小的颗粒。

3. 生产线图示例

植物蛋白饮料典型生产线见图 5-5。

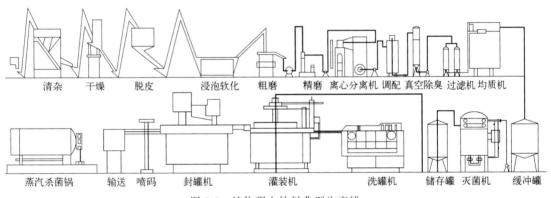

图 5-5 植物蛋白饮料典型生产线

第二节 果蔬产品加工生产线

一、水果罐头生产线

国家标准 GB 7098—2015《食品安全国家标准 罐头食品》对罐头食品（canned food）的定义是："以水果、蔬菜、食用菌、畜禽肉、水产动物等为原料，经加工处理、装罐、密封、加热杀菌等工序加工而成的商业无菌的罐装食品。"

水果罐头以用料不同而命名不同，一般水果罐头的原料取材于水果，包括黄桃、苹果、荔枝、草莓、山楂等，产品主要有黄桃罐头、草莓罐头、菠萝蜜罐头、橘子罐头等。

根据水果种类和数量不同分为：双色水果罐头，含两种品种不同的水果；什锦水果罐头，包含不少于三种水果。根据汤汁不同分为：糖水型，汤汁为白砂糖的水溶液；果汁型，汤汁为水和果汁的混合液；混合型，汤汁为果汁、白砂糖、果葡糖浆、甜味剂四种中不少于两种的水溶液；甜味剂型，汤汁为甜味剂的水溶液。

1. 工艺流程示例

原料→清洗→去皮→切分→热烫→抽空→装罐→加注糖液→排气密封→杀菌→冷却→保温→成品

2. 操作要点及关键设备

（1）果品原料的处理

原料的分选：目的在于剔除不合适的和腐烂霉变的原料，并按原料的大小和质量（色泽、成熟度等）进行分级，可采用光电分选机。原料洗涤的目的是除去果品表面附着的尘土、泥沙、部分微生物以及可能残留的化学药品等，可采用果蔬鼓风清洗机。

原料的去皮及修整：凡果品表皮粗厚、坚硬，具有不良风味或在加工中容易引起不良后果的果品，都需要去皮。去皮方法有手工去皮、机械去皮、热力去皮和化学去皮等。有些果品原料不需去皮，只需去蒂柄或适当修整处理即可。

原料的烫漂：将果品放入沸水或蒸汽中进行短时间的加热处理，其目的主要是破坏酶的活性，稳定色泽，改善风味；软化组织，便于装罐，脱除水分，保持开罐时固形物稳定，杀死部分附着于原料上的微生物，并对原料起一定的洗涤作用。

（2）抽空处理

果品内部含有一定量的气体，如草莓中含气体33%～43%、苹果中含气体12.2%～29.7%（以体积计）。水果含有气体，不利于罐头加工，因此在装罐前采用减压抽空处理，即利用真空泵等机械造成真空状态，使水果中的气体释放出来。

（3）装罐与注液

装罐时，按成品标准要求再次剔除变色、过于软烂、有斑点和病虫害等的不合格果块，并按大小、成熟度分开装罐，使每一罐中果块大小、色泽、形态大致均匀，块数符合要求。每罐装入的水果块质量根据可溶性固形物要求，结合原料品种、成熟度等实际情况通过试装确定。一般要求果块质量不低于净重的55%（生装梨为53%，碎块梨为65%）。每罐加入糖水量一般控制在比规定净重稍高，防止果块露出液面而色泽变差。采用素铁罐时，为防止氧化圈的形成应尽量加满。

（4）排气和密封

糖水水果罐头装罐加液后，需经排气处理，然后迅速进行密封，一般采用加热排气法，排气箱温度为82～96℃，时间7～20min，以密封前罐中心温度达到75～80℃为准，压力为5.999×10^{-4}～7.332×10^{-4}Pa。可采用真空封罐机抽气密封。

（5）杀菌和冷却

水果罐头属于酸性食品，其pH值一般在4.5以下，故都采用沸水或沸点以下的温度杀菌，罐头杀菌结束后，必须迅速用冷水冷却，防止罐头继续受热而影响质量。

3. 生产线图示例

水果罐头典型生产线见图5-6。

二、果蔬脆片生产线

在标准QB/T 2076—2021《果蔬脆》和GB/T 23787—2009《非油炸水果、蔬菜脆片》

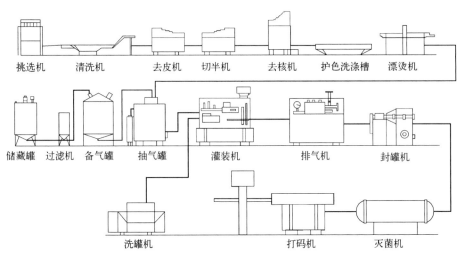

图 5-6 水果罐头典型生产线

中，果蔬脆片是以水果（如香蕉、红枣、苹果、黄桃、猕猴桃、芒果、菠萝等）、蔬菜（如胡萝卜、藕、山药、南瓜、秋葵、马铃薯、红薯等）、食用菌（如香菇、平菇、杏鲍菇、草菇、金针菇、猴头菌等）的一种或多种为主要原料，经（或不经）切片（条、块）后，添加或不添加其他配料，经真空油炸或非油炸脱水等工艺，调味或不调味而制成的口感酥脆的果蔬制品。

目前市面上的果蔬脆片，按原材料主要分为：

水果脆片（水果脆）：以水果为主要原料，添加或不添加其他配料，经真空油炸脱水等工艺，调味或不调味而制成的口感酥脆的水果制品。

蔬菜脆片（蔬菜脆）：以蔬菜为主要原料，添加或不添加其他配料，经真空油炸脱水等工艺，调味或不调味而制成的口感酥脆的蔬菜制品。

食用菌脆片（食用菌脆）：以食用菌为主要原料，添加或不添加其他配料，经真空油炸脱水等工艺，调味或不调味而制成的口感酥脆的食用菌制品。

什锦果蔬脆片（什锦果蔬脆）：以水果脆（片）、蔬菜脆（片）、食用菌脆（片）其中的两种或两种以上组合后包装的产品。

复合果蔬脆片（复合果蔬脆）：以水果脆（片）、蔬菜脆（片）、食用菌脆（片）其中的两种或两种以上为主要原料，添加其他配料，经再加工而成的产品。

按生产工艺可分为：油炸型（采用真空油炸脱水工艺）和非油炸型（采用低温真空冷冻干燥、微波真空干燥、气流膨化和微波-压差膨化脱水工艺）两种类型，非油炸类又分为原味非油炸类和调味非油炸类。

1. 工艺流程示例

原料→浸泡→清洗去皮→修整→切片→灭酶杀青→真空浸渍→脱水→速冻→真空油炸→真空脱油→冷却→称量包装

2. 操作要点及关键设备

（1）清洗去皮

对不需要去皮的果蔬用清洗机自动清洗，去除果蔬表面杂物，对需要去皮的果蔬用清洗去皮机一次清洗去皮。

(2) 切片（段）

使用切片机将清洗后的果蔬按要求的形状和厚（长）度切制。

(3) 灭酶杀青

防止果蔬切片在空气中发生氧化变色并去除果蔬中的生青异味。采用漂烫机来实现，果蔬经漂烫后就抑制了酶的活性，以保持果蔬特有的鲜活色泽，而且能挥发果蔬原有的香味，增进细胞柔软性，利于水分蒸发。

(4) 真空浸渍

去除果蔬切片中的部分水分、浸入工艺加工中要求的成分并校正口感，速度快，效果好。

(5) 脱水

采用脱水机去除果蔬切片表层在浸渍时连带的浮液。

(6) 速冻

改变果蔬切片的内部结构，增加通透性，同时蒸发部分水分。

(7) 真空油炸

选用棕榈油进行炸制，真空度可达 -0.095 MPa，使水分迅速汽化，同时引起细胞及组织的破裂膨化并干燥。采用真空油炸机在低温（80~120℃）对食品进行油炸、脱水，它可以有效地减少高温对食品营养成分的破坏。

(8) 真空脱油

更充分地降低果蔬切片内的含油量，减少成品含油率，其真空度可达 -0.095 MPa。

(9) 包装

将脆片成品按照要求定量包装，使用镀膜塑料袋充氮包装，以延长保质期。采用充氮气真空包装机，包装后产品能增强抗压能力，有阻气、保鲜、防潮、防腐、抗氧化等功能。

3. 生产线图示例

果蔬脆片典型生产线如图 5-7。

图 5-7 果蔬脆片典型生产线

三、果酱生产线

根据 GB/T 22474—2008《果酱》，果酱是以水果、果汁或果浆和糖等为主要原料，经预处理、煮制、打浆（或破碎）、配料、浓缩、包装等工序制成的酱状产品。

目前市场上的果酱主要有：

抹酱，以鲜奶油、牛奶等奶制品或鸡蛋为基底与风味来源，调和果蔬、香料，长时间熬煮至水分蒸发而制成的抹酱，质地厚稠，风味浓郁。

果酱，将水果捣碎或者切块，不保留原形，与糖、柠檬汁熬煮至释出果胶产生凝结，质地易于推抹，果酱成品中可含有果粒或果丁。

柑橘果酱，只用柑橘属水果的果肉和果皮制成的果酱。

果凝，舍弃果肉不用，以果汁、糖、柠檬汁混合熬煮，依靠果汁中丰富的果酸与果胶凝结成剔透的晶冻状、口味清爽、甜味明显、果色明亮的果凝，可单独作为甜点食用。

糖渍水果，将多种水果一起熬煮至出现果酱般的口感，再调和糖、坚果或葡萄干等果干让风味更丰富，含糖量60%～70%。

1. 工艺流程示例

原料→挑选→洗果→打浆→预煮→真空浓缩→灌装→杀菌→洗瓶→风干→贴标

2. 操作要点及关键设备

（1）原料选择与前处理

生产果酱类制品需要选用果酱和果酸含量高、芳香浓郁、品种优良的原料。不同产品对原料的要求不同。果酱宜选用成熟时期的柔软多汁且易于破碎的品种。

原料处理：原料应先剔除霉烂变质、受伤严重等不合格果实，再按不同种类的产品要求及成熟度高低，分别进行清洗、去皮去核（或不去皮不去核）、切分、修整等处理。去皮切块后易变色的原料应及时进入食盐水或其他护色液中。

（2）打浆

生产泥状果酱的果实软化后要趁热打浆。柑橘类一般先用果肉榨汁，然后残渣再加热软化，后将果胶抽取液与果汁混合食用。可选用打浆机或榨汁机。

（3）预煮

预煮时加入原料重的10%～20%的水进行软化，或蒸汽软化。软化时升温要快，水沸投料，每批投料不宜过多，时间因原料种类和成熟度而异，一般是10～20min。可采用常压预煮锅。

（4）真空浓缩

将浆液置于真空浓缩装置（真空浓缩锅）中，在减压条件下进行蒸发浓缩。由于真空浓缩温度较低，制品的色泽、风味等品质都较常压浓缩好。

3. 生产线图示例

果酱典型生产线见图5-8。

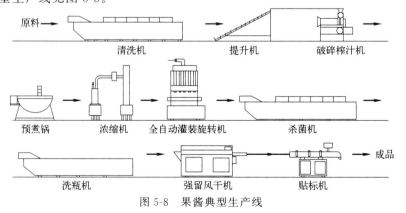

图5-8 果酱典型生产线

四、果酒生产线

果酒是以新鲜的水果或者果汁作为原材料，运用调酸、调糖等工艺流程，将原料的一部分或者是全部发酵成为酒精度数较低的发酵酒。果酒是一种口感良好、营养丰富，且具有多种生理功能的低度饮料酒。

按照加工方法和特点，果酒主要分为：发酵果酒，用果汁或果浆经酒精发酵酿造而成，如葡萄酒、苹果酒；蒸馏果酒，果品经酒精发酵后，再通过蒸馏所得的酒，如白兰地、水果白酒；配制果酒，将果实或果皮、鲜花等用酒精或白酒浸泡取露，或用果汁加糖、香精、色素等食品添加剂调配而成；起泡果酒，酒中含有二氧化碳的果酒，如小香槟、汽酒。

1. 工艺流程示例

鲜果→清洗→分选→破碎→榨汁→澄清→发酵→倒桶→贮酒→过滤→冷处理→调酒→过滤→杀菌→成品

2. 操作要点及关键设备

（1）预处理

水果预处理包括选果、清洗、榨汁、成分调整四部分。

选果，即要选取无虫害和腐败的新鲜水果，才能使后续的发酵产品风味更好，可选用光电分选机。

清洗，即洗掉水果表面的污物，便于后续的杀菌操作，可选用水果鼓风清洗机。

榨汁，即将切成块的水果用榨汁机榨汁，便于后续的发酵，可选用螺旋榨汁机。

成分调整，为了确保果酒的品质与发酵的顺利进行，发酵前需要对果汁进行成分调整。糖的调整，酿造酒精含量为10%~12%的酒，果汁的糖度需17~20°Bx❶，如果糖度达不到要求则需加糖，实际加工中常用蔗糖或浓缩汁；酸的调整，酸可抑制细菌繁殖，使发酵顺利进行。

（2）发酵

发酵又分为前（主）发酵与后发酵，发酵过程的重要影响因素有温度、氧气、二氧化硫。可选全自动发酵罐。

温度主要影响酵母的生长、繁殖、发酵，酵母在比较低的温度，如10℃以下，一般就不发酵，或者发酵缓慢；温度升高，发酵速度加快，但当温度过高（一般为超过35℃）时，酵母的衰亡速度加快；若温度继续升高，酵母甚至会停止发酵。所以温度对酵母产生的不利影响进而也会影响果酒的风味。由于发酵过程中会产生热量，在生产中，通常需要降温。

酵母菌为兼性厌氧菌，在发酵初期通入氧气有利于酵母菌的生长繁殖，在果酒的工业生产中通入的空气通常为无菌空气，但是如果通入的无菌空气过多，会使发酵液中多酚类物质被氧化而导致发酵液的色泽升高，进而影响果酒的感官品质。

将二氧化硫通入发酵液中，能使二氧化硫被发酵液中的空气氧化，从而起到保护抗氧化成分的作用，进而控制酒体的氧化变质，并且可最大程度地保留原料原有的成分，抑制氧化酶的活性，延缓果酒氧化，避免果酒褐变，保持果酒的风味。虽然二氧化硫有防止果酒氧化

---

❶ °Bx 是白利糖度（Degress Brix）的缩写，是一个用于衡量溶液中溶解固形物含量的单位，特别是在食品和饮料行业中用来表示液体甜度或糖分含量的一个标准单位。白利糖度表示的是在20℃条件下，每100克溶液中含有多少克糖分（通常指蔗糖）。

的作用，但是在发酵过程中的添加量要适度，添加量过低，不能起到很好的抗氧化作用，添加过量的二氧化硫不仅会对人体健康产生危害，而且也会影响果酒品质（产生臭鸡蛋味），所以现在果酒工业生产中二氧化硫的添加都是限量的。

（3）调酒度

有些果汁本身发酵达不到成品果酒的酒精度要求，这时就需要一些方法提高酒精度，一般有两种方法。一是添加白砂糖，使之在发酵过程中生成酒精；二是发酵后补加高浓度蒸馏酒或经过处理的酒精，但补加的酒精量不能超过原汁发酵酒精量的 10%。

（4）过滤

过滤有硅藻土过滤、薄板过滤、微孔薄膜过滤等，常采用硅藻土过滤机，在酒中按比例加硅藻土，使其在酒液中产生胶体状沉淀物，然后通过滤饼过滤将悬浮在酒中的物质除去。

（5）杀菌

果酒的杀菌技术主要包括化学杀菌、辐照杀菌和以热力为主导致细菌死亡的微波杀菌等。辐照杀菌主要是利用辐照技术，如 X 射线杀灭、紫外线照射杀灭、电子射线杀灭等方式。化学杀菌的方法主要是在果酒酿造的过程中加入适量的微生物抑制剂杀菌。热杀菌技术主要是采用超高温瞬时杀菌。

3. 生产线图示例

果酒典型生产线见图 5-9。

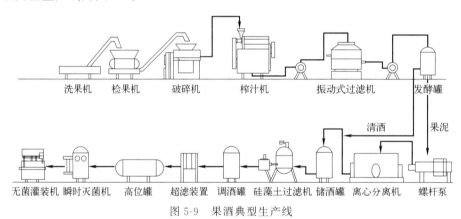

图 5-9 果酒典型生产线

五、果脯生产线

果脯也叫蜜饯，是一种以果蔬等为主要原料，添加（或不添加）食品添加剂和其它辅料，经糖或蜂蜜或食盐腌制（或不腌制）等工艺制成的制品。包括蜜饯类、凉果类、果糕类和果丹类等。

按产品形态和风味分类：干态蜜饯，基本保持果蔬形状的干态糖制品，如苹果脯、杏脯、桃脯、梨脯、蜜枣以及糖制姜、藕片等；糖浆果实，是果实经过煮制以后，保存于浓糖液中的一种制品，如樱桃蜜饯、海棠蜜饯等；糖衣果脯，果蔬糖制并经干燥后，制品表面再包被一层糖衣，呈不透明状，如冬瓜条、糖橘饼、柚皮糖等；凉果指原料经盐腌、脱盐晒干，加配料蜜制，再晒干而成。制品含糖量不超过 35%，属低糖制品，外观保持原果形，表面干燥、皱缩，有的品种表面有层盐霜，味甘美、酸甜、略咸，有原果风味，如陈皮梅、话梅、橄榄制品等。

按产品传统加工方法分类：京式蜜饯主要代表产品是北京果脯，又称北蜜、北脯；苏式蜜饯主产地苏州；广式蜜饯以凉果和糖衣蜜饯为代表产品；闽式蜜饯主产地福建漳州、泉州、福州，以橄榄制品为主产品；川式蜜饯以四川内江地区为主产区，始于明朝，有名传中外的橘红蜜饯、川瓜糖、蜜辣椒、蜜苦瓜等。

1. 工艺流程示例

原料→预处理→切片→护色→沥水→煮制→浸糖→脱水干燥→冷却→包装→制品

2. 操作要点及关键设备

（1）原料预处理

根据水果原料的不同，预处理有所差异。预处理通常包括原料的选择、清洗、去皮、切分、去核、切缝和刺孔等处理方法。枣、李、梅果实小，小红橘、金橘以食果皮为主，它们可不去皮、切分，但要切缝或刺孔。

此外，有些果蔬腌制品还需进行其它处理：果坯腌制，多以食盐为主进行腌制；硬化与保脆，可将原料放在氯化钙、亚硫酸氢钠等硬化剂溶液中，金属离子能与果蔬中的果胶物质反应产生不溶性的果胶酸盐类；硫处理，果脯蜜饯在糖制前进行硫处理，可抑制氧化变色，通常进行熏硫处理 1~1.5h，或浸于含 0.1%~0.2%二氧化硫的亚硫酸溶液中数小时；染色，果脯蜜饯中少数品种如樱桃、青梅、青红丝、橄榄需染色，通常将色素加在糖液中进行。

（2）预煮（护色）

预煮可适度软化肉质坚硬的果肉，利于糖分的渗透，这对于真空渗糖尤为重要。同时可以起到灭酶、杀菌的作用，对于腌坯及亚硫酸保藏的原料有助于脱硫和脱盐。

（3）浸糖（渗糖）

渗糖分为常压渗糖和真空渗糖两种方法，常压渗糖又分为一次渗糖和多次渗糖，真空渗糖分为多次抽空和抽空与糖水热烫结合法等。渗糖前先配制 75%~80%的糖液，并加柠檬酸调节 pH2.0，加热煮沸 1~3min，使蔗糖部分变成转化糖，避免出现"返砂"现象，用时适当稀释。

真空渗糖：先用 25%稀糖液煮果，然后浸泡 8h，再用 40%糖液真空糖煮或热烫，最后用 60%~70%糖液抽空糖煮后再浸泡 8h，捞出后沥干糖液再干燥。在第二次或第三次糖液中应加 0.1%山梨酸钾和 0.1%亚硫酸盐，以利于抑菌和防止褐变。采用真空浸糖罐进行操作。

（4）烘晒与挂糖衣

渗糖后，果实捞出沥干，铺于浅盐中烘干或晒干，烘干温度宜在 50~60℃，以免过高糖分结块和焦化。如加工糖衣蜜饯果脯，可在干燥后"上糖衣"，即用过饱和糖液（3 份蔗糖、1 份淀粉糖浆、2 份水，加热煮沸到 113~114.5℃，冷却到 93℃使用）处理干态蜜饯，使干燥后表面形成一层透明的糖质薄膜。通常干燥后糖含量接近 72%，水分不超过 20%。可采用连续烘干机来实现。

（5）整理与包装

干态蜜饯在加工过程中往往收缩变形，需要整形，整理后的蜜饯要求整齐一致，利于包装。一般先用塑料食品袋包装或透明塑料盒包装，再进行装箱。

3. 生产线图示例

果脯典型生产线见图 5-10。

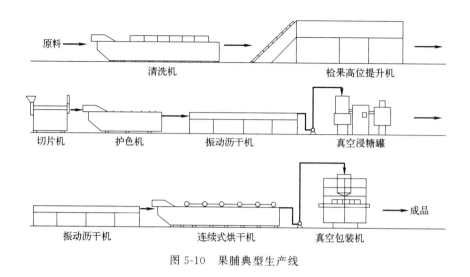

图 5-10 果脯典型生产线

第三节 面食制品加工生产线

一、饼干生产线

国家标准 GB 7100—2015《食品安全国家标准 饼干》对饼干的定义是：以谷类粉（和/或豆类、薯类粉）为主要原料，添加或不添加糖、油脂及其他原料，经调粉（或调浆）、成型、烘烤（或煎烤）等工艺制成的食品，以及熟制前或熟制后在产品之间（或表面，或内部）添加奶油、蛋白、可可、巧克力等的食品。

在目前的标准中将饼干分为十三个大类：韧性饼干、酥性饼干、苏打饼干、夹心饼干、威化饼干、蛋圆、压缩饼干、曲奇饼干、蛋卷、煎饼饼干、装饰饼干、水泡饼干及其他饼干。

按口味不同可分为甜饼干、咸饼干和甜咸饼干，但最为常用的是按原料配比的不同进行分类如下。

粗饼干：粗饼干几乎不含油，仅用少量糖，油糖总量仅占面粉量的 20% 左右。目前国外生产的一种供野餐用的无油、无糖，仅加少量食盐的清水饼干便属这一类。

韧性饼干：这类饼干的油糖比为 1:2.5，油糖总量占面粉量的 40% 左右，如动物形状饼干、玩具饼干等。

酥性饼干：这类饼干的油糖比为 1:2，油糖总量占面粉量的 50% 左右。如椰子饼干、橘子饼干等。

甜酥性饼干：这类饼干的油糖比为 1:3.5，油糖总量占面粉量的 75% 左右，高档酥饼类甜饼干如桃酥、奶油酥便属这一类。

发酵类饼干：这类饼干的油糖用量都很少，油糖总量占面粉量的 20% 左右，苏打饼干便属这一类。根据口味不同，发酵饼干又有咸苏打饼干和甜发酵饼干两种。甜发酵饼干的原料配比可近似于韧性饼干的配方。

1. **工艺流程**

原料准备→和面→切块→压片→辊轧成型→烘烤→冷却包装→成品

2. **操作要点及关键设备**

(1) 面团的调制

韧性面团的调制：应注意配料投放次序是先将面粉、水、糖等原料放入后再加入油脂；用糖量不超过面粉质量的30%，油脂用量不超过面粉质量的20%；面团温度控制在36~40℃；调粉完毕后一般要静置15~20min，使拉伸的面团恢复松弛状态，达到张力消除及黏性下降的目的。

酥性面团的调制：配料次序是先投入油、糖、水，再投入面粉、淀粉、奶粉等原料；糖的用量一般可达面粉质量的32%~50%，油的用量达到面粉质量的40%~50%，加水量控制在3%~5%以内，调粉温度控制在20~26℃，调粉时间控制在5~10min，淀粉添加量是面粉的5%~8%，通常静置10~15min。

发酵饼干面团的调制：一般采用二次调粉与发酵，第一次高筋面粉用量40%~50%，面粉用量的40%~50%的水，0.5%~0.7%的鲜酵母，1%的糖，6~10h发酵；第二次加入剩余的原辅料、适当的水，面粉选用弱质面粉，有助于产品疏松。

面团的调制采用立式和面机，立式和面机采取立式双桨、刀式的搅拌方式，是一种适合各类饼干生面团混合的多用途搅拌机，和面桶可以拆装更换，也可用来面团发酵，方便生产发酵面团。

(2) 面团的压片

面团压片的目的是使疏松的面团形成具有一定黏结力的面片，不易在运转过程中断裂；提高产品的表面光洁度；排除面团中的部分气泡，防止饼干坯在烘烤后产生大孔洞，改善制品内部组织；将面团压成形状规则、厚度符合成型要求的面片，便于成型操作。可采用压延成片机。

(3) 成型

饼干坯的成型一类是面团成型，有冲印、辊印、辊切、挤条成型等。冲印成型适用于多种面团，辊印成型只适用于酥性面团。一类是面浆成型，有上浆、挤浆成型等，可采用辊压成型机。

(4) 烘烤

饼干的烘烤是食物向食品转化的过程，伴随着水分含量、体积变化及色泽与风味的生成。可以选择带式烤炉，它能提供连续性烘烤，可配备生产流水线作业。具有生产效率高、节省人力、烘烤品质稳定等特点。

(5) 冷却

饼干的自然破碎率与饼干的冷却温度有着密切的关系，冷却终点为38~40℃。冷却温度过低，冷却速度过快，会促使饼干表面水分迅速蒸发，内部水分在热力推动下急剧向外层移动，强烈的热交换和水分蒸发使饼干内部产生强大的应力，饼干内固体微粒相对位置发生位移，并随时间延长而增加，当这种变形达到一定程度时，饼干自身结合力不足以与之抗衡时，饼体上就产生了裂缝。

3. **生产线图示例**

饼干典型生产线如图5-11所示。

图 5-11 饼干典型生产线

二、面包生产线

根据国标 GB/T 20981—2021《面包质量通则》，面包是以小麦粉、酵母、水等为主要原料，添加或不添加其他配料，经搅拌、发酵、成型、醒发、熟制、冷却等工艺制成的食品，以及熟制前或熟制后在产品表面或内部添加其他配料等的食品。

目前，市场上面包主要产品类型有：

主食面包，一般包括平顶型切片枕形主食面包、弧顶型切片枕形主食面包、长棍及短棍型甜咸主食面包和梭形法式面包。

花色面包，夹馅面包（馅料包括火腿、香肠、色拉、巧克力酱、蔬菜、豆沙、栗子羹、蜜饯、奶油及果酱）、表面涂层面包（涂层料包括糖粉、酥蛋、芝麻、果仁、葡萄干、蜜饯及巧克力酱）。

油炸面包圈，又名糖纳子，属于非焙烤型面包。其形状有空心圈、辫子状、扁圆状等。有的中间包果酱、豆沙等，有的在表面撒上糖霜或喷涂巧克力酱。

二次加工调理面包，主要包括三明治（切开黄褐色表皮后，中间加入黄油、奶酪、火腿片或色拉、蔬菜等配料）、热狗（加入小红肠，抹上黄油、奶酪等）、汉堡包（采用如表面涂布芝麻的小圆面包，中间加入油炸牛肉饼）。

丹麦酥油面包，这类产品大都采用高油脂配方，利用冷冻发酵面团来生产，是面包点心化的衍生产物。形式接近于馅饼和千层酥等西点产品，酥软爽口，香味浓郁，是面包中的高档产品。

1. 工艺流程

面包工艺流程可以分为三个基本工序：和面（面团调制）、发酵及烘烤。我国目前采用的是二次间歇发酵法，工艺流程如下。

面粉、酵母、水、其它辅料　　　剩余的原辅料
　　　↓　　　　　　　　　　　　↓
第一次调制面团→第一次发酵→第二次调制面团→第二次发酵→定量切块→搓圆→中间醒发→成型→醒发→焙烤→冷却→包装→成品

2. 操作要点及关键设备

（1）面团调制

面团调制在和面机中进行，和面机分为立式和卧式两种。面包面团调制的一个重要作用就是在搅拌中使面团延伸、折叠、卷起、压延、揉打，不断反复，使原辅料充分揉匀，并与空气接触发生氧化，尽量避免对面团有拉裂、切断、摩擦的动作。

（2）第一次发酵

面团发酵主要是利用酵母的生命活动产生的二氧化碳等其它物质，同时发生一系列复杂

变化，使面包蓬松富有弹性，并赋予特有的色、香、味、形。第一次发酵的目的是使酵母扩大培养，以利于面团进一步完成第二次发酵。发酵在发酵箱中进行。

(3) 第二次调制面团

将发酵成熟的面团制成一定形状的面团坯称为成型。成型包括切块、称量、搓圆、静置（中间醒发）、做形、入模或装盘等工序。在成型期间，面团仍继续着发酵过程。

(4) 第二次发酵

成型好的面包坯要经过醒发才能烘烤。醒发的目的是清除在成型中产生的内部应力，增强面筋的延伸性，使酵母进行最后一次发酵，使面坯膨胀到所要求的体积，以达到制品松软多孔的目的。

(5) 焙烤

焙烤是保证面包质量的关键工序。面包坯在焙烤过程中，受炉内高温作用由生变熟，并使组织膨松、富有弹性，表面呈金黄色，产生发酵制品的特有香味。焙烤可以在红外线烤箱中进行。

(6) 冷却

刚出炉的面包温度很高，其中心温度约为98℃，皮硬瓤软没有弹性，经不起挤压，如果立即进行包装，受到挤压，面包容易破碎或变形；并且由于热蒸汽不易散发，遇冷产生的冷凝水便吸附在面包或包装纸上，给微生物的繁殖提供了条件，使面包容易霉坏变质。故面包必须进行冷却后才能包装。

3. **生产线图示例**

面包典型生产线见图5-12。

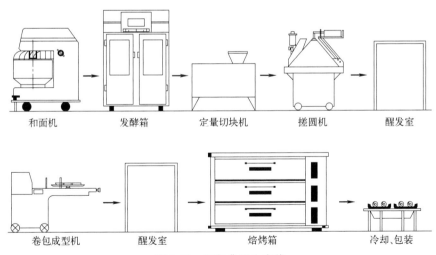

图5-12 面包典型生产线

三、方便面生产线

国家标准 GB/T 40772—2021《方便面》对方便面的定义是："以小麦粉和/或其它谷物粉、淀粉等为主要原料，添加或不添加辅料，经加工制成的面饼，添加或不添加方便调料的面条类预包装方便食品，包括油炸方便面和非油炸方便面。"

目前市场上与方便面相关的产品主要有：

油炸方便面，采用油炸工艺干燥的方便面，包括泡面、干吃面和煮面。面饼需要经过沸水浸泡后食用的方便面称为泡面；面饼不需要经过沸水浸泡而直接食用的方便面称为干吃面；面饼需要经过煮制后食用的方便面称为煮面。

非油炸方便面，采用除油炸以外的其它工艺（如微波、真空和热风等）干燥的方便面。

1. 工艺流程

面粉、盐、碱水→和面→熟化→复合压延→切丝成型→蒸煮→定量切断→折叠→入模→油炸或热风干燥→脱模→冷却→包装→成品

2. 操作要点及关键设备

(1) 和面

和面就是将面粉、食盐、碱和水均匀混合一定时间，形成具有一定加工性能的湿面团。具体操作是面粉中加入添加物预混 1min，快速均匀加水，同时快速搅拌约 13min，再慢速搅拌 3~4min，即形成具有加工性能的面团。和面时间长短对和面效果有很大影响。时间过短，混合不均匀，面筋形成不充分；时间过长，面团过热，蛋白质变性，面筋数量、质量降低。一般和面时间不少于 15min。另外，和面机的搅拌强度、水的质量都会影响和面效果。

(2) 熟化

熟化俗称"醒面"，是借助时间推移进一步改善面团加工性能的过程。将和好的面团放入一个低速搅拌的熟化盘中，在低温、低速搅拌下完成熟化。要求熟化时间不少于 10min。熟化温度低于和面温度，一般为 25℃。熟化时注意保持面团水分。

(3) 复合压延

复合压延简称复压，将熟化后的面团通过两道平行的压辊压成两个面片，两个面片平行重叠，通过一道压辊，即被复合成一条厚度均匀坚实的面带。通过复压将松散的面团压成细密的、达到规定要求的薄面片；进一步促进面筋网络组织细密化，并使细紧的网络组织在面片中均匀分布，把淀粉颗粒包围起来，从而使面片具有一定的韧性和强度。

(4) 切丝成型

面带高速通过一对刀辊，被切成条，通过成型器传送到成型网带上。由于切刀速度大，成型网带速度小，两者的速度差使面条形成波浪形状，即方便面特有的形状。切丝成型工艺要求：面条光滑，无并条、粗条，波纹整齐，行行之间不连接。

(5) 蒸煮

蒸煮是在一定时间、一定温度下，通过蒸汽将面条加热蒸熟。它实际上是淀粉糊化的过程。糊化是淀粉颗粒在适当温度下吸水溶胀裂开，形成糊状的过程，淀粉分子由按一定规律排列变成混乱排列，从而使酶分子容易进入分子之间，易于消化吸收。

蒸煮可以使用连续蒸煮机，通过控制网带运行速度，设置蒸箱的前后蒸汽压力，保证前温、后温达到工艺要求，保证面条在一定时间达到糊化要求。蒸箱的安装是前低后高，保证冷凝水回流，蒸气压也是前低后高。

(6) 油炸

油炸是把定量切断的面块放入油炸盒中，通过高温的油槽，面块中的水迅速汽化，面条中形成多孔性结构，淀粉进一步糊化。通过控制油炸盒传动速度，以控制油炸时间。控制油炸锅的前温、中温、后温，以保证油炸效果。这些主要通过调节油的流量来完成。

(7) 风冷

刚出油炸锅的面饼温度过高，会灼烧包装膜及汤料，因此常用几组风扇将其冷却至室

温,以便包装。影响冷却效果的主要因素有:面块性质、冷却时间、风速、输送速度等。

(8) 方便面调味汤料的生产

调味料是方便面的重要组成部分。调味汤料的品种很多,常用的有鸡肉汤料、牛肉汤料、三鲜汤料和麻辣汤料等,其形态有粉末状、粉末与固体混合状、液状和膏状等。

粉末状汤料:这是几乎所有附带汤料的方便面中均添加的基本调味料,通常用复合铝箔袋包装。粉末汤料中通常包含咸味料、甜味料、酸味料、鲜味料、香味料、着色料及油脂等。

粉末与固形物混合汤料:这是将粉末汤料与某些固形物混合包装而成的配合调味料。方便面中的低档产品常用它,一般在每份包装面中只有一包这种汤料,或再加一包液状汤料。其成分是在粉末汤料中添加冻干的虾仁、火腿丁、蘑菇片、牛肉丁、榨菜丁、胡萝卜丁等物料。

液状汤料:液状汤料有纯粹以油脂作内容物的复合薄膜小包装,也有各种液体调味料混合后用复合薄膜或复合铝箔袋包装。这种汤料一般用在中高档产品中,调味更加讲究。液体调味料的配方中以酱油为主,配以食醋、辣酱油或者胡椒、辣椒、肉桂、肉豆蔻、大蒜、葱、洋葱、芹菜等物质的浸出汁,再辅以酒、味精等调料配制而成。

固体状汤料:确切地说是固体状的附加副食料,亦是面条的营养物质。用于高档产品,近似于我国传统的盖浇面。植物性物料有甘蓝菜、豌豆、胡萝卜片、青葱、洋葱片、香菇等。动物性物料有牛肉丁、猪肉丁、火腿片、鸡肉丁、虾仁、干贝、比目鱼片等,均冷冻干燥好,形态与色泽均近似新鲜时,复水速度快,口味鲜美。

膏状汤料:大都用香辛料与辣味料配制而成。使用膏状汤料的面条中,其液状汤料内不再加有辛辣物质,使忌辣味的消费者能够有所选择。喜欢辣味者更能满足口味的需要,在高档方便面中常使用它,常用的辛辣料有黑胡椒、大蒜粉、香葱粉等。

3. 生产线图示例

方便面典型生产线见图 5-13。

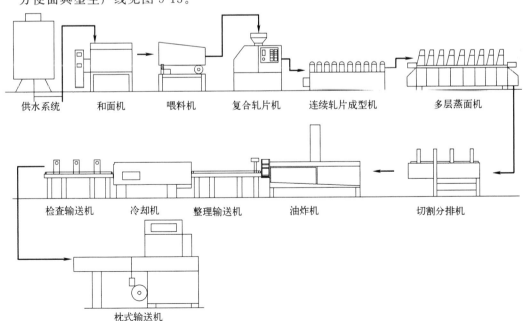

图 5-13 方便面典型生产线

第四节　乳制品加工生产线

一、液态奶（纯牛奶）生产线

液态奶是由健康奶牛所产的鲜乳汁，经有效的加热杀菌处理后，分装出售的饮用牛乳。根据国际乳业联合会的定义，液体奶（液态奶）是巴氏杀菌乳、灭菌乳和酸乳三类乳制品的总称。

巴氏杀菌乳：国家标准 GB 19645—2010《食品安全国家标准　巴氏杀菌乳》对巴氏杀菌乳的定义是仅以生牛（羊）乳为原料，经巴氏杀菌等工序制得的液体产品。

灭菌乳：国家标准 GB 25190—2010《食品安全国家标准　灭菌乳》对超高温灭菌乳的定义是以生牛（羊）乳为原料，添加或不添加复原乳，在连续流动的状态下，加热到至少132℃并保持很短时间的灭菌，再经无菌灌装等工序制成的液体产品。

酸乳：国家标准 GB 19302—2010《食品安全国家标准　发酵乳》对酸乳的定义是以生牛（羊）乳或乳粉为原料，经杀菌、接种嗜热链球菌和保加利亚乳杆菌（德氏乳杆菌保加利亚亚种）发酵制成的产品。

1. 工艺流程示例

（1）巴氏杀菌乳

原料乳验收（奶罐车）→净乳（澄清槽）→冷藏（板式冷冻机）→牛奶贮藏罐→平衡罐→加热→均质→冷却→贮罐→灌装→装箱输送→冷藏（冷库）

（2）灭菌乳

原料乳验收→净乳→冷藏→标准化→预热→均质→超高温瞬时灭菌（或杀菌）→冷却→无菌灌装（或维持灭菌）→成品贮存

（3）酸乳

凝固型：原料乳验收→净乳→冷藏→标准化→均质→杀菌→冷却→接入发酵菌种→灌装→发酵→冷却→冷藏

搅拌型：原料乳验收→净乳→冷藏→标准化→均质→杀菌→冷却→接入发酵菌种→发酵→添加辅料→冷却→灌装→冷藏

2. 操作要点及关键设备

（1）原料乳净化

原料乳的净化方法可分为过滤净化和离心净化两种，对应的设备为过滤器和离心净乳机。目前大中型工厂多采取自动排渣净乳机。

（2）均质

均质的目的是防止脂肪球上浮、改善消毒奶的风味，促进乳脂肪和乳蛋白质的消化吸收。均质机有高压式、离心式和超声波式之分。最常用的是高压式均质机。

（3）杀菌

杀菌方法包括：①低温长时间（LTLT）杀菌法，杀菌条件为 62～65℃，30min，该方法使用的设备包括板式换热器（加热）、冷热缸（杀菌）、板式换热器（冷却）；②高温瞬时

（HTST）杀菌法，杀菌条件为72～75℃，15s；③高温保持灭菌法，分为间歇灭菌和连续灭菌，间歇灭菌使用高压釜灭菌，连续灭菌使用水压式灭菌机；④超高温瞬时（UHT）灭菌法，杀菌条件为130～150℃，0.5～15s，使用的设备为超高温板式杀菌设备。

（4）冷却

杀菌后的牛奶应立即冷却到4℃以下，冷却设备因杀菌方法而不同。LTLT法宜用板式换热器冷却。HTST法，在板式杀菌器的换热段，与刚输入的温度在10℃以下的原料乳进行热交换，然后再用冰水冷却到4℃（用塑料袋或纸容器灌装）或室温（瓶装）。

（5）灌装

康美包无菌灌装机灌装：通过压力泵和吸盘将康美包材吸到成形杆处，成形杆将包材撑为方形，对已撑开的包材在活化头处加温至350℃，将包材底部压制封口。在干燥区用双氧水蒸气对包材进行杀菌。在预热区吹无菌风，将干燥区出来的包材内残留的双氧水吹干。此后进入灌装头所在区域进行产品灌装。对灌足量的产品通过蒸汽喷头进行封口预热、压制、封口，最后由排包器推出，进入运输轨道，由检验人员检验合格后进入包装段。

伊莱克斯德无菌灌装机灌装：由进料管调入半成奶，并由此调节灌装量。调好灌装量的半成品进入灌装组织，在这里完成产品的灌装。经灌装组织生产出来的成品进入运输轨道，经质量检查人员检验合格后进行包装。

杭州中亚灌装机灌装：由聚苯乙烯（PS）片台塑料板运到预热装置，预热装置加热到140～150℃，使塑料板熔溶，进入杯形模具中成塑料杯状。由灌装头对酸奶进行灌装。塑封材料平铺于杯口后，进行230℃的热封。冷却后由推动器推出，切剪为8盒一联后经轨道运输出去，检验合格后即可包装。

3. 生产线图示例

巴氏杀菌乳典型生产线如图5-14所示。

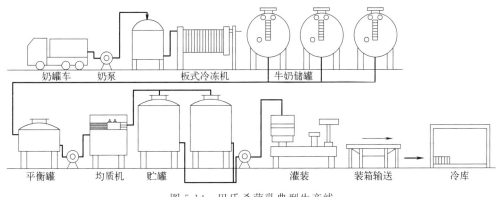

图5-14 巴氏杀菌乳典型生产线

二、奶粉生产线

国家标准GB 19644—2010《食品安全国家标准 乳粉》对乳粉的定义是：以生牛（羊）乳为原料，经加工制成的粉状产品。

奶粉的主要分类有：

全脂乳粉，以新鲜牛乳经标准化、杀菌、浓缩、干燥制成的粉末状制品。若按规定标准添加蔗糖，则称为全脂加糖乳粉或甜乳粉。

脱脂乳粉，以脱去脂肪的脱脂乳为原料加工制成的粉末状制品，脱脂乳粉一般不加糖。

乳清粉，利用制造干酪或干酪素的副产品——乳清为原料干燥制成。

配制乳粉，将乳中的某些成分进行调整，并按要求添加某些营养素制成的干燥制品。配制乳粉最初主要是针对婴儿营养需求而研制的，供给母乳不足的婴儿食用。目前，配制乳粉已呈现出系列化的发展趋势，如中小学生乳粉、中老年乳粉、降糖乳粉、孕妇乳粉等。

1. 工艺流程示例

全脂奶粉：

鲜奶→预处理（过滤灭菌）→浓缩→调配→均质→喷雾干燥→冷却→过筛→包装→成品

脱脂乳粉：

原料乳验收→预处理→标准化→脱脂→预热杀菌→浓缩→喷雾干燥→冷却→包装→检验→成品

2. 操作要点及关键设备

（1）牛奶接收和检验

新鲜的牛奶被送到奶粉生产厂，然后进行检验。在这个阶段，专业的奶农会先将收集到的牛奶进行初步的过滤和净化。他们会检查牛奶的色泽、味道和气味，以确保其符合制作奶粉的标准。净化后，奶农将进行温度调整，以确保牛奶在接下来的加工过程中能够达到最佳的处理效果。

（2）脱脂

脱脂主要是脱去牛奶中的脂肪，可采用高速离心机进行处理。

（3）浓缩

牛奶中的大部分水分需要被去除，以制成浓缩牛奶。这通常通过加热和蒸发的过程来实现，牛奶中的水分蒸发掉，留下了牛奶固体物质。可采用双效浓缩设备。

（4）调配

由专业的食品添加剂生产商完成。根据产品的要求，配料比例会被严格地制定好。在添加配料时，需要考虑到各种辅料的性质和功能，以确保奶粉的营养价值得到最大化。

（5）均质

均质是指将所有的配料和原乳中的脂肪、蛋白质等成分均匀地分散在产品中。这个步骤可以确保奶粉中的营养成分分布均匀，提高产品的口感和营养价值。可采用高压均质机。

（6）净化和杀菌

接收后，牛奶通常要进行杀菌处理，以杀死任何可能的细菌，以确保产品的安全性。然后牛奶会被过滤和净化，去除不纯物质。

（7）喷雾干燥

浓缩牛奶被送入喷雾干燥器，其中液体牛奶在高温下被喷成微小的颗粒，然后迅速冷却，形成粉末状的奶粉。

（8）筛选和包装

奶粉将进行最后的筛选和包装过程。筛选过程可以去除奶粉中的杂质和颗粒不均匀的部分，确保产品的纯净和质量一致性。最后，经过精确计量的奶粉将被装入包装袋或罐中，准备进行最后的仓储和销售环节。

3. 生产线图示例

脱脂牛奶典型生产线如图 5-15 所示。

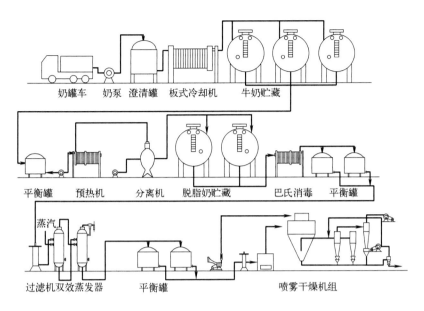

图 5-15　脱脂牛奶典型生产线

三、冰淇淋生产线

国家标准 GB/T 31114—2014《冷冻饮品　冰淇淋》对冰淇淋的定义是：以饮用水、乳和（或）乳制品、蛋制品、水果制品、豆制品、食糖、食用植物油等的一种或多种为原辅料，添加或不添加食品添加剂和（或）食品营养强化剂，经混合、灭菌、均质、冷却、老化、冻结、硬化等工艺制成的体积膨胀的冷冻饮品。

冰淇淋可分为全乳脂冰淇淋、半乳脂冰淇淋和植脂冰淇淋三类，每类又可分为清型、组合型两种类型。

全乳脂冰淇淋：主体部分乳脂质量分数为 8% 以上（不含非乳脂）的冰淇淋。清型全乳脂冰淇淋主要指不含颗粒或块状辅料的全乳脂冰淇淋，如奶油冰淇淋、可可冰淇淋等。组合型全乳脂冰淇淋指以全乳脂冰淇淋为主体，与其他种类冷冻饮品和（或）巧克力、饼坯等食品组合而成的制品，其中全乳脂冰淇淋所占质量分数大于 50%，如巧克力奶油冰淇淋、蛋卷奶油冰淇淋等。

半乳脂冰淇淋：主体部分乳脂质量分数大于等于 2.2% 的冰淇淋。清型半乳脂冰淇淋指不含颗粒或块状辅料的半乳脂冰淇淋，如香草半乳脂冰淇淋、橘味半乳脂冰淇淋、香芋半乳脂冰淇淋等。组合型半乳脂冰淇淋指以半乳脂冰淇淋为主体，与其他种类冷冻饮品和（或）巧克力、饼坯等食品组合而成的制品，其中半乳脂冰淇淋所占质量分数大于 50%，如脆皮半乳脂冰淇淋、蛋卷半乳脂冰淇淋、三明治半乳脂冰淇淋等。

植脂冰淇淋：主体部分乳脂质量分数低于 2.2% 的冰淇淋。清型植脂冰淇淋指不含颗粒或块状辅料的植脂冰淇淋，如豆奶冰淇淋、可可冰淇淋等。组合型植脂冰淇淋指以植脂冰淇淋为主体，与其他种类冷冻饮品和（或）巧克力、饼坯等食品组合而成的食品，其中植脂冰淇淋所占质量分数大于 50%，如巧克力脆皮植脂冰淇淋、华夫夹心植脂冰淇淋等。

1. 工艺流程示例

```
                                            软质冰淇淋
                                                ↑
原辅料→杀菌→过滤→均质→成熟→凝冻→灌装→包装→硬化→冷藏→硬质冰淇淋
                                                ↓
                              硬化→涂巧克力→包装→冷藏→雪糕
```

2. 操作要点及关键设备

(1) 原辅料混合

物料混合的过程，主要取决于原料是液体还是固体，也取决于使用的是冷混合还是热混合。配制要求：①原料混合的顺序宜从黏度低的液体原料（如牛乳等）开始，其次为黏度高的液体原料（如稀奶油、炼乳等），再次为固体原料，最后以水定容。②混合溶解时的温度一般为40～50℃。③乳粉、砂糖应分别先加水溶解并过滤。④如果脂肪来源是黄油、无水乳脂或植物油脂，则先熔化，将熔化后的油脂加入混合罐中，再加热混合；冷混合时，如果将油脂加入混合物料中，则油脂会结晶。因此，在均质之前当温度接近80℃的时候，应立即用喷射器把熔化的油脂加入。⑤为使复合乳化稳定剂充分溶解和分散，可与其5倍量的砂糖拌匀后，在不断搅拌的情况下加入混料缸。

(2) 杀菌

混合料必须经过巴氏杀菌，杀灭致病菌，将腐败菌的营养体及芽孢降低至极少数量，并破坏微生物所产生的毒素，以保证产品的安全性和卫生指标。

杀菌温度和时间的确定主要看杀菌效果，过高的温度与过长的时间不但浪费能源，而且会使料液中的蛋白质凝固，产生蒸煮味和焦糖味，维生素遭到破坏而影响产品的风味及营养价值。目前，冰淇淋混合料的杀菌普遍采用高温短时巴氏杀菌法（HTST），杀菌条件一般为83～87℃，15～30s。

(3) 均质

均质的目的是把脂肪分散成尽可能多的独立的小脂肪球，而且，所用的乳化剂应均匀地分布在新形成的脂肪球的表面，从而使脂肪处在一种永久均匀的悬浮状态。另外，均质还能增进搅拌速度、提高膨胀率、缩短老化期，从而使冰淇淋的质地更为光滑细腻，形体松软，增加稳定性和持久性。

(4) 冷却与成熟

均质后的混合料温度较高，应迅速冷却至0～5℃，防止脂肪球上浮。

成熟是将经均质、冷却后的混合料在2～5℃的低温下放置一定的时间，使混合料进行物理成熟的过程。其实质是脂肪、蛋白质和稳定剂的水合作用，稳定剂充分吸收水分使料液黏度增加。老化期间的这些物理变化可促进空气的混入，并使气泡稳定，赋予冰淇淋细腻的质构，增加其抗融性。老化的主要操作参数为温度和时间。随着料液温度的降低，老化时间可缩短，如在2～4℃，老化时间需4h；而0～1℃时，只需2h。混合料总固形物含量越高、黏度越高，老化时间就越短。现在由于乳化稳定剂性能的提高，老化时间还可缩短。

(5) 凝冻

凝冻就是将流体状的混合料在强制搅刮下进行冻结，使空气以极微小的气泡状态均匀分布于混合料中，在体积逐渐膨胀的同时，由于冷冻而成半固体状的过程。一般采用－5～

-2℃。凝冻是冰淇淋生产最重要的步骤之一，是冰淇淋的质量、可口性、产量的决定因素。

（6）硬化

凝冻后的冰淇淋为半流体状，又称软质冰淇淋，一般是现制现售。而多数冰淇淋需通过硬化来维持其在凝冻中所形成的质构，成为硬质冰淇淋才进入市场。硬化的目的是固定冰淇淋的组织状态，完成形成细微冰晶的过程，使其保持适当的硬度以保证产品质量，便于销售与贮藏运输。

冰淇淋的硬化通常采用速冻隧道，速冻隧道的温度一般为-45～-35℃。硬化的优劣和产品品质有着密切的关系。即使是在-30℃的低温下，要想冻结所有的水分也是不可能的，这是由于冰点降低的组分（糖和盐）和一直存于非冻结水中的组分不断浓缩造成的。硬化过程中没有一个确切的温度，但是中心温度稳定在-15℃常作为完全硬化的标准。经凝冻的冰淇淋必须及时进行快速分装，并送至速冻隧道内进行硬化，否则表面部分的冰淇淋易受热融化，再经低温冷冻，则形成粗大的冰晶，从而降低品质。同样，硬化速度也有影响，速度快则冰淇淋融化少，组织中的冰晶细，成品就细腻润滑；否则冰晶粗而多，成品组织粗糙，品质差。

（7）冷藏

硬化后的冰淇淋产品，在销售前应贮存在低温冷库中。冷库的温度一般在-30～-25℃，在这一温度下，冰淇淋中近90%的水被冻结成冰晶，并使产品具有良好的稳定性。贮藏库温度的恒定非常重要，因为贮存过程中温度波动会导致冰淇淋中水分的再结晶，使制品质地粗糙，影响其品质。

3. 生产线图示例

冰淇淋典型生产线如图5-16所示。

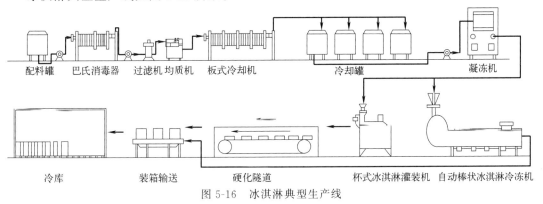

图5-16 冰淇淋典型生产线

第五节 肉制品加工生产线

一、肉脯（干）生产线

肉脯是指经切片、调味、摊筛、烘干和烤制等工艺加工而成的干熟薄片状肉制品，一般包括肉脯和肉泥脯两种，近年来重组肉脯的研究日益受到重视。国内比较著名的肉脯有靖江猪肉脯、汕头猪肉脯、湖南猪肉脯及厦门黄金香猪肉脯等。

按照原料不同进行区分可以分为：动物肉脯，猪肉、牛肉、羊肉、兔肉；禽类肉脯，鸡肉、鸭肉；水产品肉脯，龙虾；复合肉脯，兔肉混合鸡肉、牛副产品等。

1. 工艺流程

原料选择→预处理→切片→拌料、腌制→摊筛→烘干→烘烤→压平、切割→包装→成品

2. 操作要点及关键设备

(1) 选料和预处理

选用经检疫合格的新鲜或解冻猪的后腿肉或精牛肉，经过剔骨处理，除去肥膘、筋膜，顺着肌纤维切成块，洗去油污，需冻结的则装入方型肉模内，压紧后送－20～－10℃冷库内速冻，至肉块中心温度达到－4～－2℃时取出脱模，以便切片。

(2) 切片

将冷冻后的肉块放入切片机中切片。切片时必须顺着肉的肌纤维切片，肉片的厚度控制在1cm左右。然后解冻、拌料。不冻结的肉块排酸嫩化后直接手工片肉并进行拌料。

(3) 调味腌制

肉片可放在调味机中调味腌制。调味腌制的作用一是将各种调味料与肉片充分混合均匀，二是起到按摩作用。肉片经搅拌按摩，可使肉中盐溶蛋白溶出一部分，使肉片带有黏性，便于在铺盘时肉片与肉片之间相互连接。所以，在调味时应注意要将调味料与肉片均匀地混合，使肉片中盐溶蛋白溶出。将辅料混匀后与切好的肉片拌匀，在10℃以下冷库中腌制2h左右。

(4) 摊筛

摊筛首先用食物油将竹盘或铁筛刷一遍，然后将调味后的肉片铺平在竹盘上，肉片与肉片之间由溶出的蛋白胶相互粘住，但肉片与肉片之间不得重叠。

(5) 烘干

烘烤的目的主要是促进发色和脱水熟化。将铺平在筛子上的已连成一大张的肉片放入干燥箱中，干燥的温度在55～60℃，前期烘烤温度可稍高。肉片厚度在0.2～0.3cm时，烘干时间为2～3h。烘烤至含水量至25％为佳。

(6) 焙烤

焙烤是将半成品在高温下进一步熟化并使质地柔软，产生良好的烧烤味和油润的外观的过程。焙烤时可把半成品放在烤炉的转动铁网上，烤炉的温度为200℃左右，时间8～10min，以烤熟为准，不得烤焦。成品的水分含量应小于20％，一般以13％～16％为宜。也有的产品不需焙烤，烘烤切形后加入香油等即为成品。

(7) 冷却、包装和贮藏

烤熟切片后的肉脯在冷却后应迅速进行包装，包装可用真空包装或充氮气包装，按所需规格加硬纸盒外包装。也可采用马口铁罐大包装或小包装。塑料袋包装的成品宜贮存在通风干燥的库房内，保存期为6个月。

3. 生产线图示例

肉脯典型生产线见图5-17。

二、火腿肠（香肠）生产线

根据国标GB/T 20712—2022，火腿肠指以鲜（冻）畜禽产品、水产品为主要原料，经

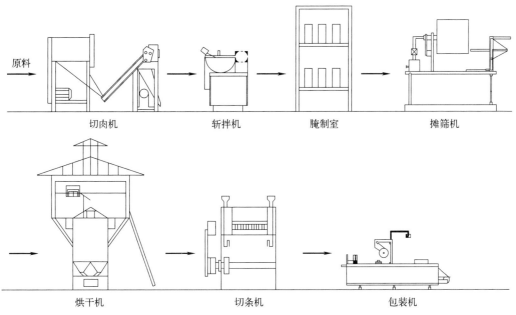

图 5-17 肉脯典型生产线

修整、绞制（或斩拌），配以辅料及食品添加剂，腌制（或不腌制）后，再经搅拌（或滚揉、斩拌、乳化）、灌入塑料肠衣等材质容器充填（或成型）、熟制（蒸煮或杀菌）等工艺制作的肉类灌肠制品。

目前，市场上主要有单一型火腿肠和混合型火腿肠，单一型火腿肠是指仅以一种畜禽品或水产品为主要原料制成的火腿肠；混合型火腿肠，是指以两种及以上的畜禽品或水产品为主要原料制成的火腿肠。

1. 工艺流程

原料肉→解冻→绞碎→搅拌→腌制→斩拌→灌肠→蒸煮杀菌→冷却→检验贴标→入库

2. 操作要点及关键设备

（1）解冻

选用符合国家卫生标准的猪瘦肉或后腿肉，用不锈钢容器盛装，置于严格消毒后的解冻室，自然解冻 24h，解冻温度不超过 4℃，以免温度过高滋生微生物。

（2）绞制

解冻后的猪肉，去除残留的皮、碎骨、淋巴和结缔组织。用绞肉机绞碎，绞碎程度要求肉粒直径应为 6mm。绞肉时控制肉温不高于 10℃。

（3）搅拌腌制

把绞制的肉放于搅拌机中，加入食盐、聚磷酸盐、异抗坏血酸钠、亚硝酸钠和各种调味料，搅拌 5～10min，置于腌制间腌制，温度控制在 0～4℃，腌制 24h。

（4）斩拌

用冰水将搅拌机降温至 10℃，排掉水，投入腌制好的肉馅，加入预溶的卡拉胶、适量碎冰、糖和调味料，斩拌 3min，加入淀粉、大豆分离蛋白继续斩拌 5～8min。斩拌时应先低速再高速，斩拌过程中应控制温度不超过 10℃。

（5）灌肠

采用连续真空灌肠机进行灌肠。灌肠前灌肠机料斗内用冰水降温，并排除机中空气，将斩拌好的肉馅灌入红色聚偏二氯乙烯（PVDC）肠衣中，并用铝线结扎。灌制的肉馅要胀度适中，不要装得过紧或过松，以两手指压肠体两边能相碰为宜。

（6）熟制杀菌

灌制好的火腿肠要尽快在30min内进行熟制杀菌。将包装完好的火腿肠分层放入杀菌篮中，然后推入杀菌锅内，封盖，开始杀菌。杀菌包括升温、恒温、降温三个阶段。杀菌结束后，应在20min内将温度降至40℃。降温时，既要使火腿肠尽快降温，又要防止降温过快而使火腿肠内外压力不平衡导致肠衣胀破。

3. 生产线图示例

火腿肠典型生产线见图5-18。

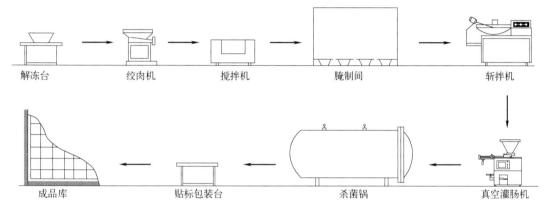

图5-18　火腿肠典型生产线

本章习题

1. 比较饮料加工过程中的过滤设备的差异。
2. 果汁生产线中榨汁工序常用的设备有哪些？
3. 果汁生产线中混合操作常用的设备有哪些？
4. 比较饮料灌装所用到的设备的异同点。
5. 果蔬脆片生产线中涉及的设备在本书中哪些章节介绍过？
6. 果脯生产线中干燥工序常用的设备有哪些？
7. 奶制品生产线中杀菌工序常用的设备有哪些？
8. 请用表格列出脱脂奶粉生产线中所用到的设备以及其工作原理。
9. 请用表格列出面包生产线中所用到的设备以及其工作原理。
10. 请用表格列出火腿肠生产线中所用到的设备以及其工作原理。

第六章

食品智能机械及设备

学习目的与要求

① 了解智能制造技术。
② 了解食品智能机械的组成，了解食品机械的未来发展方向。

第一节 食品智能制造技术

改革开放 40 多年以来，我国制造业取得了伟大的历史成就，走出了一条中国特色的工业化发展道路。我国的制造业规模位居全球首位，是世界上唯一拥有全部工业门类的国家，具有强大的产业基础。我国制造业拥有超大规模的市场基础，需求促进制造业飞速发展。我国一直坚持信息化和工业化融合发展，在制造业数字化、网络化、智能化方面掌握核心关键技术，具有强大的产业基础。并且在人才队伍建设和自主创新方面也做了很大的努力，在航空航天、海洋、高铁、国防等方面有了较大成就，无不彰显我国制造业的发展力量。

虽然我国制造业取得了一系列成就，但还不是一个制造业强国，存在问题突出，面临严峻挑战。

① 自主创新能力还不强。部分关键核心技术还没有真正掌握，产业发展需要的高端设备、关键零部件和元器件、关键材料、高端控制系统等对外依赖度很高。

② 产品质量问题突出。2019 年，全年制造业产品质量不合格率高达 6.14%，产品在中高端市场缺乏竞争力，市场占有率不高。

③ 劳动生产率低。我国制造业的总体效率与西方发达国家相比，差距很大，我国制造业全员劳动生产率与发达国家相比较低。

④ 资源和环境的严峻挑战。我国单位国内生产总值能耗较高，环境保护形势严峻，绿色发展势在必行。

综合考虑我国和工业化发达国家的差距，为推进我国向制造强国迈进，国家制定了"中国制造 2025"战略计划，旨在坚持走中国特色新型工业化道路，以促进制造业创新发展为主题，以提质增效为中心，以加快新一代信息技术与制造业深度融合为主线，以推进智能制造为主攻方向，以满足经济社会发展和国防建设对重大技术装备的需求为目标，强化工业基础能力，提高综合集成水平，完善多层次多类型人才培养体系，促进产业转型升级，培育有中国特色的制造文化，实现制造业由大变强的历史跨越。"中国制造 2025"这一战略计划为我国各加工制造行业智能化发展注入活力。

食品智能加工是食品通过智能化加工完全实现的，其过程包括食品分类、切割、包装、标识、消毒等一系列无人化操作。食品加工的物料传输、生产计划、生产过程、仓储管理等主要生产过程由智能控制系统管控，减少人力投入、降低生产节拍、提升产品质量管控水平，提升企业核心竞争力。

一、智能制造技术

1. 智能制造技术的含义

智能制造技术（intelligent manufacturing technology，简称 IMT）是指在制造工业的各个环节，以一种高度柔性与高度集成的方式，通过计算机模拟人类专家的智能活动，可进行分析、判断、推理、构思和决策，旨在取代或延伸制造环境中人的部分脑力劳动，并对人类专家的制造智能进行收集、存储、完善、共享、继承与发展的技术。

智能制造源于人工智能的研究和应用。其概念最早由美国人赖特和布恩于 1988 年提出。1991 年，日美欧国际合作研究计划又提出智能制造系统概念。然而，限于当时的技术条件，智能制造在长达 20 年的时间里未能发展起来。随着新一代信息通信技术的发展及在制造领域的不断渗透，智能制造被赋予了新的内涵，进入了一个新的发展阶段。

智能制造是先进制造技术与新一代信息技术、新一代人工智能等新技术深度融合形成的新一代制造技术，从技术角度看，智能制造将涉及技术基础、支撑技术和使能技术三个方面，即：

① 技术基础。智能制造的工程技术和基础性设施条件等，涉及工业"四基"和基础设施两个方面。工业"四基"即核心基础零部件或元件、先进基础工艺、关键基础材料、产业技术基础等；基础设施是指数字化基础设施、网络化基础设施、信息安全基础设施等。

② 支撑技术。智能制造的支撑技术涉及支撑智能制造发展的新一代信息技术和人工智能技术等，主要包括：传感器、工业互联网或物联网、大数据、云计算或边缘计算、虚拟现实或增强现实、人工智能和数字孪生等。

③ 使能技术。智能制造的使能技术涉及智能制造系统性集成和应用使能方面的关键技术，归结为"端到端集成、纵向集成、横向集成"三大集成技术和"动态感知、实时分析、自主决策、精准执行"四项应用使能技术。

从制造系统角度看，智能制造将实现以产品全生命周期价值链数字化为主线的端到端集成、基于工厂自动化层级结构的纵向集成和网络化制造系统、跨越企业边界的一体化与网络化协同合作的横向集成，构建出一种以信息物理系统（CPS）为核心的新型制造系统，信息物理生产系统（CPPS），这是未来智能工厂的新形态，智能工厂进行的生产将是在动态变化的条件下进行自适应调整，保持优化运行的新型智能生产方式。

2. 智能制造技术的特征

智能制造是一种以人工智能技术为基础，以实现制造业数字化、网络化、智能化为目标的制造模式。相较于传统制造模式，智能制造具有以下几个显著特点：

(1) 生产设备网络化，实现车间"物联网"

工业物联网的提出给"中国制造2025"、工业4.0提供了一个新的突破口。物联网是指通过各种信息传感设备，实时采集任何需要监控、连接、互动的物体或过程等各种需要的信息，其目的是实现物与物、物与人，所有的物品与网络的连接，方便识别、管理和控制。传统的工业生产采用M2M（Machine to Machine，机器对机器）的通信模式，实现了设备与设备间的通信，而物联网通过Things to Things（"物"到"物"）的通信方式实现人、设备和系统三者之间的智能化、交互式无缝连接。

在离散制造企业车间，数控车、铣、刨、磨、铸、锻、铆、焊、加工中心等是主要的生产资源。在生产过程中，将所有的设备及工位统一联网管理，使设备与设备之间、设备与计算机之间能够联网通信，设备与工位人员紧密关联。

(2) 生产文档无纸化，实现高效、绿色制造

构建绿色制造体系，建设绿色工厂，实现生产洁净化、废物资源化、能源低碳化是"中国制造2025"实现"制造大国"走向"制造强国"的重要战略之一。目前，在离散制造企业中产生繁多的纸质文件，如工艺过程卡片、零件蓝图、三维数模、刀具清单、质量文件、数控程序等等，这些纸质文件大多分散管理，不便于快速查找、集中共享和实时追踪，而且易产生大量的纸张浪费、丢失等。

生产文档进行无纸化管理后，工作人员在生产现场即可快速查询、浏览、下载所需要的生产信息，生产过程中产生的资料能够即时进行归档保存，大幅降低基于纸质文档的人工传递及流转的频率，从而降低了文件、数据丢失概率，进一步提高了生产准备效率和生产作业效率，实现绿色、无纸化生产。

(3) 生产数据可视化，利用大数据分析进行生产决策

在生产现场，每隔几秒就收集一次数据，利用这些数据可以实现很多形式的分析，包括设备开机率、主轴运转率、主轴负载率、运行率、故障率、生产率、设备综合利用率（OEE）、零部件合格率等。首先，在生产工艺改进方面，在生产过程中使用这些大数据，就能分析整个生产流程，了解每个环节是如何执行的。

一旦有某个流程偏离了标准工艺，就会产生一个报警信号，能更快速地发现错误或者瓶颈所在，也就能更容易解决问题。利用大数据技术，还可以对产品的生产过程建立虚拟模型，仿真并优化生产流程，当所有流程和绩效数据都能在系统中重建时，这种透明度将有助于制造企业改进其生产流程。再如，在能耗分析方面，在设备生产过程中利用传感器集中监控所有的生产流程，能够发现能耗的异常或峰值情形，由此便可在生产过程中优化能源的消耗，对所有流程进行分析将会大大降低能耗。

(4) 生产过程透明化，智能工厂的"神经"系统

"中国制造2025"战略计划明确提出推进制造过程智能化，通过建设智能工厂，促进制造工艺的仿真优化、数字化控制、状态信息实时监测和自适应控制，进而实现整个过程的智能管控。在机械、汽车、航空、船舶、轻工、家用电器和电子信息等离散制造行业，企业发展智能制造的核心目的是拓展产品价值空间，侧重从单台设备自动化和产品智能化入手，基于生产效率和产品效能的提升实现价值增长。因此其智能工厂建设模式为推进生产设备（生产线）智能化，通过引进各类符合生产所需的智能装备，建立基于制造执行系统（MES）的车间级智能生产单元，提高精准制造、敏捷制造、透明制造的能力。

离散制造企业生产现场，MES在实现生产过程的自动化、智能化、数字化等方面发挥

着巨大作用。首先，MES借助信息传递对从订单下达到产品完成的整个生产过程进行优化管理，减少企业内部无附加值活动，有效地指导工厂生产运作过程，提高企业及时交货能力。其次，MES在企业和供应链间以双向交互的形式提供生产活动的基础信息，使计划、生产、资源三者密切配合，从而确保决策者和各级管理者可以在最短的时间内掌握生产现场的变化，做出准确的判断并制订快速的应对措施，保证生产计划得到合理而快速的修正、生产流程畅通、资源充分有效地得到利用，进而最大限度地发挥生产效率。

(5) 生产现场无人化，真正做到"无人"厂

在离散制造企业生产现场，数控加工中心智能机器人和三坐标测量仪及其他所有柔性化制造单元进行自动化排产调度，工件、物料、刀具进行自动化装卸调度，可以达到无人值守的全自动化生产模式（Lights Out MFG）。在不间断单元自动化生产的情况下，管理生产任务优先和暂缓，远程查看管理单元内的生产状态情况，在生产中所遇到的问题被解决后，立即恢复自动化生产，整个生产过程无需人工参与，真正实现"无人"智能生产。图 6-1 为"无人化"智能生产车间。

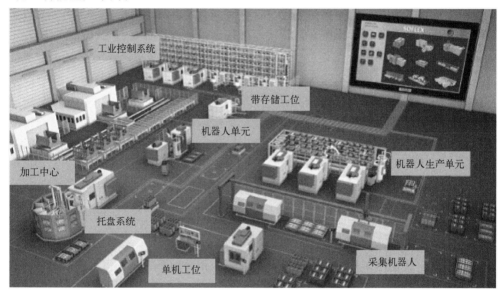

图 6-1 "无人化"智能生产车间

3. 智能制造技术的支撑技术

（1）人工智能技术

智能制造技术的目标是用计算机模拟制造业人类专家的智能活动，取代或延伸人的部分脑力劳动，而这些正是人工智能技术研究的内容。因此，智能制造技术系统离不开人工智能技术（专家系统、人工神经网络、模糊逻辑等），智能制造技术系统智能水平的提高依赖着人工智能技术的发展。同时，人工智能技术是解决制造业人才短缺的一种有效方法。当然，由于人类大脑活动的复杂性，人们对智能的认识还很片面，此时智能制造技术系统的智能主要是人（各领域专家）的智能。随着人们对生命科学研究的深入，人工智能最终会代替人脑进行智能活动，而将智能制造技术系统推向更高阶段。

（2）信息网络技术

信息网络技术是制造过程的系统和各个环节"智能集成化"的支撑。信息网络是制造信息流通的通道，在智能制造技术研究中占有重要地位。

（3）虚拟制造技术

用虚拟制造技术在产品设计阶段模拟该产品的整个生命周期，从而更加有效、更加经济、更加灵活地组织生产，达到产品开发期最短、产品成本最低、产品质量最优、生产效率最高的目的。

二、智能控制技术

1. 智能控制的含义

著名美籍华人傅京孙教授于1971年首先提出智能控制是人工智能与自动控制的交叉，即二元论。美国学者 G. N. Saridis 于1977年在此基础上引入运筹学，提出了三元论的智能控制概念，即：

$$IC = AC \cap AI \cap OR$$

式中各子集的含义为：IC 为智能控制（intelligent control）；AI 为人工智能（artificial intelligence）；AC 为自动控制（automatic control）；OR 为运筹学（operational research）。

人工智能（AI）是一个用来模拟人的思维的知识处理系统，具有记忆、学习、信息处理、形式语言、启发推理等功能。

自动控制（AC）描述系统的动力学特性，是一种动态反馈。

运筹学（OR）是一种定量化优化方法，如线性规划、网络规划、调度、管理、优化决策和多目标优化方法等。

三元论除"智能"与"控制"外，还强调了更高层次控制中调度、规划和管理的作用，为智能控制发展提供了理论依据。

所谓智能控制即设计一个控制器（或系统），使之具有学习、抽象思考、推理、决策等功能，并能根据环境（包括被控对象或被控过程）信息的变化做出适应性反应，从而实现由人来完成的任务。

2. 智能控制的重要分支

（1）模糊控制

以往的各种传统控制均是建立在被控对象的精确数学模型的基础上，然而，随着系统复杂程度的提高，人们将难以建立系统的精确数学模型。

在工程实践中，人们发现一个复杂的控制系统可由一个操作人员凭借丰富的实践经验得到满意的控制效果。这说明，如果通过模拟人脑的思维方法设计控制器，可实现复杂系统的控制，由此产生了模糊控制。

模糊逻辑控制（fuzzy logic control）简称模糊控制（fuzzy control），是以模糊集合论、模糊语言变量和模糊逻辑推理为基础的一种计算机数字控制技术。1965年，美国的 L. A. Zadeh 创立了模糊集合论；1973年他给出了模糊逻辑控制的定义和相关的定理。1974年，英国的 E. H. Mamdani 首次根据模糊控制语句组成模糊控制器，并将它应用于锅炉和蒸汽机的控制，获得了实验室的成功。这一开拓性的工作标志着模糊控制论的诞生。

模糊控制实质上是一种非线性控制，从属于智能控制的范畴。模糊控制的一大特点是既有系统化的理论，又有大量的实际应用背景。模糊控制的发展最初在西方遇到了较大的阻力，然而在日本，得到了迅速而广泛的推广应用。近20多年来，模糊控制不论在理论上还是在技术上都有了长足的进步，成为自动控制领域一个非常活跃而又硕果累累的分支。其典型应用涉及生产和生活的许多方面，例如在家用电器设备中有模糊洗衣机、空调、微波炉、吸尘器、照相机和摄录机等；在工业控制领域中有水净化处理、发酵过程、化学反应釜、水泥窑炉等；在专用系统和其它方面有地铁靠站停车、汽车驾驶、电梯、自动扶梯、蒸汽引擎以及机器人的模糊控制。

（2）神经网络控制

神经网络控制是指在控制系统中，应用神经网络技术，对难以精准建模的复杂非线性对象进行神经网络模型辨识，或作为控制器，或进行优化计算，或进行推理，或进行故障诊断，或同时兼有上述多种功能。

神经网络是由大量人工神经单元广泛互联而成的网络，它是在现代神经生物学和认识科学对人类信息处理研究的基础上提出来的，具有很强的自适应性和学习能力、非线性映射能力、鲁棒性和容错能力。充分地将这些神经网络特性应用于控制领域，可使控制系统的智能化向前迈进一大步。

随着被控系统越来越复杂，人们对控制系统的要求越来越高，特别是要求控制系统能适应不确定性、时变的对象与环境。传统的基于精确模型的控制方法难以适应要求，现在关于控制的概念已更加广泛，它要求包括一些决策、规划以及学习功能。神经网络由于具有上述优点而越来越受到人们的重视。

神经网络控制就是利用神经网络这种工具从机理上对人脑进行简单结构模拟的新型控制和辨识方法。神经网络在控制系统中可充当对象的模型，还可充当控制器。常见的神经网络控制结构有：

① 参数估计自适应控制系统；
② 内模控制系统；
③ 预测控制系统；
④ 模型参考自适应系统；
⑤ 变结构控制系统。

3. 智能控制的特点

（1）学习功能

智能控制器能通过从外界环境所获得的信息进行学习，不断地积累知识，使系统的控制性能得到改善。

（2）适应功能

智能控制器具有从输入到输出的映射关系，可实现不依赖于模型的自适应控制，当系统某一部分出现故障时，也能进行控制。

（3）自组织功能

智能控制器对复杂的分布式信息具有自组织和协调的功能，当出现多目标冲突时，它可以在任务要求的范围内自行决策，主动采取行动。

（4）优化能力

智能控制器能够通过不断优化控制参数和寻找控制器的最佳结构形式获得整体最优的控制性能。

4. 智能控制的研究工具

（1）符号推理与数值计算的结合

例如专家控制系统，它的上层是专家系统，采用人工智能中的符号推理方法；下层是传统意义下的控制系统，采用数值计算方法。

(2) 模糊集理论

模糊集理论也称模糊集合理论,是模糊控制的基础,其核心是采用模糊规则进行逻辑推理,其逻辑取值可在 0 与 1 之间连续变化,其处理的方法是基于数值的而不是基于符号的。

(3) 神经网络理论

神经网络通过许多简单的关系来实现复杂的函数,其本质是一个非线性动力学系统,但它不依赖数学模型,是一种介于逻辑推理和数值计算之间的方法。

(4) 智能优化算法

智能计算也称为"软计算",是人们受自然界或生物界规律启发,根据自然界或生物界的原理,模仿其规律而设计的求解问题的算法。智能优化算法主要包括遗传算法、蚁群算法、粒子群算法、差分进化算法等,是解决控制系统优化问题的新方法。

(5) 离散事件与连续时间系统的结合

它主要用于计算机集成制造系统(CIMS)和智能机器人的智能控制。以计算机集成制造系统为例,上层任务的分配与调度、零件的加工和传输等可用离散事件系统理论进行分析和设计;下层的控制,如机床及机器人的控制,则采用常规的连续时间系统方法。

5. 智能控制的发展与应用

(1) 智能控制技术的发展

从 20 世纪 60 年代起,由于空间技术、计算机技术及人工智能技术的发展,控制行业学者在研究自组织、自学习控制的基础上,为了提高控制系统的自学习能力,开始注意将人工智能技术与方法应用于控制中。

1966 年,J. M. Mendal 首先提出将人工智能技术应用于飞船控制系统的设计;1971 年,傅京孙首次提出智能控制这一概念,并归纳了 3 种类型的智能控制系统。

① 人作为控制器的控制系统:人作为控制器的控制系统具有自学习、自适应和自组织的功能。

② 人机结合作为控制器的控制系统:机器完成需要连续进行的,并需要快速计算的常规控制任务,人则完成任务分配、决策、监控等任务。

③ 无人参与的自主控制系统:为多层的智能控制系统,需要完成问题求解和规划、环境建模、传感器信息分析和低层的反馈控制任务,如自主机器人。

1985 年 8 月,IEEE(电气电子工程师学会)在美国纽约召开了第一届智能控制学术讨论,随后成立了 IEEE 智能控制专业委员会;1987 年 1 月,在美国举行了第一次国际智能控制大会,标志着智能控制领域的形成。20 世纪 90 年代至今,智能控制进入了新的发展时期,随着对象规模的扩大,以及人工智能技术、信息论、系统论和控制论的发展,人们尝试从高层次研究智能控制,这不仅形成了智能控制的多元化,而且在应用实践方面取得了重大进展,我国智能控制也兴起于这一时期。

(2) 智能控制技术的应用

作为自动控制发展的高阶阶段,智能控制主要解决那些用传统控制方法难以解决的复杂系统的控制问题,其中包括智能机器人控制、计算机集成制造系统、工业过程控制、航空航天控制、社会经济管理系统、交通运输系统、环保及能源系统等。下面以智能控制在工业过程和机械制造中的应用为例。

① 工业过程中的智能控制

生产过程的智能控制主要包括两个方面:局部级和全局级。局部级的智能控制是指将智能引入工艺过程中的某一单元进行控制器设计。例如智能 PID 控制器、专家控制器、神经元网络控制器等。研究热点是智能 PID 控制器，因为其在参数的整定和在线自适应调整方面具有明显优势，并且可用于控制一些非线性的复杂对象。全局级的智能控制主要针对整个生产过程的自动化，包括整个操作工艺的控制、过程的故障诊断、规划过程操作处理异常等。

② 机械制造中的智能控制

在现代先进制造系统中，需要依赖那些不够完备和不够精确的数据来解决难以或无法预测的情况。人工智能技术为解决这一难题提供了有效的解决方案，智能控制随之也被广泛地应用于机械制造行业。它利用模糊数学、神经网络的方法对制造过程进行动态环境建模，利用传感器融合技术来进行信息的预处理，可采用专家系统的逆向推理作为反馈机构，修改控制机构或者选择较好的控制模式和参数，利用模糊集合和模糊关系的鲁棒性，将模糊信息集成到闭环控制的决策选取机构来选择控制动作，利用神经网络的学习功能和并行处理信息的能力，进行在线的模式识别，处理那些可能是残缺不全的信息。

6. 智能控制技术在食品领域中的应用

智能控制技术在食品领域中的应用主要体现在食品机械生产中，通过传感器在食品机械生产过程中采集的最新信息及数据，并构建动态化的环境模型，对相关的生产数据实施具体的分析和处置。依据生产数据统计分析能够掌握食品机械的生产状况，及早发现隐藏的异常情况，并及时处理。在处置异常情况时，通过智能控制技术对控制单位或主要参数实施适度更改，得到改善异常情况的实际效果。

目前，食品机械加工工作在智能控制技术支持下，整体的加工生产水平明显提升，且为食品安全保障提供了有力支持。在食品机械加工生产过程中，智能控制技术的应用主要体现在精准定位目标、食品质量检测、机械故障诊断等方面。

① 精准定位目标：是针对食品所处机械位置、相关机械运转速度以及运转精度而言的。

② 食品质量检测：食品质量检测中的应用主要体现在全程、动态监控，以便及时指出不合格产品方面。此外，在食品口感以及品质方面，还可从温度、时间等角度进行控制，确保成品的口感稳定。

③ 机械故障诊断：机械故障诊断方面的应用，主要体现在故障检查、诊断以及预警等方面。智能控制技术可以在不影响机械运行的情况下，及早发现机械故障问题，判断机械故障概率，并及时作出预警，提示机械检修服务人员，尽快采取措施予以处理。

食品机械中智能控制技术的应用能有效解决传统食品加工设备的操作不规范、不合理等问题，满足不同的生产需求，保证产品满足生产需求；能够极大地优化食品机械的生产过程与效率，减少不必要的工序，节省人力，从而达到提高生产效率、降低成本、推动食品工业长远发展的目的；针对复杂而又困难的生产要求，可通过自组织控制、自适应控制等手段提高食品机械的生产效率。

三、智能检测技术

检测系统是信息获取的重要手段，是系统感知外界信息的"五官"，是实现自动控制、自动调节的前提和基础，它与信息系统的输入端相连并将检测到的信号输送到信息处理部分，是感知、获取、处理与传输的关键。检测技术是关于传感器设计制造及应用的综合技术，是一门由测量技术、功能材料、微电子技术、精密与微细加工技术、信息处理技术和计算机技术等相互结合形成的密集型综合技术。它是信息技术（传感与控制技术、通信技术、计算机技术）的三大支柱之一。

1. 检测技术

检测就是利用各种物理化学效应，选择合适的方法和装置，将生产、科研、生活中的有关信息通过检查与测量的方法赋予定性或定量结果的过程。它以自动化、电子、计算机、控制工程、信息处理为研究对象，以现代控制理论、传感技术与应用、计算机控制等为技术基础，以检测技术、测控系统设计、人工智能、工业计算机集散控制系统等技术为专业基础，同时与自动化、计算机、控制工程、电子与信息、机械等学科相互渗透，主要从事以检测技术与自动化装置研究领域为主体的与控制、信息科学、机械等领域相关的理论与技术方面的研究。

对现代工业来说，任何生产过程都可以看作物流、能流和信息流的结合。其中信息流是控制和管理物流和能流的依据，而生产过程中的各种信息，如物料的几何与物理性能信息、设备的状态信息、能耗信息等都必须通过各种检测方法利用在线或离线的各种检测设备识取。将检测到的状态信息再经过分析、判断和决策得到相应的控制信息并驱动执行机构实现过程控制。因此，检测系统也是现代生产过程的重要组成部分。

2. 智能检测

智能检测包括两个方面的含义：一方面，在传统检测控制基础上，引入人工智能的方法，实现智能测控，提高传感检测控制系统的性能；另一方面，利用人工智能的思想，构成新型的检测控制系统。智能检测系统是以微机为核心，以检测和智能化处理为目的的系统，一般用于对被测过程物理量进行测量，并进行智能化处理，获得精确数据，通常包括测量、检验、故障诊断、信息处理和决策等多方面内容。由于智能检测系统充分利用计算机及相关技术，实现了检测过程的智能化和自动化，因此可以在最少人工参与的条件下获得最佳的、最满意的结果。

智能检测系统具有如下特点：

（1）测量速度快

计算机技术的发展为智能检测系统的快速检测提供了有利条件，使其与传统的检测过程相比，具有更快的检测速度。

（2）高度灵活性

以软件为工作核心的智能检测系统可以很容易地进行设计生产、修改和复制，并且很方便地更改功能和性能指标。

（3）智能化数据处理

计算机可以方便快捷地实现各种算法，用软件对测量结果进行在线处理，从而可以提高测量精度；并且可以方便地实现线性化处理、算术平均值处理及相关分析等信息处理。

（4）实现多信息数据融合

系统中配备多个测量通道，由计算机对多个测量通道进行高速扫描采样，依据各种信息的相关特性，实现智能检测系统的多传感器信息融合，从而提高检测系统的准确性、可靠性和容错性。

（5）自检查和故障诊断

系统可以根据检测通道的特性和计算机的本身自诊断功能，检查各单元的故障类型和原因，显示故障部位，并提示对应采取的故障排除方法。

（6）检测过程的软件控制

采用软件控制可方便地实现自动极性判断、自校零与自校准、自动量程切换、自补偿、自动报警、过载保护、信号通道和采样方式的自动选择等。

此外，智能检测系统还具备人机对话、打印、绘图、通信、专家知识查询和控制输出等智能化功能。

3. 智能检测技术在食品领域中的应用

食品安全一直是人们关注的重要议题，而高智能食品检测创新技术在这一挑战中具有重要研究意义。这一系列创新技术结合了智能化、自动化和高精度的检测技术，为食品行业提供了强有力的安全保障。它们能够快速、准确地检测食品中的有害物质和微生物，提供可靠的数据支持，确保食品的质量和安全标准。其中深度学习、图像识别、传感器技术、实时监测以及数据分析等技术广泛应用于食品药品的质量检测和包装监测中。

中国科学院沈阳自动化研究所通过多年攻关，攻克了采用高压微电流信息与可视图像相融合的智能深度检测技术，并成功研制出火腿肠自动挑拣机，在提高食品安全保障水平的同时，推动了高温肉制品行业向自动化、信息化、智能化方向发展。

传感器技术不仅可以对食品感官进行评价，测知产品本身质量的特性，还可以对食品包装进行检测，电子鼻、仿生眼都是其孕育而生的产物。王敏等人为了满足人们对冰箱内食品新鲜度、营养以及安全食品的需求，通过智能电子鼻来检测冰箱冷藏室（4℃）内存储的食品新鲜程度。其由气体传感器阵列和食品新鲜度识别算法组成，记录食物不同新鲜度的气味特征，同时采用模式识别算法对食品新鲜程度作出新鲜、次新鲜和腐败的区分，实验表明电子鼻对食品新鲜度变化具有良好的灵敏度。韩国程等人对可能用于包装的传感技术进行了讨论，介绍了可以提高整个食品供应链质量监控效率的各类传感器，提出智能食品包装将迎来爆发式增长趋势。

数据分析以及数据挖掘通常以计算机作为数据传播的载体，使用大数据统计、云端数据处理技术，对检索的数据情报实施专家系统分析及机器学习，并对识别的数据实施模式分类，满足对方提出的数据分类要求。阮梦黎等人提出了一种利用数据挖掘技术对食品、药品、冷链物流信息进行智能化监测的方法。通过对食品药品冷链信息的智能探测功能的设计，利用直方图的计算方法，对目标信息进行提取，对运动形态进行统一的处理，获得被探测的冷链信息的框架，并进行属性计算、门限划分，对信息进行数字化处理分类和判别。通过仿真试验，证明了试验数据的误差值较小，检测精度较高。

四、智能节能环保技术

工业生产主要以电力资源为主。随着中国城市化、工业化进程的深入推进，对电能资源的需求越来越大，极大程度上增加了资源使用压力，同时，受到多种内外部因素的影响，当前智能化电气节能技术在应用过程中仍存在较多问题，需要相关工作人员加以重视。基于此，必须加大对节能环保意识的重视程度，综合考虑电气设备电能资源使用情况，科学引进现代化和智能化的电气节能技术，将其科学运用在系统中，以节省系统能耗，确保系统的安全、正常运行。

1. 智能化电气节能技术系统发展情况

电气系统是消耗电能资源的重要部分，随着节能环保意识的不断提升，当前智能化电气节能技术逐渐增多，为优化该技术系统，应先了解其发展现状与主要的问题，从而科学地采取针对性的解决措施。当前各个领域对电能资源的需求大、消耗量大，为智能化电气节能技术系统的诞生、发展创造了更好条件，在节能环保理念的影响下，智能化电气节能技术中多使用新型能源，如风能、太阳能等。当前，以太阳能、风能为新型资源的发电技术应用范围进一步变广，已经覆盖在多个工业领域中，特别是智能电气节能技术设计系统中，具有良好的经济、环保效益。

当前智能化电气节能系统的发展仍存在一些问题：

第一，智能化电气节能系统缺乏高效、合理的统筹安排，降低了系统运行过程的节能性；

第二，缺乏智能化、自动化电气节能基础配套设施，如变压器等，未能真正达到节能运行的目的；

第三，智能化电气节能控制系统仍有待更新，控制方式不符合系统要求，易消耗较多电能。

2. 优化智能化电气节能技术系统的基本原则

优化智能化电气节能系统时，不可牺牲系统本身性能为代价，也不可过度投入资金，大量引进节能技术，为了节能环保而消耗其他资源，具体而言，其应遵循以下原则：

第一，满足系统性能需求，满足系统中不同模块电能需求，包括不同区域照明亮度、空调系统等；

第二，遵循经济性优化原则，为实现节能环保目的，应结合自身经济实力以及投资规模，不过度追求节能环保而盲目增加投资，选择恰当的电气节能方案；

第三，从小处着眼，根据系统本身功能，采取针对性节能措施，如针对量大面广的照明容量，可引入现代调光以及控制技术，降低系统的整体能耗。

3. 智能化电气节能技术系统的优化方式

优化智能化电气节能系统时，应根据系统的性能，将绿色环保理念贯彻在系统优化设计过程中，采取针对性节能措施，引入合理的智能化电气节能技术，具体方式分为以下几方面。优化变压器装置，使其变得更加环保节能的本质在于降低变压器本身的有功功率消耗，提升其整体运行效率。

优化智能化电气节能系统时，建议选择SLZ7、SC9、SL7和S9等智能化变压器，此类变压器均选择冷轧晶粒取向硅钢片，具有高导磁性能，由现代化先进工艺打造，节能环保性能突出。因进行"取向"处理，硅钢片磁场方向基本一致，可降低铁心本身涡流损耗，同时，使用45°全斜接缝结构，提升了变压器接缝密合性，有利于减少铁心漏磁损耗。与传统变压器相比，SLZ7、SL7类无励磁调压变压器短路、空载损失显著降低，根据相关数据统计，35kV电路系统中其降低16.23%、38.34%；10kV电路系统中其降低13.95%、41.52%。同时，SC9、S9变压器与SLZ7、SL7相比，其短路、空载损失进一步降低，分别降低了23.34%、5.92%，年节电达10kW·h。在优化过程中，应充分发挥变压器抗冲击、低损耗、节能性能优的性能，选择恰当的变压器。

此外，针对分期优化的项目，建议用多台变压器的优化方案，防止出现轻载运行而引发损耗加大的问题，在内部不同变电所间须敷设好联络线，结合其负荷情况，缩减变压器数量，最大程度上降低系统损耗。首先，根据供电距离、负荷分布情况、用电设备特征和负荷容量，科学地确定供电电压，优化供配电系统，以提升节能环保的有效性。供配电系统的优化应坚持简单、安全、可靠的原则，同一电压供电系统中变配电级数应少于两级；其次，根据经济电流密度，选择恰当的导线截面，通常按照年综合运行费用最少的原则计算单位面积内经济电流密度；因电气系统的线路总长度可能超过10000m，其线路在运行过程中会出现大量有功损耗，为实现节能目的，应科学减少线路损耗。

电气线路的损耗与线路的长度和电导率成正比，与线路的截面积成反比，因此，优化供配电系统时应特别注意以下几方面：

第一，选择导线时，应选择电导率偏小的材质，如铜芯导线，针对负荷大的供电系统，可选用铜导线，但为节省铜材质，在负荷大的供电系统中应使用铝芯导线。

第二，科学缩短导线长度，变配电所的位置须与负荷中心靠近，减小线路供电的距离，节省线路损耗。低压线路供电半径通常小于200m，当优化项目的面积超过10000m^2时，应设置两个以上变配电所，从而缩短干线长度。同时，应尽可能减少线路中的"弯路"，以减小导线总长度。

第三，增加线缆截面积，针对线路较长的优化项目，应综合考虑电压损失、动热稳定、载流量等因素，合理增加一级线缆截面。充分发挥供电线路本身的作用，调节季节性负荷，如将风机盘管、空调风机等计费同等的负荷集中起来，用同一干线供电。优化智能化电能节能系统，应增加智能化电气节能系统中故障检测模块，引入模糊网络、神经问题，科学运用专家系统等智能化检测方式，对电气系统中发动机、变压器进行动态监控，提升系统故障的反馈、预警能力以及检测有效性。如可以在变压器中增加人工神经网络故障诊断方式，利用神经元系统的计算功能，结合系统应用功能来科学调整其采光控制、用电情况，从而提升电气设备本身的节能性。

① 优化智能化电气节能供电系统的保护措施，利用现代化网络技术开启系统的智能化保护措施，借助互联网人工智能、自动识别系统，科学监控系统运行质量安全，动态预警系统安全问题，如电气设备在运行中出现短路、断路等问题时，可运用互联网在短时间内找准故障位置，并立即进行维修。

② 优化与智能化电气节能有关的安全防范系统，包括门禁控制、入侵报警、视频监控、数字和网络视频监控技术等系统，其中最为核心的是信息采集和处理，其主要分为微机接口及其相关控制技术、智能化元器件探测技术、智能系统调试技术等，在实际优化过程中，应特别关注质量安全监控系统的运行情况，保障电气设备的高效、安全运行。智能控制系统是优化智能化电气节能技术系统的重要组成部分，须优化系统智能化控制管理方式、智能控制策略、智能化控制网络、智能化数字控制器等方面。如在设计暖通空调系统时，可引入PID控制方式，利用分层网络控制模式，优化电气节能技术，以达到环保、节能的目的。

4. 智能化电气节能技术在食品工业中的应用

智能化电气节能技术主要用于食品干燥企业、食品冷冻行业、啤酒生产企业等。

干燥是食品生产的重要工艺环节。干燥过程涉及热能来源和热能有效利用，是食品企业控制生产成本、节能环保面临的主要挑战。在全球倡导碳达峰、碳中和、延缓气候变化速度的环保压力下，食品节能干燥技术开发不仅有重要的经济意义，而且还有着广泛的生态意义。食品干燥技术涉及材料学、热力学和电气控制技术等。采用微波节能干燥、热泵节能干燥等方法，通过优化电气控制系统、建立智能化供热体系，进一步实现系统的高效匹配。

冷冻食品企业的发展需要依靠电动机和压缩机来完成。从2020年起，目前90%的电能都是用燃煤火力发电，因此对环境的影响比较大。一般情况下，冷冻食品行业的制冷设备能耗在整个行业中占有相当大的比例。每年用于生产的制冷机械装置的额定电力消耗相当于建立一座中小型电站。不过,由于制冷系统的消耗很大,所以节能空间也很大。制冷系统可从四方面进行节能。一是制冷机械自身具有节能特点,包括制冷压缩机、冷风机、冷凝器等,其制冷效果最佳。二是从制冷系统的角度来看,可以更好实现节能级别的提升。采用自动化技术实现智能化的控制,代替人工来实现节约能源,如由某企业开发的智能自控系统,与实际应用相结合,可节约10%的能源。三是低温速冻,从单级带经济型螺杆机组,转变为单机双极或双极配打系统,可节约15%~20%的能源。四是利用工业余热对环保和节约能源的效果更为明显。制冷是一种传导热量的过程,一般设备的热量都散发到大气中,但是在工厂里需要大量的热水,所以通过应用工业热泵,可将温度提高到更高水平。它还能在低温条件下产生超过75 ℃的热水,用于冬季取暖、锅炉供水、设备消毒等,从而节约资源,降低污染,相比较而言,可节约30%以上的成本。

啤酒生产企业的动力保证有赖于配电系统的安全运行,然而低压配电系统的运行管理是企业设备管理的薄弱环节之一。配电房开关的故障跳闸和配电线路因环境过热影响设备安全运行的状况时有发生,企业配电房系统维护人员通过定时巡检发现及处理部分问题,但是定时巡检存在巡检不是在线监控,电气安全隐患发现不及时的情况,会导致配电房电气元件的安全事故,甚至事故升级为火灾。

针对配电系统运行环境工况存在的不足,通过对配电房的空调系统进行节能改造,能有效提高配电房运行的安全管理系数。综合考虑了传统中央空调系统的方案设计,结合啤酒生产企业淡旺季生产的特殊性及动力配电房实际使用工况及环境功能要求,集中送风空调改造方案采用涡旋式压缩机风冷冷水机组,空调实际投入运行分啤酒生产旺季、淡季进行节能调节投入主机台数及负载能量,系统不配置冷却水泵和冷却塔,节能效果明显优于传统的空调控制系统。改造后的风冷冷水机组启动时,电脑控制压缩机依次启动。工作时任意时刻的最大冲击电流只是一台压缩机的启动电流加上正在运行的制冷系统的工作电流。这样不仅节省了启动电能,而且大大减小了对电网的瞬间最大冲击电流,使电力负荷降低,减少了电器装置的容量。当空调负荷变化时,在电脑的控制下投入运行的压缩机台数也自动随之变化,使机组输出的冷量始终与空调负荷达到最佳匹配,最大限度地节省能耗。

五、"互联网+"食品生产技术

1. "互联网+"的概念

"互联网+"是指在创新2.0(信息时代、知识社会的创新形态)推动下由互联网发展的新业态,也是在知识社会创新2.0推动下由互联网形态演进、催生的经济社会发展新形态。"互联网+"简单地说就是"互联网+传统行业",随着科学技术的发展,利用信息和互联网平台,使得互联网与传统行业进行融合,利用互联网具备的优势特点,创造新的发展机会。"互联网+"通过其自身的优势,对传统行业进行优化升级转型,使得传统行业能够适应当下的新发展,从而最终推动社会不断地向前发展。

2. "互联网+"的主要内容

(1) 做优存量,推动传统产业提质增效、转型升级

"互联网+"根据实际情况,组织开发智能网络化新产品,围绕传统产品智能化和新的智能产品形态这两条主线,加快互联网与传统制造业的深度融合,推动智能制造发展。鼓励开展基于互联网的个性化定制,加快发展智能网络化装备,推进制造企业物联网建设和服务

型制造业转型,加快重点行业的绿色制造变革。

(2) 打造产业新的增长点

"互联网+"行动技术的优势作用明显,通过新技术的普及利用,逐步做好现代化网络营销,制定精准经营模式,在行动计划中销售农产品,推动电子商务服务方式,构建一体化的产业经营体系,并逐步探索新的电商领域。与此同时,要进一步加快信息技术在金融业的发展,与银行和企业建立联系,探索网络银行与证券经营,加快第三方支付业务的发展,转变物流模式、强化设计,发挥港口、铁路、机场的优势,搭建多层次物联网络,加快培育更具活力的"互联网+"现代化服务方式。

(3) 推动优质资源开放,完善服务监管理念

通过"互联网+"行动计划的开展,构建互联互通的电子政务公共服务平台,提升电子政务服务效能,完善以管理社会和服务群众为中心的电子政务服务体系,实现中国政府行政审批等服务事项。在此基础上,要坚持构筑开放共享的"数据中国",切实加强政府与公共信息资源开放共享的政府与公共资源大数据库建设,推进信息惠民和智慧城市建设,深化基于居民电子健康档案数据库,促进优质教育资源的共享利用。

3. "互联网+"在食品中的应用

(1) 追溯食物供给链条

吃一碗"明白饭"保证食品安全是一个复杂的过程,包括食物的生产、贮存、处理和食用方式等。互联网、物联网技术是保证其全流程安全的重要手段,通过这些技术对各环节中产生的数据进行收集、整理、分析,可以开展全程追溯,筑起食品安全"防火墙"。借助物联网技术,我们可以对食物进行全程追踪。例如,借助径向基函数(RFID)传感器和食品包装盒上的条形码,可以使食品链的可追溯性更加有效和便利。

食品安全很容易引起百姓关注和重视,而互联网可以打通食品整个链条的信息沟通,实现企业生产流通、政府监管数据的协调共享与合作,有助于建立食品安全现代化管理体系,让信息更透明。食品安全自然可以实现可控,从农田到餐桌全过程从上到下可控制,从下向上可追溯。食品可追溯让百姓有机会知道自己消费的食品是怎么来的,做到明白消费、放心消费,出现问题可以快速找到责任者,便于保护自己的利益。可追溯实际上是通过体系解决企业的诚信问题,实施可追溯体系的过程中,政府将承担安全事件责任,并承受控制事件的压力,因而可以促进体系在企业中的推广和应用。

(2) 生产工艺的监控和控制

在食品生产加工过程中,物联网技术可对生产流程、生产原料、设备运行质量、产品质量等数据进行采集和监测,实时反馈数据信息,及时预警并解决生产环节中出现的问题。比如对食品加工设备进行远程监测,可统计生产线的运行状况、设备卫生状况、能耗情况等,发现异常及时处理并调整生产计划。

(3) 消费场景的数据分析

在零售销售中,物联网技术可以运用在超市、便利店等消费场景中,利用传感器技术实时采集消费行为、购物习惯、顾客热点等数据,针对具体的市场消费场景,制定针对性的方案进行精准营销和合理定价,丰富消费者体验,促进销售增长。

(4) 大数据分析

在互联网时代,数据成为重要的生产力之一,食品产业也不例外。食品安全、消费者偏好、销售渠道等数据可以通过互联网平台收集和分析,准确而及时地了解市场情况,指导企

业的销售和生产决策。同时，大数据分析也能够帮助企业进行市场预测和风险控制，提高企业的竞争力。

（5）节能可持续

在食品产业中，节能可持续发展已经成为一个趋势。企业需要通过节能环保、节能包装、节能物流等措施提高环保水平，实现可持续发展。同时，节能可持续也能够为企业带来更多的市场机会与潜在消费者。互联网平台也可以帮助企业开展节能可持续活动宣传和品牌推广。

（6）品牌营销

品牌营销一直是食品产业竞争的一大关键。在互联网时代，品牌营销也不再局限于传统媒体，数字化营销成为企业吸引消费者的新手段。社交媒体、移动应用、短视频等数字化平台可以帮助企业进行精准营销和反馈分析，提高企业品牌价值和市场影响力。同时，线上品牌营销也能够扩大企业的消费者群体，提升销售额与盈利。

（7）市场营销的创新

互联网为农业和食品产业的市场营销带来了巨大的创新机遇。传统的农产品销售模式通常通过批发市场、超市等传统渠道进行，销售范围有限。而互联网的出现使得农产品能够通过电商平台进行网络销售，突破了传统销售的地域限制，拓宽了销售渠道。农产品可以直接面向全国甚至全球市场，消费者可以通过互联网选购农产品，实现产销对接，提高农产品的市场竞争力。

（8）农产品交易的便利化

互联网技术的发展，使得农产品交易更加便利和高效。传统的农产品交易往往需要农民通过中间商进行销售，存在信息不对称和利益分配不公等问题。而互联网农产品交易平台的出现打破了传统交易的局限，农民可以直接通过平台进行产品上架和销售，实现去中间化的交易模式。同时，互联网的支付和物流系统也为交易提供了便利，消费者可以通过在线支付和快递服务方便地购买到优质的农产品。

（9）供应链管理的改进

互联网的兴起革新了农业和食品产业的供应链管理。借助互联网，农产品的生产、流通、销售环节得以紧密联系，信息传递更加快捷高效。农产品的供应链全程可追溯，从农田到餐桌，每一步都可以通过互联网技术进行监控和管理，确保产品的质量和安全。同时，互联网还使得供应链中的各个环节之间的合作更加紧密，提升了资源的利用效率，降低了物流成本，提高了整体竞争力。

（10）在线销售

互联网的普及使得在线销售在食品产业中越来越受欢迎，一方面消费者无需出门购物，方便快捷；另一方面食品企业也能够将销售范围扩大至全国，甚至全球，提高销售效率。阿里巴巴等电商平台纷纷进入食品行业，推出了在线销售模式，大大促进了食品产业的发展。

第二节　食品智能机械案例

一、仿生智能酱腌菜坛

酱腌菜是重要的调味副食品之一，其风味独特，种类多样，具有一定的营养价值，深受消费者喜爱，涪陵榨菜、四川泡菜等更是举世闻名。目前，人们主要利用传统玻璃或陶瓷材质的腌菜坛腌制泡菜、酸菜、榨菜等，将预处理后的原材料如黄瓜、萝卜等放入传统腌菜坛内，盖上坛盖，用水水封。

在传统腌制过程中，无法实现对酱腌菜品质实时监测，不能检测其成分含量是否达标，尤其是亚硝酸盐含量；无法确定腌菜坛内的腌制情况并判断何时成熟，产生白膜时也不能及时取出而浪费一整坛原材料；利用水封密封，其密封性差且需定期换水，对于家庭而言操作繁琐，对于企业而言水封容易被灰尘污染且盐水容易引来老鼠等；此外，传统腌菜坛无法随时调控适宜温度，受自然环境和季节变换的影响，所得成品风味不佳，可见用传统方法制作酱腌菜的品质安全及口感风味难以保障；传统腌菜坛坛重易碎，不利于摆放、挪动和清洗。综上所述，传统腌菜坛性能单一、生产效率低、原料损失大，无法保证酱腌菜的食用品质，无法对酱腌菜进行在线实时监测及预警。

利用仿生技术和智能制造技术结合研发出的仿生智能酱腌菜坛，可实现酱腌菜智能化生产，使得生产过程智能、可控、简单、安全，且实现对酱腌菜的快速、准确、无损检测。模拟人类味觉系统，利用电化学传感器制成仿生味觉装置，可采集酱腌菜腌制过程中的信息，快速检测、监测测定亚硝酸盐、食盐、酸度等成分的含量。模拟人类的嗅觉系统，利用气体传感器制成的仿嗅觉装置，可采集发酵过程中酯类、吲哚类、胺类等气体成分和含量判定酱腌菜成熟度及气味品质，避免人为开坛观察而影响酱腌菜发酵及其品质。模拟人类视觉，利用视觉传感器制成的仿视觉装置，可实时监控腌菜坛内腌制情况，坛内有害微生物会使酱腌菜产品变质或败坏，使其外观不良、菜身变色、发黏、表面生白霉、质地软化等。利用气体单向阀使气体只出不进，解决了传统腌菜坛水封密封性差且卫生品质低的缺点，保证发酵环境完全密封。利用数据融合技术和单片机技术，可快速综合分析酱腌菜品质，并且能够显示相关数据和预警信息。

1. 工作原理

仿生技术是近年来兴起的一门高新技术，在农产品和食品品质检测领域常用的仿生检测技术主要有机器视觉技术（电子眼）、仿生味觉技术（电子舌）、仿生嗅觉技术（电子鼻）、仿生咀嚼技术（电子牙）、仿生听觉技术（电子耳）。

耦合仿生技术是近年来发展起来的工程技术与生物科学相结合的交叉技术。主要分为仿生机器人技术、智能系统群体通信和协调技术、仿生感知与信息处理技术、合成生物学仿生技术。按类型分类，又可分为结构仿生、功能仿生、材料仿生、检测仿生、控制仿生。在环境检测领域，仿生机器学迅速崛起，适应海、陆、空环境的各种原理性仿生机器相继问世，水下机器人是海洋探索与开发的重要技术手段，例如从形态、结构、功能、控制诸方面对动物进行模仿和学习形成的水下推进系统统称为"机器鱼"。在医学领域，仿生材料通过移植生物体内的某些具有辨识度的特性，与人体器官兼容从而在医学层面上应用于人体医学研究。

人工智能的智能识别是一项运用计算机模拟人的智能，使其能够按照人的思维模式进行识别的先进技术。该技术有利于快速辨别有害化学物质，在生产环节剔除不合格食品，防止其进入之后的流通渠道。人工智能最大的特点在于其具有积累经验以及主动学习的能力，能进行自我决策，依托人工智能决策支持技术，建立能够实现生产安全食品目的的智能决策支持系统，可扩大决策支持系统的应用范围，提高解决问题的能力，能够保障食品生产过程的安全性和有效性。

仿生智能酱腌菜坛是利用耦合仿生技术、人工智能技术、传感器融合技术、人工神经网络技术以及监测预警反馈技术制成的智能食品加工机械。针对传统腌菜坛的弊端，从品质监测、密封环境、恒温环境、容器材质等方面进行设计智能腌菜坛，工作原理如图 6-2 所示。

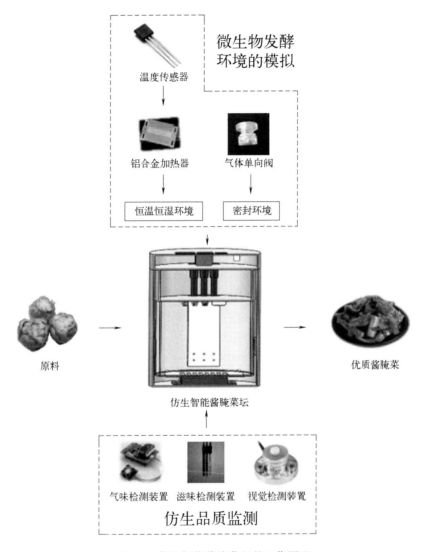

图 6-2 仿生智能酱腌菜坛的工作原理

（1）仿味觉检测

滋味检测装置模拟人类味觉系统。利用酱腌菜腌制液中不同离子成分，筛选组合，采用高精度离子选择电极，通过检测食品中 NO_2^-、Na^+、Cl^-、H^+ 等离子含量，实现对酱腌菜中的亚硝酸盐、食盐、酸度等指标的准确监测。滋味检测装置主要包括升降装置、电化学传感器阵列以及电极盒。升降装置由正反转电机和滑轮组成，带动电化学传感器阵列垂直上下移动。在检测时，电化学传感器阵列下降至装有腌制液的电极盒中，检测完成后上升至原位置，实现对酱腌菜多个指标的检测，且能够延长电化学传感器的寿命；在一定温度下，电化学传感器探头伸入腌制液中时，不同离子成分对电化学传感器探头的刺激不同，从而产生不同的电压值，经过相关性回归模型识别与处理，得到浓度大小；电极盒由食品级工程塑料制成，置于内胆内，固定于内胆壁，保护电极在垂直移动过程中免受损害。仿味觉检测流程如图 6-3 所示。

图 6-3　仿味觉检测流程图

（2）仿嗅觉检测

根据酱腌菜发酵产生的气味，如酯类、吲哚类、胺类等的成分和含量，选择 TGS2600、TGS2602、TGS2620、MQ138、MQ135 型号气体传感器组成的气体传感器阵列。通过气体单向阀和抽气扇排出发酵气体与气体传感阵列接触，产生电信号，将得到的不同电压响应值通过 RBF（径向基函数）神经网络模式识别处理，得到不同气体成分的含量，从而判定出酱腌菜的成熟度及气味品质，最终以数据的形式显示在外壳顶部屏幕上，并在成熟时发出提示音以提示消费者。仿嗅觉检测流程如图 6-4 所示。

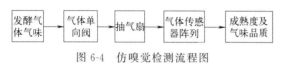

图 6-4　仿嗅觉检测流程图

（3）仿视觉监测

视觉监控装置利用视觉传感器采集腌制中的酱腌菜的图像信息，建立图像处理与数据处理模型，将图像显示在外壳顶部的图像显示屏上，能够实时监控酱腌菜的品质情况，及时判断酱腌菜是否能够食用。以腌制的泡菜为例，视觉传感器可以监控泡菜表面是否产生白膜。仿视觉监测流程如图 6-5 所示。

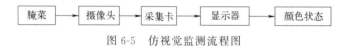

图 6-5　仿视觉监测流程图

（4）微生物发酵环境的模拟

为更好地实现酱腌菜的发酵，设计腌菜坛类气压状态调节系统和温度控制系统，这也属于微生物生存环境的仿生。采用气体单向阀来调节坛内气压状态。酱腌菜发酵时会产生 CO_2、H_2 等气体，若不及时排出，容易使酱腌菜品质降低。气体单向阀利用钢珠的重力作用，未产生气体时保证腌菜坛处于密封状态，不会被外界环境的气体、微生物、灰尘等污染，利于保持卫生；坛内产生一定量的气体时可使钢珠上移排气，保持坛内气压稳定。气体单向阀通过机械加工后固定于外壳顶部。

温度控制系统的设计由温度传感器、铝合金加热器、温控器共同组成。通过传感器采集温度信息，铝合金加热器开始发热，待温度上升到预设的温度时，单片机通过传感器反馈的信息将控制铝合金加热器停止加热，直至温度降低到闸值温度时，再次控制铝合金加热器加热达到升高智能腌菜坛内部温度的效果，构造了不同酱腌菜腌制的不同温度环境。同时在外壳夹层之间全部填充塑料泡沫，减少智能腌菜坛内部与外界环境热量差的影响，从而降低热量传递或损失。

（5）数据处理显示

数据处理显示系统由单片机、A/D 转换电路、屏幕三部分组成。单片机是一种集成电路芯片，采用超大规模集成电路技术把具有数据处理能力的中央处理器（CPU）、随机存储器（RAM）、只读存储器（ROM）、定时器/计时器等功能集成到一块硅片上构成一个小而完善的微型计算机系统。本腌菜坛采用单片机作为主控制器,可实时监控腌菜坛内腌制情况;A/D 转换电路就是把模拟量转换成数字量,使用 A/D 转换电路对多传感器进行数据采集,从而对数据进行融合处理;最后,在产品外壳安装一个屏幕,实现数据、信息的反馈。

2. 主要结构组成

仿生智能酱腌菜坛主要由滋味检测装置、气味检测装置、视觉监控装置、温度控制系统、数据处理显示系统等组成。滋味检测装置主要包括电动机、滑轮、电化学传感器阵列、电极盒等;气味检测装置主要包括抽气扇、气体传感器阵列;视觉监控装置主要包括视觉传感器等;密封装置有单向阀等;温度控制系统有加热器、温度传感器等;数据处理显示系统主要有单片机、信号调理电路、显示屏等;内胆利用食品级工程塑料;外壳利用不锈钢材质。仿生智能酱腌菜坛的结构图如图 6-6 所示,实物图如图 6-7 所示。

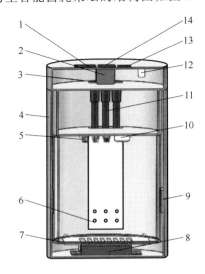

图 6-6 仿生智能酱腌菜坛的结构

1—滑轮;2—电动机;3—数据屏;4—外壳;5—气体传感器阵列;6—电极盒;7—内胆;8—加热器;9—冷却扇及抽气扇;10—视觉传感器;11—电化学传感器阵列;12—气体单向阀;13—触控屏;14—图像屏

图 6-7 仿生智能酱腌菜坛

3. 应用情况

使用仿生智能酱腌菜坛制作出的酱腌菜(此处以茎瘤芥为原材料,如图 6-8 所示),经过评判专家盲审评定,综合口味优于同配方下传统腌菜坛腌制的酱腌菜;同时在美食节试吃活动中,大多消费者对于本产品制作的酱腌菜的口感给予了肯定,认为仿生智能酱腌菜坛生产的酱腌菜口感好、质地脆嫩,可谓色、香、味俱全。仿生智能酱腌菜坛

图 6-8 仿生智能酱腌菜坛制作的酱腌菜

可作为家庭腌菜机械使用,尤其适合缺乏腌菜经验的年轻消费者家庭,还可以通过扩大尺寸比例,用于工厂、作坊使用。仿生智能酱腌菜坛操作方便,智能化、自动化程度高,生产出

的酱腌菜安全性高、品质好。

二、多传感器融合的花椒品质检测仪

花椒位列"十三香"之首，是重要的调味料，因产量大、价值高、味道好而深受人们喜爱，更是川渝地区火锅熬制的必备调味料。然而花椒在生产、储运过程中，经常出现霉变、染色、掺假等食品安全问题，严重影响人们的饮食健康。目前花椒的品质检测还局限于传统的感官评价和理化分析，但是这些方法操作繁琐、耗时长、主观性强、测试不准确，尤其不能实现快速、无损、智能检测，严重影响了花椒品质的检测效率。

多传感器融合的花椒品质检测仪采用多传感器融合技术、智能控制技术，将声音传感器、视觉传感器、气体传感器融合，综合分析检测花椒的品质，构建了花椒快速无损检测器硬件系统以及品质检测模型等软件系统，并进行了测试试验和验证试验，实现了花椒含水量、色泽、杂质率、气味等理化指标以及霉变率、染色、掺假等安全指标的快速、无损检测。

1. 工作原理

多传感器信息融合技术是充分利用多种传感器收集被测物品的信息资源，并依据国家制定的相关标准对收集检测到的信息进行分析、整合处理、综合评价。单一传感器获得的信息有限，并且还要受到自身性能的影响，而多传感器融合技术能将各方面采集的信息进行综合性处理，降低了信息的处理量，增强了各传感器信息间的内在联系，反映检测所在环境的特性，信息互补，分析更全面，容错率变高，检测结果更实时，检测成本更低廉，耗费时间更短，判断结果更具说服力。

种种示例说明多传感器融合检测已经逐渐开始被应用于各类食品的检测，作为快速无损检测的方式，它以便携的形态在检疫检测方面也得到了广泛好评。在国内利用近红外光谱和机器视觉的多信息融合技术评判茶叶的品质，并对茶叶进行分级；利用近红外光谱和机器视觉融合技术检测出某批量板栗的缺陷。在国外有利用融合光学传感器、系统信息来估计大米的成熟程度；利用气味传感器和味觉传感器融合信息判断橄榄油在不同存储条件下的不同状态；利用气体传感器、味觉传感器、视觉传感器鉴别红酒的品质等。

多传感器融合的花椒品质检测仪主要包括声音检测装置、视觉检测装置、气体检测装置、喂料装置、籽粒碰撞装置、信号采集智能处理系统等。声音检测装置利用花椒籽粒下落撞击金属板所产生的声音特征参数，间接测定花椒的含水量，进而预测霉变率；视觉检测装置采集花椒下落时的动态数字图像，并进行图像处理分析，从而检测花椒的色泽、杂质率、染色、掺假、霉变率等；气体检测装置获取测试箱中花椒的气味信号曲线，并进行特征提取，从而判断花椒的香味、霉变味等；信号采集智能处理系统通过采集声音、视觉、气体三种信号信息，并结合品质检测模型，根据花椒的检测标准调整各指标的权重，实现对花椒品质信息的快速、精准、综合判断，最后将检测结果传递给数据库，并实现数据共享。多传感器融合的花椒品质检测仪的工作原理如图6-9所示。

（1）声音检测

声音检测装置由落料装置和撞击声收纳装置两部分构成，根据花椒下落高度及下落轨迹确定落料装置以及收纳装置的位置。测试过程如下：花椒从顶部下料斗下落，通过滑槽与震动板后接触撞击板，声音传感器采集花椒撞击金属板时所发出的声音信号，再将声音信号传输到A/D转换机变为数字信号，通过前期试验建立的水分含量与声音信号之间的关系模型，信息将自动录入单片机系统进行分析，从而得到花椒水分含量信息，并且花椒最后会落入收

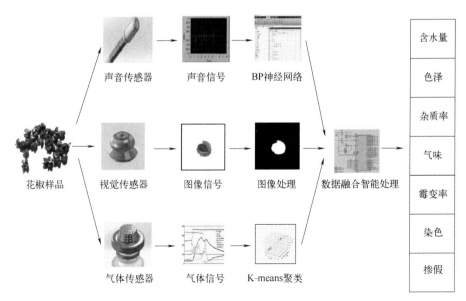

图 6-9 多传感器融合的花椒品质检测仪工作原理示意

纳盒中,以便取出。

(2) 视觉检测

视觉检测装置主要由视觉传感器、照明灯、光电传感器构成。视觉传感器用于采集花椒下落时的动态图像;照明灯为检测空间提供光源,使视觉传感器采集的图像清晰。花椒从滑槽下落后,通过光电传感器,光电传感器感应并发出信号后,视觉传感器实时采集花椒的图像,传入计算机系统,将图像进行灰度化、阈值分割、开运算等处理进而提取花椒的外形、色泽后检测,从而判定花椒的品级。

(3) 气味检测

气味检测装置主要由气体传感器阵列、混气扇构成。混气扇引导箱内气体快速进入气体传感器,在极短的时间内完成对气体数据的采集。根据花椒产生的特定香味气体筛选气体传感器阵列,气体传感器采集到电信号,将电信号通过事先录入单片机的标准方程,使电信号转化为具体数据,判定花椒的气味品质。

(4) 数据融合智能处理

数据融合智能处理系统由 STM32F103ZET6 单片机、AD 转换电路、物理信号放大器等部件组成。STM32F103ZET6 单片机作为微型计算机;AD 转换电路即为模数转换,利用模式识别系统进行数据采集、数据处理、分类决策,将声音传感器、气体传感器、光电传感器采集的模拟信号转化为数字信号,再将各系统的检测结果按一定权重进行融合,通过检测的物理数据进行函数计算,最终反馈实时数据。此外,还可以通过融合互联网与智能设备进行蓝牙连接,对检测结果进行实时共享。

2. 主要结构组成

根据检测仪的工作原理及零部件特点设计及组装,包含以下几方面:测试箱的设计、隔音系统的设计、恒温系统的设计、声音检测装置的设计、视觉检测装置的设计、气味检测装置的设计、数据处理系统的设计。最终融合组装形成本检测仪,整体结构如图 6-10 所示,实物图如图 6-11 所示。

食品机械与设备

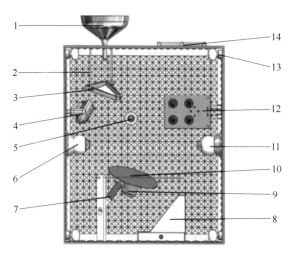 

图 6-10 多传感器融合的花椒品质检测仪的主要结构　　图 6-11 多传感器融合的花椒品质检测仪

1—下料斗；2—挂钩；3—V 形槽；4—混气扇；
5—光电传感器；6—视觉传感器 1；7—声音传感器；
8—收纳盒；9—压力传感器；10—撞击板；11—视觉
传感器 2；12—气体传感器阵列；13—照明灯；14—屏幕

检测仪基于花椒本身的物理、化学性质，以及各系统功能特点，将测试箱设计为箱体样式。箱体整体密封，保证检测体系的气体不外泄；内部设置隔音棉，缓冲外界杂音。将振动马达装置与 V 形槽进行连接组装，实现花椒的单粒下落，将撞击板与落料轨迹按最优试验数据进行安置，有利于放大产生的声音信号，为声音传感器提供准确的声音信息。花椒在下落过程中，摄像头采集花椒的动态图像，提取花椒外观信息；照明灯为检测空间提供光源；光电传感器用于测量批量花椒的具体数量。根据花椒产生特定的香味、麻味气体筛选气体传感器阵列，用气体传感器采集电信号，通过单片机将电信号转化为具体数据，通过数据判定得到花椒的气味品质。将压力传感器放置在撞击板之下，当花椒接触撞击板时，压力传感器便可感知压力大小。把以上传感器采集的模拟信号传入 STM32F103ZET6 单片机与 AD 转换电路中，根据数据进行函数计算，最终反馈花椒的综合品质信息。

3. 应用情况

通过对多传感器融合的花椒品质检测仪试验测试和验证，它可实现花椒的含水量、色泽、杂质率、气味等理化指标以及霉变率、染色、掺假等安全指标的快速、无损检测，检测过程仅需 80s，综合检测准确度可达 97.8%，对花椒全程无损伤破坏。检测仪体积小、质量轻、易携带，还可安装在生产线上实现在线检测，而且综合成本不高，易于推广。本检测方法相对传统感官检测，检测效率高、速度快、成本低，并且客观准确；相对国标的理化检测方法，操作简单、速度快、成本低，还可以实现在线、无损检测。

通过市场分析和财务分析以及应用前景预测发现，检测仪市场需求量大，客户需求意愿强烈，且可满足花椒快速检测需求。它同样适用于其它调味料类，如八角、茴香、胡椒等，可以针对消费者的需求差异性及检测产品特点定制服务。

三、榨菜节能热泵干燥机

目前，榨菜的脱水主要采用盐脱水工艺，脱盐废水处理量大、费用高以及造成环境污染,而且盐脱水榨菜品质较差。榨菜的风脱水只存在极少数加工企业中,虽然风脱水榨菜品质好,但是由于此工艺效率低,受天气、环境和场地等多因素影响,早已经被盐脱水工艺取代。

为此将智能技术、热泵风脱水技术与榨菜加工技术交叉融合,创新研制榨菜智能化热泵风脱水新技术装备,对榨菜脱水技术进行革命性突破与升级,旨在形成榨菜提质增效、清洁化新型生产技术与装备,使榨菜产业成为兼具质量效益、资源节约、环境友好及智能智慧于一体的现代高效农业产业。

当前智能技术和热泵脱水技术已经越来越多地应用到农产品加工业,热泵脱水技术是近些年来发展起来的新技术,它利用逆卡诺循环原理,用1份电能,就能吸收3份空气能,产生4份热能,热效率可到400%,具有节约能源(可节能75%左右)、脱水品质好、生产效率高、运行费用低、脱水条件(温度、湿度、风速)可调节范围宽、脱水参数易于精准控制、污染废物零排放、综合环保性能好等优点。另外,由于该技术具有脱水温度低的特点,具有常规高温热风脱水无法比拟的工艺优势。随着热泵技术的不断完善和发展,热泵脱水在农产品脱水加工领域的应用会越来越广,市场潜力巨大。

1. 工作原理

根据榨菜智能热泵风脱水系统的温度需求,对榨菜脱水系统结构进行改进和优化。主要包括空气循环系统和制冷循环系统,其设计难点在于利用同一套热泵机组,既要保证系统的除湿性能,还要满足风脱水阶段的稳定运行,并在一定范围内达到可调控的目的。

(1) 空气循环系统

空气循环系统技术原理与基本组成图见图6-12,空气循环系统结构设计是榨菜风脱水系统设计的重点,为保证榨菜脱水的稳定运行,需要对空气循环系统进行合理的分析和设计。空气循环系统主要由通风管道、风量调节阀、轴流风机和离心风机组成。在设备运行中,空气在通风管道中在各个风机的驱动下流动,通过蒸发器和冷凝器的轴流风机可以调节空气与制冷管道内制冷剂的换热量,从而调节换热系数,在脱水室出口处设有吸气式离心风

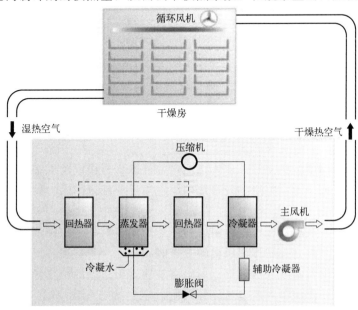

图6-12 空气循环系统技术原理与基本组成图

机，一方面促使脱水箱出口空气的流动，另一方面提供混合后空气流动所需的动力。通过智能控制系统使脱水室入口空气温度值处于稳定状态。

（2）制冷循环系统

制冷循环系统技术原理与基本组成图见图 6-13，制冷循环系统是榨菜风脱水系统的核心组成，榨菜风脱水系统的升温、降温和除湿所需的热量和冷量均由制冷循环系统提供。榨菜风脱水系统基于热泵原理对制冷循环系统进行进一步的优化设计。制冷循环系统主要由压缩机、冷凝器、膨胀阀、蒸发器和其它制冷配件组成。榨菜风脱水辅助冷凝器安装在脱水系统外部，主要用于排出制冷系统多余的热量，对脱水室起到一定的调温

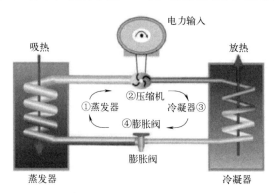

图 6-13 制冷循环系统技术原理与基本组成图

效果。冷凝器的入口分别装有电磁阀，用于控制冷凝器的换热情况。当榨菜脱水室的温度达到设定值时，对应脱水段的冷凝器停止换热，当脱水室的温度低于设定值时，对应脱水段的冷凝器参与换热。

（3）智能控制系统

智能控制系统采用 PLC（可编程控制器）控制方法，通过多种传感器收集榨菜在风脱水过程中各部分的状态参数，传递到进程控制块（PCB）板，并配有触摸屏等操控系统，对机组运行中的状态进行智能控制，实现机器操作的智能化。智能控制系统基本结构见图 6-14。

在压缩机排气侧装有高压保护器和温度传感器，当压缩机排气压力过高或温度过高时可以自动停止压缩机的工作；同样，在压缩机吸气侧装有低压保护器，防止因管路堵塞或极限工况下造成吸气压力过低，通过停止压缩机工作来保护压缩机和整个系统。

图 6-14 智能控制系统基本结构图

在换热器中装有温度传感器，结合压力传感器，在"感知"到系统需要化霜时，通过电磁四通换向阀的通电，启动化霜模式。

在脱水室内装有温度传感器和湿度传感器，并可以自行设定脱水室内温湿度的参数。当温湿度达到设定的参数值时，关闭热泵系统电源；当温湿度范围超出设定范围，热泵系统恢复工作。

对冷凝风机和循环风机可以根据设定进行风速的调节，满足在脱水过程中各阶段对不同风速的要求。可以根据设定控制排湿风机的工作时间。

将各传感器的数据显示在显示屏上，可以直观地读出系统的工作状态，由于榨菜的脱水过程是分阶段进行的，此控制系统也可以分阶段设定各状态参数。通过显示屏的输入功能，实现对热泵系统的参数控制。显示屏不仅可以直观地显示出系统各部件的运行状态和脱水室

内的温湿度参数,还可以进行参数的设定,通过采集脱水室内的温湿度,控制压缩机和风机的运行状态,合理有效地进行脱水,提高了榨菜的品质,减少了工作人员的操作强度,并在一定程度上提高了控制的精度。

2. 主要结构组成

榨菜智能热泵风脱水系统按照设计图纸完成空气循环系统管道的制作及安装、制冷循环系统的焊接、密闭性检测及调试,测量装置管道中的安装及测试总线的连接,主要结构组成如图6-15所示,实物图如图6-16所示。

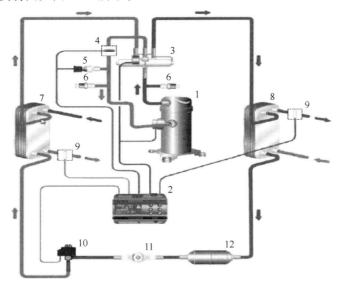

图6-15 榨菜智能热泵风脱水新技术装备组装示意图
1—压缩机;2—控制器;3—四通阀;4—温度传感器;5—压力传感器;6—压力控制器;7—蒸发器;8—冷凝器;9—温度传感器;10—膨胀阀;11—视液箱;12—液体管路干燥过滤器

(1) 制冷循环系统的组装

在制冷循环系统工作时,压缩机需要用润滑油润滑以减小压缩机部件在工作过程中的摩擦,且润滑油可以带走压缩机在工作时产生的摩擦热,保证压缩机的稳定运行,延长压缩机的使用寿命。为了便于润滑油在制冷管道中的流动,减少制冷剂的热损失,在制冷管路的安装过程中应尽量缩短制冷管路的长度,避免管路中出现拐弯。压缩机排气管至冷凝器的管路在安装时,为了防止压缩机停机时发生液击现象,压缩机排气段管路应有0.01~0.02的坡度,坡向冷凝器;蒸发器出口至压缩机的管路在安装时,为了便于润滑油回流到压缩机,压缩机的吸气管路应有不小于0.01的坡度,坡向压缩机;冷凝器出口至储液器的管路在安装时,冷凝器应略高于储液器;膨胀阀出口到蒸发器的管路在安装时,应尽量短,并用保温棉保温,防止节流后

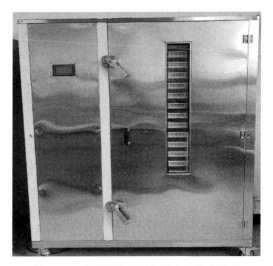

图6-16 榨菜智能热泵风脱水新技术装备

的冷量损失。

（2）空气循环系统的组装

空气循环系统的通风管道分为混合段、回风段、送风段，管道采用法兰连接，为避免管路风量的泄漏，连接处用阻燃密封胶条密封。在脱水室出口安装两个风量调节阀，采用手动调节，5个可调挡位，通过改变风量调节阀的开度改变脱水室出口空气的混合比例。在混合段和回风段分别安装两个风量调节阀，手动调节，5个可调挡位，当混合段和回风段的风量调节阀开启时脱水系统为半开式脱水系统，通过风量调节阀调节外界空气与系统内部空气的混合比例；当风量调节阀关闭时，脱水系统为闭式脱水系统。

（3）监控系统的安装

忽略管道内部的能量损失，冷凝器出口和脱水室入口、蒸发器出口和冷凝器入口处温湿度值可认为近似相等，因此在上述监测点只使用一个温湿度传感器。温湿度传感器的布置分别布置在脱水室进出口、离心风机的出口，冷凝器和蒸发器的进出口。温湿度智能控制器的传感器探头分别安置在脱水室的入口，温湿度传感器连接到智能温湿度控制器，温湿度控制器的输出端连接制冷循环系统的电磁阀，控制其通断。

3. 应用情况

榨菜智能热泵风脱水装备可以实现榨菜的风脱水干燥，干燥效率高、节约能源，干燥后榨菜品质好。该装备攻克制约榨菜产业发展的重大关键技术；可以极大推动榨菜加工业的科技进步，彻底改变榨菜加工技术落后的现状；可以提高榨菜产品的品质，减少高盐废水对环境的污染，促进榨菜产业提质增效。榨菜干燥效果图如图 6-17 所示。该装备还可以对辣椒、花椒等新鲜农产品进行干燥。

图 6-17　榨菜智能热泵风脱水装备对榨菜干燥的效果图

本章习题

1. 智能制造的主要技术有哪些？
2. 叙述"互联网+"技术在食品中的应用。
3. 结合智能制造技术分析食品智能机械的特点。
4. 请举例说明食品生产中还有哪些智能机械与设备。

第七章

食品机械的创新设计案例分析

学习目的与要求

① 了解机械创新设计的方法。
② 了解创新设计的食品机械的组成，了解创新设计的思路和过程。

第一节　食品机械的创新设计方法

一、创新设计基本概念

1. 创新

创新（innovation）是指以有别于常规或常人思路的思维模式为导向，利用现有的知识和物质，在特定的环境中本着理想化需要或为满足社会需求，而改进或创造新的事物、方法、元素、路径、环境，从而获得一定益处的行为。

设计是人类社会最基本的生产实践活动之一，是人类创造精神财富和物质文明的重要环节，创新设计是技术创新的重要内容。

创新是设计的本质特征。没有任何新技术特征的设计不能称为设计。设计的创新属性要求设计者在设计过程中充分发挥创造力，充分利用各种最新的科技成果，利用最新的设计理论作为指导，设计出具有市场竞争力的产品。

1921年，经济学家熊彼特在《经济发展理论》一书中提出创新这一概念，他提出的创新是一个经济学概念，他认为创新包括五个方面：①研制或引入一种新产品或产品的新特性；②运用或引入一种新技术；③开辟一个新市场；④采用新原料或原材料的一种新供给；⑤建立一种新组织形式。

创新是一个连续不断的改进过程。偶然的发明并不能直接推动生产力的发展，发明只有经过不断的创新过程，才能变为实实在在的应用，才能最终发挥作用。创新与发明、创造的关系如图 7-1 所示。

创新的形式也有很多种，主要包括七种形式：思维创新、产品（服务）创新、技术创

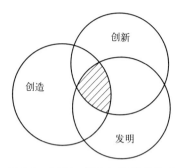

图 7-1 创新、创造与发明的关系

新、组织和机制创新、管理创新、营销创新、企业文化创新。

综合分析，创新主要有七个特点。①新颖性。新颖性包括世界新颖性或绝对新颖性、局部新颖性和主观新颖性。②价值型。这个特点与新颖性相关，其中世界新颖性的价值层次最高，局部新颖性次之，主观新颖性再次之。③相对优越性。相对优越性是指人们认为某项创新比被其所取代的原有技术优越的程度。④一致性。一致性是指人们认为某项创新同现行的价值观念、以往的经验，以及潜在采用者的需要相适应的程度。⑤复杂性。复杂性是指人们认为某项创新理解使用起来相对困难的程度。⑥可试验性。可试验性是指某项创新可以小规模地被试验的程度。⑦可观察性。某项创新的软件成分越大，其可观察性就越差，采用率就会受到较大的影响。

2. 创新设计

创新设计是指充分发挥设计者的创造力，利用人类已有的相关科技成果进行创新构思，设计出具有科学性、创造性、新颖性及实用成果性的一种实践活动。创新设计是创新理念与设计实践的结合，其发挥创造性的思维，将科学、技术、文化、艺术、社会、经济融汇在设计之中，设计出具有新颖性、创造性和实用性的新产品。

根据设计的特点，可以将创新设计分为开发设计、变异设计和反求设计三种类型。①开发设计。根据设计任务提出的功能要求，提出新的原理方案，通过产品规划、原理方案设计、技术设计和施工设计的全过程完成全新的产品设计。②变异设计。在已有产品设计的基础上，根据产品存在的缺点或新的应用环境、新的用户群体、新的设计理念，通过修改作用原理、动作原理、传动原理、连接原理等方法，改变已有产品的材料、结构、尺寸、参数，设计出更加适应市场需求、具有更强市场竞争力的产品。或在已有的产品设计的基础上，通过在合理的范围内改变设计参数，设计在更大范围内适应市场需求的系列化产品。③反求设计。根据已有的产品或设计方案，通过深入的分析和研究，掌握设计的关键技术，在消化、吸收的基础上，开发出同类型的创新产品。

创新是上述各种类型设计的共同特征，是设计的本质属性。在设计的过程中，设计人员需要充分发挥创造性思维，掌握设计的基本规律与方法，在设计实践中不断提高创新设计的能力。

创新设计要充分考虑各种可行的工作原理，对多种可行方案进行对比分析，从而确定创新设计方案。而方案的确定，必须要确保该设计具有独创性和实用性。在创新设计中，要充分考虑创新设计的特点。主要有独创性、实用性、多方案优选性。

（1）独创性

独创性（新颖性）是创新设计的根本特征。创新设计必须具有某些与其他设计不同的技术特征，这就要求设计者采用与其他设计者不同的思维模式，打破常规思维模式的限制，提出与其他设计者不同的新功能、新原理、新机构、新结构、新材料、新外观，在求异和突破中实现创新。下面介绍几个独创性设计的实例：

河南科技大学在第八届全国大学生机械创新设计大赛中，设计了一款高效旋转式自适应水果采摘器（图 7-2 所示）。这款采摘器大约两米长，由一根伸缩杆、手柄、抓手、旋转装置、自适应装置等部分组成。手柄处有开关，可以控制采摘端的闭合和张开。采摘结构模仿人的手指，可以根据水果尺寸自行调整张开大小，以适应不同水果的采摘。该装置解决了高空采摘的施工困难问题，增加了采摘安全性，还能确保水果不被破坏，现已在实际中得到应用。

（2）实用性

工程领域的创新必须具有实用性，其创新结果需要通过实践来检验其原理和结构的

图7-2 水果采摘器

合理性，需要得到使用者的支持使创新实践可以持续进行。

工程创新成果是一种潜在的社会财富，只有将其转化为现实的生产力才能真正为社会经济发展和社会文明进步服务。在从事创新设计的过程中要充分考虑成果实施的可能性，成果完成后要积极推动成果的实施，促进潜在社会财富转化为现实财富。

（3）多方案优选性

要实现用较好的方法达成创新设计，就要充分考察可以实现给定功能的各种方法。从事创新设计要能够从多方面、多角度、多层次考虑问题，广泛考察各种可能的方法，特别是那些在常规思维下容易被忽视的方法。只有通过充分地考察各种可能的途径，才有可能从中找到最好的实现方法。

从一种要求出发，向多方向展开思维，广泛探索各种可能性的思维方式称为发散性思维。创新设计首先通过发散性思维寻求各种可能的途径，然后再通过收敛性思维从各种可能的途径中寻求最好的（或较好的）途径。创新设计中要不断地通过先发散、再收敛的思维过程寻求适宜的原理方案、结构方案和工艺方案。与收敛性思维相比，发散性思维更重要，更难掌握。

科学技术的发展可以为创新设计不断提供新的原理、机构、结构、材料、工艺、设备、分析方法等。在不断发展的技术背景下，人们可以更新已有的技术系统，提供新的解决方案，促进技术系统的进化。

二、基于TRIZ理论的创新思维

1. TRIZ理论起源及核心思想

TRIZ（发明问题解决理论，TRIZ是其俄文转换成拉丁文的首字母缩写）起源于前苏联，是以前苏联发明家根里奇·阿奇舒勒（G. S. Altshuller）为首的研究团队，于1946年开始通过对世界各国250万件高水平发明专利进行分析和提炼，总结出来的指导人们进行发明创新、解决工程问题的系统化的理论与方法学体系。

TRIZ理论认为，任何领域的产品改进和技术创新都有规律可循。TRIZ包含用于问题分析的分析工具、用于系统转换的基于知识的工具和理论基础，可以广泛应用于各个领域创造性地解决问题。目前，TRIZ被认为是可以帮助人们挖掘和开发自身创造潜能，最全面系统地论述发明和实现技术创新的理论。

TRIZ理论的核心思想体现在四个方面：①发现了技术系统的进化趋势——系统/产品是按照一定规律在发展的（技术系统进化法则）。②同一条进化规律在不同技术领域中已经

被反复应用、利用，进化规律能够预测产品的未来发展趋势，被用于有预见性地进行产品创新设计。③没有解决矛盾的设计不是创新设计，设计中不断发现和解决矛盾是推动产品向理想化方向进化的动力（物理矛盾和技术矛盾）。④在以往不同领域的发明和创新中所用到的原理方法并不多；不同行业中的问题，采用了相同的解决方法，有限的原理可以解决无限的问题（创新原理）。

2. TRIZ 理论体系结构

任何问题的解决过程都包括两部分：问题分析和问题解决。成功的创新经验表明，问题分析和系统转换对于解决问题都是非常重要的。因此，TRIZ 包含用于问题分析的分析工具、用于系统转换的基于知识的工具和理论基础。图 7-3 所示为 TRIZ 的体系结构。

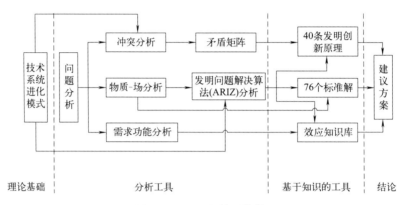

图 7-3 TRIZ 的体系结构

技术系统的进化模式是 TRIZ 理论的基础，TRIZ 问题分析工具提供了问题的辨认方法和形式化处理方法，基于知识的工具包括问题解决的三大工具：40 条发明创新原理、76 个标准解和效应知识库。

3. TRIZ 的创新思维

创新思维是指对事物间的联系进行前所未有的思考，从而创造出新事物、新方法的思维形式。为了消除思维惯性的障碍，TRIZ 理论系统包含了发明问题到解决方案之间的系列创新思维方法，搭建了从问题到方案之间的桥梁，称之为 TRIZ 思维桥，如图 7-4 所示。TRIZ 思维桥使用流程如图 7-5 所示。

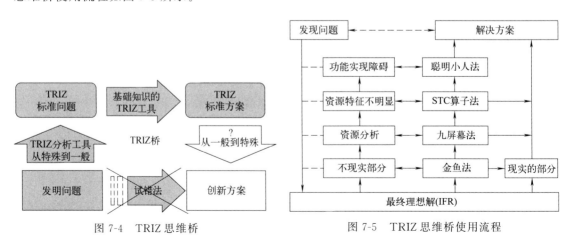

图 7-4 TRIZ 思维桥　　　　　图 7-5 TRIZ 思维桥使用流程

(1) 理想解（IFR）

IFR 是指在给定条件下问题最好的解，理想解用理想度来表达，即：

$$理想度 = \frac{\sum 有用功能}{\sum 有害功能 + 成本}$$

任何技术系统在发展过程中朝着越可靠、越简单、越有效的方向进化，其理想度就越高。提高理想度可以采取这些方法：增加系统的功能，即增加有用功能的数量；传输尽可能多的功能到工作元件上，即提升有用功能的等级；将有害功能转移到超系统或外部环境中，减少有害功能或实现有害作用的自我消除；利用内部或外部已存在的可利用资源降低成本。

衡量系统是否达到理想解，可以从四个方面进行判定：保持了原系统的优点；消除了原系统的不足；没有使系统变得更复杂；没有引入新的缺陷。

(2) 九屏幕法

九屏幕法是指求解工程技术问题时，不仅要考虑系统本身，还要考虑它的超系统和子系统；不仅要考虑当前系统的过去和将来，还要考虑超系统和子系统的过去和将来的状态，所以说它是"资源搜索仪"，如图 7-6 所示。

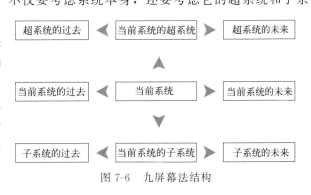

图 7-6 九屏幕法结构

考虑"当前系统的过去"是指考虑发生当前问题之前该系统的状况，包括系统之前运行的状况、其生命周期的各阶段情况等，考虑如何利用过去的各种资源来防止此问题的发生，以及如何改变过去的状况来防止问题发生或减少当前问题的有害作用。考虑"当前系统的未来"是指考虑发生当前问题之后该系统的可能状况，考虑如何利用以后的各种资源，以及如何改变以后的状况来防止问题发生或当前问题的有害作用。当前系统的"超系统的过去"和"超系统的未来"是指分析发生问题之前和之后超系统的状况，并分析如何利用和改变这些状况来防止或减弱问题的有害作用。

因此，九屏幕法是一种分析问题的手段，并非解决问题的手段。它体现了如何更好地理解问题的一种思维方式，也确定了解决问题的某个新途径。应用九屏幕法的流程为：先从技术系统本身出发，考虑可利用的资源；然后考虑技术系统中的子系统和系统所在的超系统中的资源；再考虑系统的过去和未来，从中寻找可利用的资源；最后考虑超系统和子系统的过去和未来。

(3) 聪明小人法

聪明小人法是阿奇舒勒在 20 世纪 60 年代提出的一种思维方法。该方法能够帮助设计者理解物理、化学的微观过程，并采用特殊方式克服思维惯性。

例如，用一串小人表示某种实体，如果小人之间距离拉大但仍处于连接状态的话，则表示物质发生热膨胀。一群奔跑的小人可以表示物质的运动状态，小人手拉手表示连接状态等。因此，聪明小人法的应用关键在于如何用小人去表达正确的功能含义以及建立正确的小人模型。

聪明小人法的应用流程为：先通过对工程问题进行描述以及系统分析，将原有系统转化为问题模型，再通过矛盾分析对能动小人重新组合形成方案模型，最后根据方案模型中小人的位置和状态还原成实际方案。

（4）STC 算子法

TRIZ 创新思维中将尺寸-时间-成本（size-time-cost，STC）称为 STC 算子法，将待改变的系统从尺寸、时间和成本三个维度上进行改变，打破人们的惯性思维。STC 算子法是一种让大脑进行有规律的、多维度思维的发散方法。它与一般的发散思维和头脑风暴相比，能更快地得到我们想要的结果。

STC 算子法的规则为：将系统的尺寸从当前尺寸减小到零，再将其增加到无穷大，观察系统的变化；将系统的作用时间从当前值减少到零，再将其增加到无穷大，观察系统的变化；将系统的成本从当前值减少到零，再将其增加到无穷大，观察系统的变化。

尺寸变化的过程反映系统功能的改变，时间变化的过程反映系统功能的性能水平，成本则与实现功能的系统直接相关。

STC 算子法不能给出一个精确的解决方案，应用 STC 算子法的目的是产生几个指向问题解的设想，帮助克服思维惯性。

（5）金鱼法

金鱼法是指从幻想方式解决构想中区分现实和幻想的部分，然后再从解决方案构想的幻想部分分出现实与幻想两部分。通过这样不断地反复划分，直到确定问题的解决构想能够实现为止。金鱼法的实施步骤如下：先把问题分为现实和幻想两部分；提出问题 1——幻想部分为什么不现实；提出问题 2——在什么样的情况和条件下，幻想部分可以变为现实；利用系统资源、当前系统、超系统中可以利用的资源；利用系统，找出幻想构思可以变成现实构思的条件，并提出可能解决的方案；若方案不可行，再将幻想构思部分进一步分解（回到第一步），这样反复进行，直至得到可行的方案。

三、常用的创新方法

1. 联想法

联想方法一般包括相似联想、接近联想、对比联想和强制联想。

相似联想创新法是从某一思维对象想到与其具有某些相似特征（形态、功能、时间或空间上）的另一思维对象的思维方式。相似联想的步骤可以参照如下过程：

① 任意选择一种实物，如一幅图、一种植物或动物，所选择的项目与要解决的问题相差越远，激发出创新观念或独特见解的可能性也就越大。

② 详细列出所选择的项目属性。

③ 联想问题与任意选择的项目属性之间的相似之处，用新观念、新见解去打开禁锢头脑的枷锁，使思想自由、奔放。

接近联想是从某一思维对象想到与之相接近的思维对象上去的联想思维。这种接近关系可以是时间和空间上的，也可以是功能和用途上的，还可以是机构和形态上的。例如：最后一个被发现的金属元素——铼。20 世纪 30 年代，随着电气工业的迅速发展，需要一种比钨更理想的金属来做灯丝材料；俄国化学家门捷列夫 1896 年宣布元素周期律，预言空缺位置有新元素未发现，并预言它们的基本性质，其中在钨旁边有一个空格（75 号未知元素）；1925 年德国化学家诺达克和塔克，花了 3 年多时间，最终在铂矿中发现了这个元素——铼。

对比联想是指事物之间在形状、结构、性质、作用等某个方面存在着的互不相同或彼此相反的情况进行联想，从而引发出某种新的设想。例如：寻找可以燃烧的冰。水能灭火，冰是水的低温结晶，也是与火不相容的物质；自然界可能存在可以燃烧的冰吗？你相信吗？科学家发现,"可燃冰"是一种天然气水合物的新型矿物,是在低温、高压条件下,由碳氢化合物气体与水分子组成的一种类冰结晶化合物的固体物质,其透明无色、外形似冰,可以燃烧。

强制联想是指将完全无关或关系相当偏远的多个事物或想法牵强附会地联系起来,进行非逻辑型的联想,以此达到创造目的的创新技法。例如:特异功能与隔墙摄像机。

2. 类比法

类比法按照比较对象的不同,可分为拟人类比、直接类比、间接类比、象征性类比、因果类比五大类。

拟人类比也称亲身类比,是指创新者把自身与问题的要素等同起来,设身处地地想象。例如:会说话的垃圾桶,德国人发明一种新型垃圾桶,当游客把垃圾扔进垃圾桶时,它会说"谢谢",因此引起游客的兴趣,不自觉地起到增强保护环境卫生的作用。

直接类比是指发明者通过搜集类似事物显示出来的知识和技巧,从中得到暗示或启发,提出解决问题的方法,其实质是通过抓住周围事物的机理来探索技术的可能性。直接类比法的典型方式是功能模拟和仿生。例如:人们通过观察龟的浮游和爬行,分析其生理机能,从而构思出水陆两用汽车。还比如利用石头刃→石刀、石斧,鱼骨→针,茅草叶的齿→锯,鸟飞→飞机,照相机照出照片→电影,鱼游→潜水艇,蛋→薄壳仿蛋屋顶。

间接类比就是用非同一类产品类比,产生创造。在现实生活中,有些创造缺乏可以比较的同类对象,这就可以运用间接类比法。例如:空气中存在的负离子可以使人延年益寿、消除疲劳,还可辅助治疗哮喘、支气管炎、高血压、心血管病等,但负离子只有在高山、森林、海滩、湖畔处较多。后来通过间接类比法,创造了水冲击法产生负离子,后吸取冲击原理,又成功创造了电子冲击法,这就是现在市场上销售的空气负离子发生器。

象征性类比是指为解决某一问题从象征对比中得到启发,联想出一种景象,进而提出实现的方案。它通常是通过一些神话、传说中的神奇行为,联想到这种行为在当代实现的可能性,并探索从技术上实现的原理。例如:有些童话传说某人念咒可打开藏有许多珠宝的石洞。人们由此联想到由于声音产生的声波、声电信号对石洞门所产生的作用。并在这种联想基础上着手研制出声电转换装置,再加上某些电气原理和电子计算机的运用,终于研制出先进的磁性钥匙。

3. 移植法

移植的途径有原理移植、方法移植、结构移植等。

原理移植是指将某种事物的工作原理转移到别的事物上。例如:法国的雷奈克看到孩子们在游戏中用耳朵贴在木头上能够听到另一端传来的声音,他将木头传声的原理应用到听诊器上,专门制成了一根空心的木管用来听诊,因此发明了听诊器;音乐家布希曼看到有人用两张纸片一上一下地贴在木梳上,把木梳放在唇边能够吹出声音,他将这一原理移植到乐器上,综合中国古筝和罗马笛的发声原理,发明了口琴。

方法移植是指将用于某一事物或产品上的方法移植到新产品中。例如:有一次在加拿大卡加里市的一所大学里,学校图书馆的自来水设备出了故障,致使许多珍贵的图书浸在水里。怎么办?如果采用一般的烘干办法,势必会损坏图书。其中有一个参加过罐头生产的管理员提出:在生产罐头时,为排除水果中多余的水分,采用冷冻和真空干燥的方法。这种方法不但可以除去水果里面的水分,而且也不会改变其原味,按照这种方法,他们先将湿书放进冰箱中冷冻,然后放入真空干燥箱中,经过五天的处理,这批书终于完好无损地得以保存。这个方法，就是把罐头中处理水果的加工技术移植过来，用来解决湿书干燥问题。

结构移植指从某一事物或产品的外形出发，将其移植到另一产品上。同一种结构通过移植可以创造出许多不同的产品来。例如：拉链已经发明了几百年，但一直只用于缝制衣服。能不能把拉链用在其他地方呢？近年来，有人把拉链的结构用到自行车的轮胎修补上。传统的修补方法很麻烦，需要先把外胎取下，再把内胎取出修补，按照拉链结构，有人在外胎装上拉链，修补时只要把拉链拉开就可以取出内胎，使修补变得很方便。在医疗上，采用特种材料的拉链为病人缝合伤口，不仅减轻了病人的痛苦，而且也加快了伤口的愈合，特别适合需要多次手术的病人。

特性移植指将某一事物或产品的特性移植到创新产品上。例如：有一种叫山牛蒡的植物，它的果实带着毛刺，既可以牢靠地附在其他物体上生长，在外力作用时还可以与载体脱离。一位工程师受到启发，将其特性转移到衣服和鞋帽上，研制出可以自由分离和黏合的尼龙搭扣。上海某网球厂的设计人员将尼龙搭扣的特性移植到健身器材上，创造性地设计和开发了一种娱乐性的球：将两块布满圆钩形尼龙丝的靶板和绒面皮球组合，投掷时能够随意脱离和粘贴，它既可以作为正式网球比赛的规范用球，也可以作为健身运动和娱乐活动的用球。这种产品的发明使该厂迅速扭亏为盈。

材料移植指将某一产品的材料应用于新产品中，使新产品在质量上发生变化。例如：钢笔笔尖如果用金作材料，质量好，但是价格高。有人发现用于家用厨具的聚四氟乙烯的性能优异、强度好、不沾墨水、字迹流畅，于是将这种材料用于制作钢笔，使钢笔性能大大提高，而且价格便宜。

运用材料移植创新产品可以从材料轻便性和耐用性及产品的外观和价格等方面进行考虑和创新。

4. 组合法

（1）功能组合

有些商品的功能已被用户普遍接受，通过组合可以为其增加一些新的附加功能，适应更多用户的需求。例如：人们使用铅笔时难免写错字，一旦写了错字就需要使用橡皮进行修改。为了适应人们的这种需要，有人设计出了带有橡皮的铅笔。它的主要功能仍是书写，由于添加了橡皮使它除书写之外还具有了一种附加功能。

（2）材料组合

有些应用场合要求材料具有多种特征，而实际上很难找到一种同时具备这些特征的材料，通过某些特殊工艺将多种不同材料加以适当组合，可以制造出满足特殊需要的材料。例如：V带传动要求带材料具有抗拉、耐磨、易弯、价廉的特征，使用单一材料很难同时满足这些要求，通过将化学纤维、橡胶和帆布的适当组合，人们设计出现在被普遍采用的 V 带材料。建筑施工中需要一种抗拉、抗压、抗弯、易施工且价格便宜的材料，钢筋、水泥和砂石的组合很好地满足了这种要求。

（3）同类组合

将同一种功能或结构在一种产品上重复组合，满足人们更高的要求，这也是一种常用的创新方法。例如：机械传动中使用的万向联轴器可以在两个不平行的轴之间传递运动和动力，但是万向联轴器的瞬时传动比不恒定，会产生附加动载荷，将两个同样的单万向联轴器按一定方式连接，组成双万向联轴器，既可实现在两个不平行轴之间的传动，又可实现瞬时传动比恒定。

(4) 异类组合

有些不同的商品具有某些相同的成分，将这些不同的商品加以组合，使其共用这些相同成分，可以使总体结构更简单，价格更便宜，使用也更方便。例如：收音机和录音机的有些电路及大的元器件是相同的，将这两者组合，生产出的收录机的体积远低于二者的体积之和，价格也便宜许多，方便了人们的生活。数字式电子表和电子计算器的晶体振荡器、显示器和键盘都可以共用，所以现在生产的很多计算器都具有电子表的功能，很多数字式电子表也具有计算器的功能。

(5) 技术组合

技术组合法是将现有的不同技术、工艺、设备等加以组合，形成解决新问题的新技术手段的发明方法。

聚焦组合的典型实例是太阳能发电站。前些年西班牙要修建新的太阳能发电站，需要解决的最重要的技术问题是如何提高太阳能的利用效率。针对这一要求，他们广泛寻求与之有关的所有技术手段，经过对温室技术、风力发电技术、排烟技术、建筑技术等的认真分析，最后形成一种富于创造性的新的综合技术——太阳能气流发电技术。

辐射组合是指从某种新技术、新工艺、新的自然效应出发，广泛地寻求各种可能的应用领域，将新的技术手段与这些领域内的现有技术相组合，可以形成很多新的应用技术。如图7-7所示。

5. 仿生法

仿生法是借助生物的启示，通过研究生物的某些特点得到独特、奇妙的构思，以新形态、新结构、新功能满足人们的新需要。

(1) 原理仿生

原理仿生是指模仿生物的生理原理而创造新事物的方法。例如：驱蚊仪。研制一种能产生与雄蚊飞翔时翼声的频率相似的装置，就可以驱蚊。加拿大率先在蒙特利尔市建立了一座"驱蚊电台"，发射特殊的电波，经收音机接受播放，变为一种驱蚊信号——驱蚊仪。

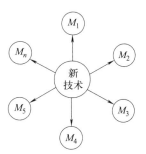

图7-7 辐射组合模型

(2) 结构仿生

结构仿生是模仿生物结构取得创新成果的方法。例如：蜂房的特殊结构。

18世纪初，蜂房以独特、精确的结构形状引起了人们的注意。每间蜂房的体积几乎都是$0.25cm^3$，壁厚都精确保持在$0.071\sim0.075mm$。蜂房正面均为正六边形，背面的尖顶处由3个完全相同的菱形拼接而成。经数学计算证明，蜂房的这一特殊结构具有同样容积下最省料，且强度相对较高的特点。比如，用几张一定厚度的纸按蜂窝结构做成拱形板，竟能承受一个成人的体重。据此，人们发明了各种质量轻、强度高、隔音和隔热性能良好的蜂窝结构材料，广泛用于飞机、火箭及建筑上。

(3) 形体仿生

形体仿生是模仿生物外部形状的创造方法。例如：蜘蛛行走（图7-8）。

(4) 信息仿生

信息仿生是指通过研究、模拟生物的感觉

图7-8 多关节行走机器人

(包括视觉、嗅觉、听觉、触觉等)、语言、智能等信息机器及其存储、提取、传输等方面的机理,构思和研制新的信息系统的仿生方法。例如:"电子蛙眼"。青蛙在稻田里,尽管它眼前的禾秆上停着一只飞蛾,它却"熟视无睹",可是,飞蛾刚一展翅起飞,青蛙就以迅雷不及掩耳之势发动攻击。仿生学家研究了蛙眼的原理和结构,发明了电子蛙眼。如在现代战场上,经电子蛙眼和雷达相配合,可以像蛙眼一样,敏锐迅速地跟踪飞行中的真目标,及时区别真假,克敌制胜。

第二节 创新设计案例分析

一、果蔬防褐变切片机

果蔬切片加工过程中会产生褐变、失水、组织结构软化、微生物繁殖等现象。其中,褐变是最普遍的现象。果蔬产品的褐变,不仅影响外观、质地,而且严重影响其风味和营养价值,已经成为制约果蔬加工业发展的"瓶颈"。因此,减少或抑制果蔬产品的褐变是非常重要的。

目前,在果蔬加工中减少或抑制褐变的方法主要有热处理、化学试剂处理。热处理是最安全的处理方法,没有任何的试剂残留。化学试剂处理是采用亚硫酸盐等褐变抑制剂,这种方法褪色效果较好,但是它破坏果蔬营养,使组织软化并产生异味,且有害健康,FDA已对其使用做出了限制。此外,无论热处理还是化学试剂处理都是在果蔬被切成片后采取的防褐变措施。其实,果蔬在切片时已经产生了褐变。

因此,研发一款果蔬切片和防褐变同时进行的果蔬切片机非常有必要,这可以全面、及时地防止果蔬褐变。本案例介绍一款防褐变全自动一体化的防褐变果蔬切片机。

1. 创新思路

从果蔬褐变的机理入手,总结分析褐变原因,进而采取防褐变措施,再设计制造防褐变果蔬切片机。

果蔬褐变主要是酶促褐变,是果蔬组织体内的酚类物质在酶的作用下氧化成醌类,醌类再聚合形成褐色物质,从而导致组织变色。正常情况下,外界的氧气不能直接作用于酚类物质发生酶促褐变。这是因为酚类物质分布于液泡中,而与褐变相关的酶位于质体中,酶与底物不能相互接触。在果蔬切片加工过程中,细胞受到损伤,果蔬的膜系统被破坏,打破了酚类与酶类的区域化分布,酶在有氧条件下催化酚类物质转变成红褐色物质,再与氨基酸氧化缩合生成黑褐色聚合物,导致褐变的发生。而这一过程中,金属离子通过底物直接与酶活性部位结合,参加酶的催化反应。所以从果蔬褐变机理出发,褐变主要有三个因素:氧气、酶、金属离子。

采用组合创新方法,针对果蔬褐变因素,采取多种防褐变措施,将各种措施组合,进而研发防褐变果蔬切片机。

(1) 隔离氧气

氧是酶促褐变不可缺少的条件,隔离氧或降低环境中氧含量可有效地抑制酶促褐变的发生。对切割果蔬来说,可利用水下处理、抽气、被膜、气调、可食性涂膜等方法阻碍氧与酶的接触,隔离或降低环境中的氧气,有利于褐变的防止、产品的保鲜和货架期的延长。从生产工艺角度考虑，水下处理不消耗能源，成本低，效果好。

（2）改变酶活性

改变酶活性是控制果蔬酶促褐变的一条主要途径，其控制方法主要包括热处理、化学试剂处理等方法。

适当加热可使与酶促褐变有关的酶失去活性，故果蔬生产中常采用原料的烫漂和高温短时间迅速加热等方法灭酶。来源不同的多酚氧化酶对热的敏感性不同，使多酚氧化酶完全失活，需要在 70～95℃水中加热 2～10min 或沸水中 30～60s。

（3）减少金属离子

金属离子作为酶的辅基，是不可或缺的，能使酶行使正常的功能。为避免金属离子对果蔬褐变的影响，果蔬加工过程中应使用非金属刀具或者不锈钢刀具，避免原料、半成品与铜离子、铁离子等金属离子接触。

分析研究了各种防褐变措施以后，再通过果蔬防褐变试验，结合果蔬切片机械工作原理，进行防褐变切片机的设计制造。

2. 设计方案

根据果蔬防褐变试验结果，考虑实际可操作性和机械设计特性，采用下面的方案进行防褐变果蔬切片机的设计：使果蔬切片动作在热水中完成，实施水下切片从而隔离氧气防止褐变，而且热水对果蔬薄片也能进行烫漂处理，钝化酶的活性防止褐变；改变刀具材料，使用不易渗出金属离子的不锈钢材料或陶瓷材料切刀，防止金属离子对褐变的影响。

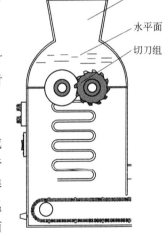

（1）隔离氧气装置的设计

为了通过隔离氧气达到防褐变效果，采用水下切片的切片方式。切片机整个切刀组位于水平面以下（如图 7-9 所示），切片时水起到了隔离果蔬与氧气的作用，从而减小果蔬的褐变反应。

（2）烫漂温控装置的设计

通过果蔬防褐变效果试验的结果分析，烫漂可以有效地减小果蔬的褐变程度。所以采用加热管、温度控制仪等器件进行烫漂的温控设计。位于切片缓冲室及物料收集室的管状加热器将箱体中的水加热到一定的温度（温控范围 0～100℃，水温波动≤0.5℃），对果蔬进行烫漂达到钝化酶的活性效果，从而减小果蔬褐变。温度控制仪和加热管如图 7-10、图 7-11 所示。

图 7-9　隔离氧气装置的设计

图 7-10　温度控制仪

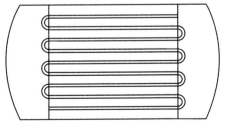

图 7-11　管状加热器

（3）输送系统设计

采用不锈钢链条传动网带（如图 7-12）输送物料进行烫漂操作。物料切片完成后直接落在切刀组下的输送带上,输送过程中直接进行了烫漂工作。整个输送系统采用变频传动,输送速度稳定,实现了自动连续生产的目的,且可随时调控,加之不锈钢链条传动网带采用高强度优质不锈钢,结构牢固,承载物料质量,极大地提高了生产效率。

(4) 防褐变材料选择

由于不同材料的选择,果蔬的褐变程度不同,并且由防褐变效果试验可以看出不锈钢材料切出的果蔬褐变程度最小,所以本设计采用不锈钢切刀、不锈钢链条传动网带以及不锈钢箱体。

(5) 切片刀的设计

采用双轴多切刀的切片方式。在结构设计上采用如图 7-13 所示的两种切刀形态,主切刀采用普通圆盘刀片,而副切刀采用带锯齿形的圆盘刀片。由于在水下切片,物料有一定的浮力,这样的设计可以在一定程度上辅助果蔬高效喂入。

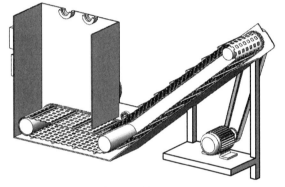

图 7-12 输送系统

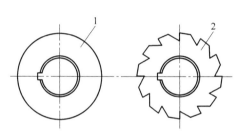

图 7-13 切刀结构示意图
1—主切刀;2—副切刀

3. 结构组成

防褐变果蔬切片机主要由进料斗、圆盘切刀组、不锈钢链条传动网带、管状加热器等组成,其切片机整体结构如图 7-14 所示。

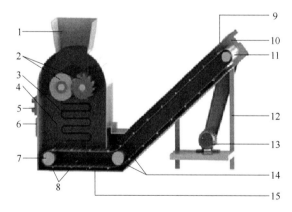

图 7-14 防褐变切片机整体结构图
1—进料斗;2—切刀组;3—加热管;4—切片缓冲室;
5—温度控制仪;6—控制面板;7—张紧滚筒;8—挡板;
9,15—机壳;10—出料口;11—不锈钢链条传动网带;
12—机架;13—变频调速电动机;14—改向装置

防褐变果蔬切片机的组建:将圆盘刀片和锯齿刀片分别组装在主、副刀轴上。通过垫圈调节刀片间的间距,使主、副刀片交错形成切刀组,并在其上面分别安装钢刀梳。将切片组置于物料斗及切片缓冲室之间。将加热器安装于切片缓冲室壁两边及传输室壁,并连接温度控制仪。在物料缓冲室下连接好物料收集系统。把变频电动机置于切片缓冲室外和传输室下面。最后将切刀轴与传输系统分别与电动机用皮带连接。防褐变果蔬切片机的组装效果如图 7-15 所示。

4. 应用价值

防褐变切片机首次将果蔬切片机与果

第七章 食品机械的创新设计案例分析

图 7-15 防褐变切片机的组装效果图

蔬的防褐变相结合，从果蔬切片到防褐变全自动一体化，具有自动控温、自动漂烫等优点，在果蔬切片完成后，不锈钢链条传动网带将片状果蔬输送出去，在输送过程中，箱体中的水加热到一定的温度对果蔬进行漂烫从而达到钝化酶的活性，抑制果蔬褐变的目的。

本机采用双轴多切刀的切片方式，在一定程度上辅助果蔬克服水的浮力高效喂入。相对于现有设计中果蔬切片种类单一，本机通过调节刀片间距来实现果蔬不同厚度的切片，能对马铃薯、苹果、山药等果蔬进行切片，实用性强，易于推广，具有重要的经济和社会效益。

二、基于超声波的卤蛋装置

卤蛋又名卤水蛋，其主要类别有茶叶蛋、五香卤鸡蛋、卤鹌鹑蛋等，是用各种调料或肉汁加工成的熟制蛋。卤蛋细腻滑润、咸淡适口、味醇香浓、营养丰富，深受消费者喜爱。现有卤蛋在制作时，通常采用锅具盛入卤水煮制，卤蛋设备简陋，自动化、智能化较差，存在卤制过程中入味难，蛋清发硬，蛋壳不易剥落，口感不均一，在卤制时温度不能智能控制且不节约热源等缺陷。

超声波是一种机械波，经常用于食品生产加工中，比如超声波萃取、超声波清洗、超声波均质等。超声波具有空化效应、搅动效应、击碎和搅拌作用等多级效应，可以增强食品的加工效果。本案例将超声波技术应用到卤蛋中，将它和多个系统结合，对蛋类进行清洗、杀菌、破碎、嫩化，对卤料进行精提，从而设计制作成基于超声波的卤蛋装置。

1. 创新思路

采用移植的创新方法，将常见的超声波萃取仪和超声波清洗机中关于超声波的机理应用到卤蛋中，设计制作基于超声波的卤蛋装置。针对传统卤蛋中存在的问题，结合超声波的特性，进行创新设计。

① 在卤蛋加工前，要对原料蛋进行清洗，但是传统加工方法清洗速度慢，清洗不彻底，而且有破损。因此，采用超声波和鼓风联合清洗技术，能加快蛋的清洗预处理，而且清洗彻底，还属于柔性清洗，避免蛋破损。

② 卤蛋卤制速度慢，卤蛋不易入味，蛋清发硬，滋味不丰富。因此，采用超声波浸提卤料、嫩化蛋清技术，能加快卤制速度和提高卤制效果，而且使卤蛋口感鲜嫩，滋味丰富。

③ 蛋壳需人工敲击破碎，而且蛋壳不易剥，花纹不明显。因此，在卤制中，采用超声波与鼓风联合振动破碎技术，使蛋壳自动破裂，无需人工敲击，而且卤蛋易入味，蛋壳易剥落，花纹明显，风味突出。

④ 卤蛋杀菌不彻底，存放易染菌，食用不安全。因此，采用超声波杀菌与巴氏杀菌联合技术，杀菌速度快、杀菌彻底，为食用安全提供保障。

⑤ 传统卤蛋锅具浪费热源，不节能环保。因此，采用智能控温技术，能够加快蛋的卤制，而且节约能源。

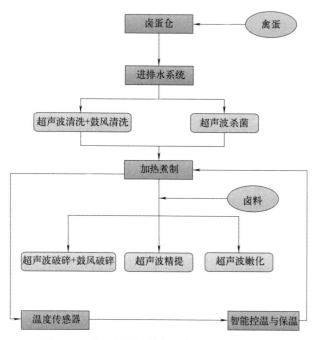

图 7-16 基于超声波的卤蛋装置的技术原理图

2. **设计方案**

根据创新思路和卤制装置机械设计特点，设计的基于超声波的智能蛋类卤制装置技术原理如图 7-16 所示。

3. **结构组成**

基于超声波的卤蛋装置由多个子系统组成，整体来看可分为超声波系统、加热系统、鼓风系统、卤料精提系统、进排水系统、控制系统以及卤蛋仓和外壳。整体结构如图 7-17 所示，设计制作后的实物如图 7-18 所示。

（1）超声波系统

超声波系统主要由超声波发生器和超声波换能器组成。专属的电路板是超声波换能器的主要组成部分，固定在机体外壳的内壁上；超声波振子是超声波发生器的主要组成部分，采用单功率为 60W 的振子，频率为 28kHz，将振子固定在卤蛋仓的侧壁上，将振子与超声波换能器电路板相连接。超声波发生器起到产生并向换能器提供超声波能量和将电能转换成高频交流电信号的作用。换能器主要将超声波发生器输入的电功率转化成高强度的机械振动功率传递到卤蛋仓。

（2）加热系统

加热系统主要由管式环状加热器和温度传感器组成。将温度传感器附着在卤蛋仓内部，可以实时监控卤蛋仓内的温度，管式环状加热器采用传统的电阻丝加热的原理，利用电流流过导体的焦耳效应产生的热能对物体进行电加热。通过电阻丝加热，使得卤蛋仓内温度升高到一定程度，卤蛋由于受到高温影响变性失活，从而达到对卤蛋煮制的目的。

第七章 食品机械的创新设计案例分析

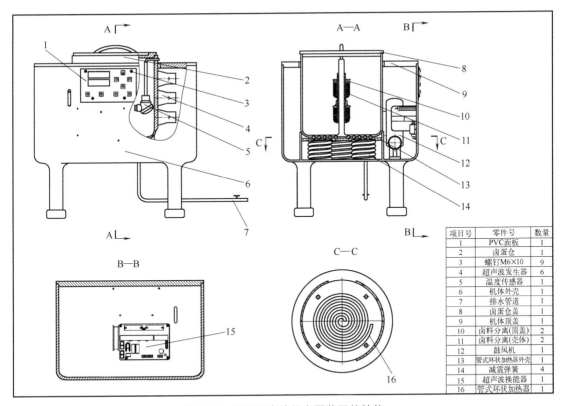

图 7-17 基于超声波的卤蛋装置的结构

（3）其它部件

其它部件为鼓风机、卤料精提仓、进排水装置和控制装置。将鼓风机固定在外壳的底部，将吹管与鼓风机相连并接入卤蛋仓内，将气体由吹管吹入卤蛋仓内，从而达到卤蛋在卤蛋仓内与卤液混匀并充分吸收的目的。卤料精提仓采用柱状多孔设计，便于水与卤料的混合，并且不会使卤料进入卤蛋仓内，达到了卤料与仓体分离的目的；而且能够便于装置的清洗，更为重要的是，卤料在卤料精提仓中，由于超声波的振动，对浸润

图 7-18 基于超声波的卤蛋装置

的卤料进行反复的冲击，在水和卤料之间产生声波空化作用，从而使固体样品分散，增大卤料与水之间的接触面积，提高目标物从卤料转移到水的传质速率，将卤料中所含的有机成分尽可能完全地溶于卤液之中，得到多成分混合提取液。进排水装置主要由水位预警传感器、排水管道和阀门组成，将水位预警传感器安装在卤蛋仓内，用以监测卤蛋仓内的水位，进水时，当水位达到第一预设水量时，关闭装置的进水阀；排水时，当水位达到第二预设水量时，关闭装置的排水阀，通过此系统能够智能便捷地控制卤蛋仓内含水量。控制装置主要由微控制器采用单片机作为主控制器以及控制面板组成；通过控制系统实现对各大系统的控制，并将温度、频率、时间等主要参数通过控制面板显示出来。

4. 应用情况

利用基于超声波卤蛋装置进行卤蛋操作，以卤茶叶蛋的工艺配方为例，按照本机操作流程进行卤制，卤制效果如图7-19所示。

图 7-19　基于超声波的卤蛋装置的卤制效果

经过感官评价、嫩度测试、微生物测定，结果表明本装置卤制的蛋类，相比于传统的人工卤制或者其它设备卤制，蛋黄更加细腻、蛋清更具弹性、花纹颜色明显、入味程度更好、卤蛋破碎的裂纹细密均匀，整体感官品质和理化品质远高于传统卤制方法。而且本装置在保证卤蛋品质的情况下，大幅缩短了卤制的时间；自动化程度高，能有效降低能耗，节约人力资源和劳动成本。

基于超声波卤蛋装置可以应用于卤蛋加工企业、餐饮行业、早餐摊贩以及家庭用户。本装置不但可以卤制茶叶蛋，还可以卤制五香卤蛋、啤酒酱油蛋等各种风味卤蛋制品；不但可以卤制鸡蛋，还可以卤制鹌鹑蛋、鸭蛋、鸽子蛋等各类禽蛋。

三、仿生食品脆性检测仪

食品的脆性又称脆度，是指食物在咀嚼破裂时给人的力和声音的感觉，是食品重要的感官指标。食品的脆性不仅决定着食品的感官质量，而且对食品物料的新鲜度、贮藏性、安全性等有着重要的影响。比如果蔬类食品脆性下降、质地变软，其新鲜度就下降，不能长期贮藏，甚至腐烂变质，严重时影响食用安全；还有一些食品的脆性几乎决定其全部品质，比如说炸薯片，脆性是它品质检验的最重要指标，脆性远远超过了它的营养、外观、风味等。

目前，对食品脆性的检测主要依赖感官评定法，只有少数采用食品物性检测仪测定。感官评定法是利用人类专家的咀嚼系统和听觉系统进行评价的，虽然是较为准确的方法，但是评价过程费时费力，感觉器官容易疲惫，评价结果主观性强且不稳定；食品物性检测仪测定主要集中在质地剖面分析方法、三点弯曲法等方法上，多属于半经验或模拟测定，只通过力学信号进行分析，而且测定仪器没有针对食品特性设计，没有考虑测试时温湿度环境，测定结果与人类感知相差较大。

仿生技术是一门新兴的交叉技术，它是一种模仿生物的形态结构或机能，尤其是一些特殊的形态或者功能，设计、改进人造机器、设备、器具，或者以生物学原理为参照原型设计制造用于特殊功能器件的技术。随着食品自动化检测技术的发展，食品的感官检测也需要自动化和快速智能化，近几年，仿生技术已用于人类器官的模拟，设计制作出仿生感官检测仪器。本案例介绍基于仿生咀嚼系统和仿生听觉系统的食品脆性检测仪。

1. 创新思路

利用仿生法进行创新设计，通过分析食品的脆性特征，结合感官评定方法，模拟人的咀嚼系统和听觉系统设计制作仿生食品脆性检测仪。

人对食品脆性感知主要是通过咀嚼系统和听感觉系统对脆裂力和脆裂声音的感知。人们对食品进行脆性感官评价时，食品被切牙切割后，食物块被送入磨牙咀嚼，牙周膜将感知到的切断力、咀嚼力信号传入大脑，与此同时听觉系统将通过空气、骨骼两条传播途径感知到的切割声音、咀嚼声音传入大脑，大脑对力、声信号综合分析，从而判断食品的脆性。人们对食品脆性感知如图 7-20 所示。

2. 设计方案

经过对食品脆性感知机理的分析研究，采用仿生技术、逆向工程方法对咀嚼系统、听觉系统的结构、功能进行耦合仿生。耦合仿生的流程如图 7-21 所示。

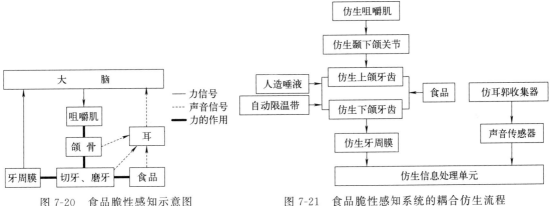

图 7-20 食品脆性感知示意图　　图 7-21 食品脆性感知系统的耦合仿生流程

采用三维激光扫描、螺旋 CT 扫描获取牙齿、颌骨、颞下颌关节、耳郭的点云或断层信息，然后使用 EDS Imageware 进行曲面重构，最后生成三维实体模型；使用有限元分析法对三维实体模型进行力学仿真分析，进行结构优化改建，尤其是切牙、磨牙齿面形态以及颞下颌关节结构，最终形成仿生模型；将仿生模型数据文件输入到计算机辅助 CAD/CAM 系统中，实现仿生器件的快速、精确加工。

采用 PVDF 压电薄膜作为仿生牙周膜的制作材料，按照牙周膜形态结构扫描尺寸进行加工；根据听觉系统的参数，筛选声音传感器并优化安装位置；根据咀嚼力和咀嚼运动范围设计拉伸弹簧模拟咀嚼肌，并设计相应动力机构；通过分析唾液成分，设计人造唾液配方；设置自动限温带模拟口腔温度；使用人工神经网络、遗传算法等多种模式识别方法，并结合单片机、集成模块等硬件，形成仿生信息处理单元，用于处理力、声信息。

3. 结构组成

根据食品脆性感知系统的耦合仿生流程设计制作仿生食品脆性检测仪，主要包括硬件装置和测试软件两大部分。硬件装置主要结构如图 7-22 所示。

（1）硬件装置

硬件装置主要包括仿生咀嚼破碎装置、力学信号获取装置、声音信号获取装置、仿口腔温湿环境装置等。仿生咀嚼破碎装置是通过模拟咀嚼系统的结构和运动形式，采用逆向工程方法设计制作的。其中仿生牙齿、仿生颌骨、仿生髁突支是根据成年人颅骨模型进行横断面

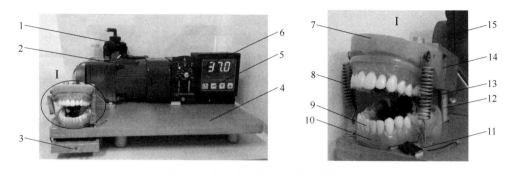

图 7-22 仿生食品脆性检测仪的结构

1—唾液泵；2—电动机；3—卸料盒；4—底板；5—温控器；6—电动机调速器；7—仿生上颌；
8—仿咀嚼肌弹簧；9—仿生牙齿；10—仿生下颌；11—仿生牙周膜；12—仿生髁突支；
13—仿耳膜传感器；14—上颌延伸件；15—驱动轮

轴扫、曲面构建、改进重组而成的；仿咀嚼肌弹簧是根据破碎食物所需要的力，选用拉簧设计制作的；驱动机构采用可调速电动机驱动偏心轮，并结合仿生颞下颌关节来实现的，可完成开闭、前后、侧向三维咀嚼运动。力学信号获取装置由仿牙周膜压力传感器、电荷放大器、信号调理器、信号采集卡、计算机等组成。其中，仿牙周膜压力传感器是根据牙周膜的形态以及感知触压力的机理设计制作的，由聚偏氟乙烯（PVDF）压电薄膜、聚对苯二甲酸乙二醇酯（PET）薄膜、环氧导电胶等组成。仿牙周膜压力传感器根据测试食物脆性的需要安置在第一前磨牙下；信号调理放大器选用 ICA102 型电荷放大器；信号采集卡选用 PCI-7489 多路采集卡。声音信号获取装置主要包括 MC-303 型高灵敏声音传感器、Conexant HD Smart Audio 221 型声卡、计算机等，根据测试食品脆性的需要安置在第一前磨牙内侧。仿口腔温湿环境装置包括温控装置和人造唾液输送装置。温控装置由 DXW 型低温通用电热带、温度传感器探头、TN99 型温度控制器组成，可实现仿生口腔内的温度条件的控制。人造唾液输送装置由 DZ-1X 型微型计量泵、输液管、输液瓶和人造唾液组成，可模仿人类咀嚼食物时唾液的分泌情况，根据测试榨菜脆性的需要，人造唾液由微型计量泵控制均匀地流入到上颌第一前磨牙根部。

（2）测试软件

测试软件主要包括力学信号采集分析程序、声音信号采集分析程序、食品脆性预测模型程序等。测试软件采用 VC++ 和 Labview 混合编程，力学信号采集分析程序使用 VC++ 驱动 PCI-7489 采集卡实现，可完成力学信号的采集、储存、曲线绘制等任务，程序界面如图 7-23 所示。食品脆性预测模型程序也采用 VC++ 编写，主要植入脆性预测方程。

声音信号采集分析程序采用 Labview 软件驱动声卡编程实现，完成声音信号的采集、幅频分析和功率谱分析，程序界面如图 7-24 所示。

4. 应用情况

以榨菜为例，仿生食品脆性测试仪的测试过程如下所述。

测试前，打开测试软件并设置参数，开启微型计量水泵及自控温电热带，预热 3min。根据前期对榨菜脆性测试预试验结果，设置适合榨菜脆性测定的最佳试验条件：可调速电动机转速为 35r/min，仿生口腔温度为 37℃，人工唾液流量为 3mL/min，仿咀嚼肌弹簧弹性系数为 4N/mm，选择仿生第一前磨牙组作为测试牙齿。测试时，首先打开可调速电动机开

图 7-23 力学信号采集程序界面

图 7-24 声音信号采集分析程序界面

关,将榨菜样品送入仿生下颌的测试牙齿颌面,然后点击测试软件的信号采集按钮进行力学信号和声音信号的采集,最后脆性采集分析系统对两种信号进行特征分析,得出榨菜的脆性结果。

通过相关性分析和多元回归分析,结果表明仿生检测方法获取的特征参数和感官评定的相关系数较高;榨菜脆性预测方程 $Y=4.457+0.954X_1-3.082X_2$ 的预测结果准确,平均误差小于 10%,RSD 的值小于 2.0,且 T 检验的显著性水平大于 0.05,预测值与实测值无明显差异。

仿生食品脆性测试仪在检测准确度上与感官评定法无明显差异,而且客观、快速、成本低,因此可以替代人类专家进行食品脆性的检测。将食品断裂时的力学信号和声音信号相结合,能够比较全面地反映食品的脆性特征,而且提供了口腔温湿环境,使检测过程更加接近人类的感官评定。

1. 食品机械的创新设计方法有哪些?
2. 结合食品机械的创新设计方法,设计一款小型的食品加工机械。

参 考 文 献

[1] 马海乐. 食品机械与设备 [M]. 北京：中国农业出版社，2011.
[2] 刘东红，崔建云. 食品加工机械与设备 [M]. 北京：中国轻工业出版社，2021.
[3] 高海燕，曾洁，王毕妮，等. 食品机械与设备 [M]. 北京：化学工业出版社，2017.
[4] 殷涌光，于庆宇，罗陈，等. 食品机械与设备 [M]. 北京：化学工业出版社，2006.
[5] 李书国，张谦. 食品加工机械与设备手册 [M]. 北京：科学技术文献出版社，2006.
[6] 李勇，张佰清. 食品机械与设备 [M]. 北京：化学工业出版社，2019.
[7] 杨公明，程玉来. 食品机械与设备 [M]. 北京：中国农业大学出版社，2014.
[8] 吕长鑫，黄广民，宋洪波. 食品机械与设备 [M]. 长沙：中南大学出版社，2015.
[9] 魏庆葆. 食品机械与设备 [M]. 北京：化学工业出版社，2008.
[10] 马荣朝，杨晓清. 食品机械与设备 [M]. 北京：科学出版社，2012.
[11] 周济，李培根. 智能制造导论 [M]. 北京：高等教育出版社，2021.
[12] 孙亮波，黄美发. 机械创新设计与实践 [M]. 西安：西安电子科技大学出版社，2020.
[13] 邱丽芳，唐进元，高志. 机械创新设计 [M]. 北京：高等教育出版社，2000.
[14] 丁明伟，孙大铭. 机械创新设计 [M]. 哈尔滨：哈尔滨工业大学出版社，2023.
[15] 付华，徐耀松，王雨虹. 智能检测与控制技术 [M]. 北京：电子工业出版社，2015.
[16] 高延斌，冯伟兴. 智能检测技术及系统 [M]. 哈尔滨：哈尔滨工程大学出版社，1995.
[17] 于惠力，冯新敏. 机械创新设计与实例 [M]. 北京：机械工业出版社，2017.
[18] 谢堃，陈天及，萧冠中，等. 软冰淇淋机的结构特点与运行故障排除分析 [J]. 食品与机械，2008，24（5）：82-84.
[19] 龚志远，李轶凡，刘燕德，等. 基于可见近红外光谱的水果糖酸度分级控制 [J]. 仪表技术与传感器，2015，（8）：73-77.
[20] 孙钟雷，许艺，李宇. 多电极复合法快速测定榨菜食盐含量 [J]. 食品科学，2016，36（24）：164-167.
[21] 万鹏，孙钟雷，宗力. 基于计算机视觉的玉米粒形检测方法 [J]. 中国粮油学报，2011，26（5）：164-167.
[22] 贺秀丽，闫海舟. 食品机械中智能控制技术应用研究 [J]. 现代食品，2023，（08）：95-97.
[23] 丁泽瀚. 食品机械中智能控制技术的应用分析 [J]. 现代食品，2023，（05）：91-93.
[24] 王敏，高凡，张钧煜，等. 基于智能电子鼻的冰箱冷藏食品新鲜度原位检测技术 [J]. 传感技术学报，2019，（02）：161-166.
[25] 韩国程，俞朝晖. 基于传感技术的智能食品包装与检测 [J]. 数字印刷，2020，（06）：11-20.
[26] 阮梦黎，周志宇. 基于数据挖掘的食品药品冷链信息智能检测技术研究 [J]. 工业控制计算机，2022，（05）：124-126.
[27] 刘德雄. 冷冻食品企业制冷设备节能技术研究 [J]. 食品工业，2023，44（05）：274-276.
[28] 魏益民. 论食品节能干燥技术及其开发潜力 [A]. 中国食品科学技术学会第十八届年会摘要集 [C]. 中国食品科学技术学会，2022：1.
[29] 孙汝源，张文顺. 啤酒企业低压配电房空调系统节能改造 [J]. 中外酒业，2021，（13）：23-26.
[30] 王教领. 特色果蔬转轮热泵联合干燥节能试验与优化 [D]. 中国农业科学院，2021.
[31] 王红丽. 中国食品工业发展中节能环保产业优化研究 [J]. 食品工业，2017，38（08）：184-187.
[32] 徐德强. 节能环保在食品工程中的应用分析 [J]. 黑龙江科技信息，2013，（29）：128.
[33] 董贵洪. "互联网＋"背景下绵阳市餐饮食品安全监管研究 [C]. 云南财经大学，2023.
[34] 任剑岚. 关于"互联网＋"行动计划的实施背景、内涵及主要内容探析 [J]. 通讯世界，2016，（05）：199.
[35] 梁少岭. 基于"互联网＋"的食品安全监管模式构建与实施 [J]. 中国食品工业，2021，（14）：78-79.
[36] 宁家骏. "互联网＋"行动计划的实施背景、内涵及主要内容 [J]. 电子政务，2015，（06）：32-38.